GD32F3 开发进阶教程

——基于 GD32F303ZET6

钟世达　郭文波　主　编

董　磊　潘志铭　副主编

电子工业出版社

Publishing House of Electronics Industry

北京·BEIJING

内 容 简 介

本书通过 17 个实验讲解 GD32F303ZET6 微控制器的 LCD 显示、触摸屏、内部温度传感器、外部温湿度传感器、外部 SRAM、外部 NAND Flash、内存管理、SD 卡、FatFS 文件系统、中文显示、CAN 通信、以太网通信、USB 通信、MP3 播放、录音播放、摄像头，以及 IAP 在线升级的原理与应用。作为拓展，另有 5 个实验分别介绍 RS-232 通信、RS-485 通信、呼吸灯、电容触摸按键和读写内部 Flash，可参见本书配套资料包。全书程序代码的编写规范均遵循《C 语言软件设计规范（LY-STD001—2019）》。各实验采用模块化设计，以便应用于实际项目和产品中。

本书配有丰富的资料包，涵盖 CD32F3 苹果派开发板原理图、例程、软件包、PPT 等，资料包将持续更新，下载链接可通过微信公众号"卓越工程师培养系列"获取。

本书既可以作为高等院校电子信息、自动化等专业微控制器相关课程的教材，也可以作为微控制器系统设计及相关行业工程技术人员的入门培训用书。

图书在版编目（CIP）数据

GD32F3 开发进阶教程：基于 GD32F303ZET6 / 钟世达，郭文波主编. —北京：电子工业出版社，2022.7

ISBN 978-7-121-43725-0

Ⅰ．①G…　Ⅱ．①钟…　②郭…　Ⅲ．①程序语言-程序设计　Ⅳ．①TP312

中国版本图书馆 CIP 数据核字（2022）第 101824 号

责任编辑：张小乐

印　　　刷：北京七彩京通数码快印有限公司
装　　　订：北京七彩京通数码快印有限公司
出版发行：电子工业出版社
　　　　　北京市海淀区万寿路 173 信箱　邮编：100036
开　　　本：787×1092　1/16　印张：22　字数：563.2 千字
版　　　次：2022 年 7 月第 1 版
印　　　次：2022 年 11 月第 2 次印刷
定　　　价：75.00 元

前　言

本书是一本介绍微控制器程序设计开发的书籍，配套的硬件平台为 GD32F3 苹果派开发板，其主控芯片为 GD32F303ZET6（封装为 LQFP-144），由兆易创新科技集团股份有限公司（以下简称"兆易创新"）研发并推出。兆易创新的 GD32 MCU 是中国高性能通用微控制器领域的领跑者，主要体现在以下几点：（1）GD32 MCU 是中国最大的 ARM MCU 产品家族，已经成为中国 32 位通用 MCU 市场的主流之选；（2）兆易创新在中国第一个推出基于 ARM Cortex-M3、Cortex-M4、Cortex-M23 和 Cortex-M33 内核的 MCU 产品系列；（3）全球首个 RISC-V 内核通用 32 位 MCU 产品系列出自兆易创新；（4）在中国 32 位 MCU 厂商排名中，兆易创新连续五年位居第一。

兆易创新致力于打造"MCU 百货商店"规划发展蓝图，以"产品+生态"的全方位服务向全球市场用户提供更加智能化的嵌入式开发和解决方案。我们希望通过编写本书，向广大高校师生和工程师介绍优秀的国产 MCU 产品，为推动国产芯片的普及贡献微薄之力。

GD32F3 苹果派开发板配套有 2 本教材，分别是《GD32F3 开发基础教程——基于 GD32F303ZET6》和《GD32F3 开发进阶教程——基于 GD32F303ZET6》。本书是"进阶教程"，通过一系列进阶实验，如 EXMC 与 LCD 显示实验、触摸屏实验、内部温度与外部温湿度监测实验、读写 SRAM 实验、读写 NAND Flash 实验、内存管理实验、读写 SD 卡实验、FatFs 与读写 SD 卡实验、中文显示实验、CAN 通信实验、以太网通信实验、USB 从机实验、MP3 实验、录音播放实验、摄像头实验、照相机实验、IAP 在线升级应用实验，由浅入深地介绍 GD32F303ZET6 的复杂外设，及其结构和设计开发过程。作为拓展，另有 5 个实验分别介绍 RS-232 通信、RS-485 通信、呼吸灯、电容触摸按键和读写内部 Flash，可参见本书配套资料包。所有实验均包含了实验内容、设计思路、代码解析，每章的最后还安排了一个或若干个任务，作为本章实验的延伸和拓展，用于验证读者是否掌握本章知识。

GD32F3 苹果派开发板基于兆易创新的 GD32F303ZET6 芯片，CPU 内核为 Cortex-M4，最大主频为 120MHz，内部 Flash 和 SRAM 容量分别为 512KB 和 64KB，有 112 个 GPIO。开发板通过 12V 电源适配器供电，板载 GD-Link 和 USB 转串口均基于 Type-C 接口设计，基于 LED、独立按键、触摸按键、蜂鸣器等基础模块可以开展简单实验，基于 USB SLAVE、以太网、触摸屏、摄像头等高级模块可以开展复杂实验。另外，还可以通过 EMA/EMB/EMC 接口开展基于串口、SPI、I^2C 等通信协议的实验，如红外 232、485、OLED、蓝牙、Wi-Fi、传感器等。

本书推荐的参考资料主要包括《GD32F303xx 数据手册》《GD32F30x 用户手册（中文版）》《GD32F30x 固件库用户指南》《Cortex-M4 器件用户指南》《CortexM3 与 M4 权威指南》。其中，前三本为兆易创新的官方资料，GD32 的外设架构及其寄存器、操作寄存器的固件库函数等可以查看这三本资料；后两本是 ARM 公司的官方资料，与 Cortex-M4 内核相关的 CPU 架构、指令集、NVIC、功耗管理、MPU、FPU 等可以查看这两本资料。限于篇幅，本书只介绍基本原理和应用，并简单介绍一些重要的寄存器和固件库函数，如果想要深入学习 GD32，读者可深入查阅以上五本资料。

本书的特点如下：

（1）本书配套的所有例程严格按照统一的工程架构设计，每个子模块按照统一标准设计；代码严格遵循《C 语言软件设计规范（LY-STD001—2019）》编写，如排版和注释规范、文件和函数命名规范等。

（2）本书配套的所有例程遵循"高内聚低耦合"的设计原则，有效提高了代码的可重用性及可维护性。

（3）"实验步骤与代码解析"引导读者开展实验，并通过代码解析快速理解例程；"本章任务"作为实验的延伸和拓展，通过实战让读者巩固实验中的知识点。

（4）本书配套有丰富的资料包，包括 GD32F3 苹果派开发板原理图、例程、软件包、PPT 讲义、参考资料等。这些资料会持续更新，下载链接可通过微信公众号"卓越工程师培养系列"获取。

对于初学者，不建议直接学习《GD32F3 开发进阶教程——基于 GD32F303ZET6》，可以先从《GD32F3 开发基础教程——基于 GD32F303ZET6》开始，学习完基础教程之后，再开启进阶教程的学习。建议先准备一套 GD32F3 苹果派开发板，直接从代码入手，将教材和参考资料当作工具书，在无法理解代码时再进行查阅。只要坚持反复实践，并结合教材和参考资料中的知识深入学习，工程能力即可得到大幅提升。另外，完成书上的"本章任务"之后，如果还需要进一步提升嵌入式设计水平，建议自行设计或采购一些模块，如指纹识别模块、手势识别模块、电机驱动模块、5G 通信模块等，基于 GD32F3 苹果派开发板开展一些拓展实验或综合实验。

钟世达和郭文波共同策划了本书的编写思路，并参与了本书的编写。本书配套的 GD32F3 苹果派开发板和例程由深圳市乐育科技有限公司开发。兆易创新科技集团股份有限公司的金光一、徐杰同样为本书的编写提供了充分的技术支持。电子工业出版社张小乐老师为本书的出版做了大量的编辑和审校工作。在此一并致以衷心的感谢！

由于编者水平有限，书中难免有不成熟和错误的地方，恳请读者批评指正。读者反馈问题、获取相关资料或遇实验平台技术问题，可发邮件至邮箱：ExcEngineer@163.com。

目　　录

第1章　EXMC 与 LCD 显示实验

LCD 是一种支持全彩显示的显示设备，GD32F3 苹果派开发板上的 LCD 显示模块尺寸为 4.3 英寸，相比于 0.96 英寸的 OLED 显示模块，能够显示更加丰富的内容，比如可以显示彩色文本、图片，波形及 GUI 界面等。LCD 显示模块上还集成了触摸屏，支持多点触控，基于 LCD 显示模块可以呈现出更为直观的实验结果，设计更加丰富的实验。本章将学习 LCD 显示模块的显示原理和使用方法。

1.1　实　验　内　容

本章的主要内容是学习 GD32F3 苹果派开发板上的 LCD 显示模块，包括 LCD 显示控制芯片 NT35510 和驱动 NT35510 芯片的 EXMC 外设的工作原理。掌握驱动 LCD 显示模块显示的原理和方法后，基于 GD32F3 苹果派开发板设计一个 EXMC 与 LCD 显示实验，在 LCD 显示模块上绘制出 DAC 实验的正弦波。

1.2　实　验　原　理

1.2.1　LCD 显示模块

LCD 是 Liquid Crystal Display 的缩写，即液晶显示器。LCD 按工作原理不同可分为两种：被动矩阵式，常见的有 TN-LCD、STN-LCD 和 DSTN-LCD；主动矩阵式，通常为 TFT-LCD。GD32F3 苹果派开发板上使用的 LCD 即为 TFT-LCD，在液晶显示屏的每个像素点都设置了一个薄膜晶体管（TFT），可有效克服非选通时的串扰，使液晶屏的静态特性与扫描线数无关，极大地提高了图像质量。

GD32F3 苹果派开发板上使用的 LCD 显示模块是一款集 NT35510 驱动芯片、4.3 英寸 480×800ppi 分辨率显示屏、电容触摸屏及驱动电路为一体的集成显示屏，可以通过 GD32F303ZET6 微控制器上的外部存储器控制器 EXMC 控制 LCD 显示屏。

开发板上的 LCD 显示模块接口电路原理图如图 1-1 所示，LCD 显示模块的 EXMC_D[0:15] 引脚分别与 GD32F303ZET6 微控制器的 PD[14:15]、PD[0:1]、PE[7:15]和 PD[8:10]引脚相连，LCD_CS 引脚连接到 PG9 引脚，LCD_RD 引脚连接到 PD4 引脚，LCD_WR 引脚连接到 PD5 引脚，LCD_RS 引脚连接到 PF0 引脚，LCD_BL 引脚连接到 PB0 引脚，LCD_IO4 引脚连接到 NRST 引脚。

GD32F3 苹果派开发板配套的 LCD 显示模块采用 16 位的 8080 并行接口来传输数据，8080 接口方式用到 4 条控制线（LCD_CS、LCD_WR、LCD_RD 和 LCD_RS）和 16 条双向数据线，LCD 显示模块接口定义如表 1-1 所示。

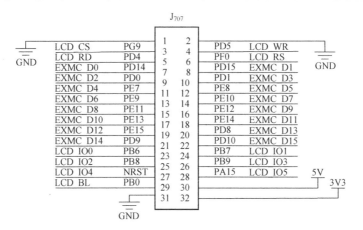

图 1-1　LCD 显示模块接口电路原理图

表 1-1　LCD 显示模块接口定义

序　号	名　称	说　明	引　脚
1	LCD_CS	片选信号，低电平有效	PG9
2	LCD_WR	写入信号，上升沿有效	PD5
3	LCD_RD	读取信号，上升沿有效	PD4
4	LCD_RS	指令/数据标志（0-读/写指令，1-读/写数据）	PF0
5	LCD_BL	背光控制信号，高电平有效	PB0
6	LCD_IO4	硬件复位信号，低电平有效	NRST
7	EXMC_D[0:15]	16 位双向数据线	PE[7:15]、PD[0:1]、PD[8:10]、PD[14:15]

　　LCD 显示模块通过 8080 并行接口传输的数据有两种，分别为 NT35510 芯片的控制指令和 LCD 像素点显示的 RGB 颜色数据。这两种数据都涉及写入和读取，下面根据 LCD 的信号线来简单介绍 LCD 读/写指令和 RGB 数据的时序图。

　　读/写数据首先需要拉低片选信号 LCD_CS，然后根据是写入还是读取数据，配置 LCD_WR 和 LCD_RD 的电平。如果是写入数据，则将 LCD_WR 拉低，LCD_RD 拉高；读数据则相反。数据通过 EXMC_D 的 16 位双向数据线进行传输。

　　（1）写入数据：在 LCD_WR 的上升沿，将数据写入 NT35510，如图 1-2 所示。

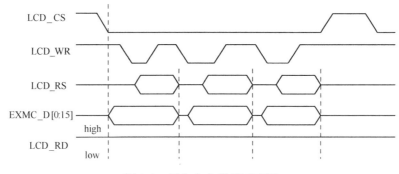

图 1-2　写入命令/数据时序图

　　（2）读取数据：在 LCD_RD 的上升沿，读取数据线上的数据（EXMC_D[0:15]），如图 1-3 所示。

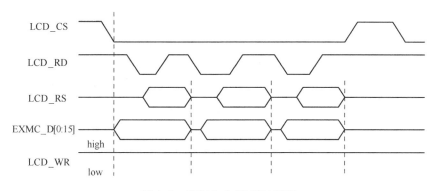

图 1-3　读取命令/数据时序图

1.2.2　NT35510 的显存

液晶控制器 NT35510 芯片自带显存，显存大小为 1152000 字节（480×800×24/8 字节），即 24 位模式下的显存量。在 16 位模式下，NT35510 采用 RGB565 格式存储颜色数据，此时 NT35510 的 24 位数据线、GD32F30x 系列微控制器的 16 位数据线和 LCD GRAM 的对应关系如表 1-2 所示。

表 1-2　数据线与 LCDGRAM 的对应关系

名　　称	对　应　关　系				
NT35510（24 位）	D17～D13	D12	D11～D6	D5～D1	D0
MCU（16 位）	D15～D11	NC	D10～D5	D4～D0	NC
LCD GRAM（16 位）	R[4]～R[0]	NC	G[5]～G[0]	B[4]～B[0]	NC

NT35510 在 16 位模式下，使用的数据线为 D17～D13 和 D11～D1，D0 和 D12 未使用，NT35510 的 D17～D13 和 D11～D1 分别对应 GD32F303ZET6 微控制器上的 16 个 GPIO。RGB 的 16 位颜色数据，低 5 位代表蓝色，中间 6 位为绿色，高 5 位为红色。数值越大，表示该颜色越深。注意，NT35510 的所有指令均为 16 位，且读/写 GRAM 时也是 16 位。

1.2.3　NT35510 常用指令

微控制器通过向 NT35510 芯片发送指令来设置 LCD 的显示参数，NT35510 提供了一系列指令供用户开发，关于这些指令具体的定义和描述请参考《NT35510 Data Sheet》（位于本书配套资料包"09.参考资料\01.EXMC 与 LCD 显示实验参考资料"文件夹下）的第 255～257 页。设置 NT35510 的过程如下：先向 NT35510 发送某项设置对应的指令，目的是告知 NT35510 接下来将进行该项设置，然后发送此项设置的参数完成设置。如设置 LCD 的扫描方向为从左到右、从下到上，应先向 NT35510 发送对应设置读/写方向的指令（0x3600），然后发送从左到右、从下到上读写方向对应的参数（0x0080），即可完成设置。

下面将简要介绍 NT35510 的几条常用指令：0xDA00～0xDC00、0x3600、0x2A00～0x2A03、0x2B00～0x2B03、0x2C00 和 0x2E00。

1．0xDA00～0xDC00

指令 0xDA00～0xDC00 为读 ID 指令，分别用于读取 LCD 产品的 ID、控制器版本的 ID 及控制器的 ID，每个指令输出一个参数，每个 ID 以 8 位数据（即指令后的参数）的形式输出（高 8 位固定为 0）。将 3 条指令的输出进行组合即可得到芯片 ID，例如读出的 ID 为 8000H，表示芯片型号为 NT35510。

上述 3 条读 ID 指令的具体描述如表 1-3 所示，下面以 0xDA00 为例进行介绍。要完成读 ID 指令的操作，就要先向 NT35510 写入指令 0xDA00。写指令操作需要将 LCD_RS 的电平拉低，将 LCD_RD 的电平拉高，然后在 LCD_WR 的上升沿通过 EXMC_D[0:15]写入 0xDA00 即可完成写指令操作。NT35510 接收并识别到指令后，会发送 ID 参数，接下来需要将 LCD_RS 和 LCD_WR 的电平拉高，然后在 LCD_RD 的上升沿通过 EXMC_D[0:15]读取 ID 参数。通过以上操作即可完成读 ID 指令的操作。

表 1-3　读 ID 指令

顺　序	控　制			各 位 描 述									HEX
	RS	RD	WR	D15	D14	D13	D12	D11	D10	D9	D8	D7~D0	
指令	0	1	↑	1	1	0	1	1	0	1	0	00H	DA00H
参数	1	↑	1	0	0	0	0	0	0	0	0	00H	00H
指令	0	1	↑	1	1	0	1	1	0	1	1	00H	DB00H
参数	1	↑	1	0	0	0	0	0	0	0	0	80H	80H
指令	0	1	↑	1	1	0	1	1	1	0	0	00H	DC00H
参数	1	↑	1	0	0	0	0	0	0	0	0	00H	00H

2. 0x3600

指令 0x3600 为存储访问控制指令，用于控制 NT35510 存储器的读/写方向，在连续写 GRAM 时，可以通过该指令控制 GRAM 指针的增长方向，从而控制显示方式，读 GRAM 类似。该指令的具体描述如表 1-4 所示。

表 1-4　存储访问控制指令

顺　序	控制			各 位 描 述									HEX
	RS	RD	WR	D15~8	D7	D6	D5	D4	D3	D2	D1	D0	
指令	0	1	↑	36H	0	0	0	0	0	0	0	0	3600H
参数	1	1	↑	00H	MY	MX	MV	ML	RGB	MH	RSMX	RSMY	

其中，ML 用于控制 TFTLCD 的垂直刷新方向；RGB 用于控制 R、G、B 的排列顺序：0（RGB）或 1（BGR）；MH 用于控制水平刷新方向；RSMX 用于左右翻转图像（该位为 1 时有效）；RSMY 用于上下翻转图像（该位为 1 时有效）。

另外，通过设置 MY、MX 和 MV 这 3 位，可以控制 LCD 的扫描方向，如表 1-5 所示。例如显示 BMP 格式的图片时，BMP 解码的数据是从图片的左下角开始，最后显示到右上角的，如果设置 LCD 的扫描方向为从左到右，从下到上，则只需要设置一次原点坐标，然后不断向 NT35510 发送颜色数据即可，这样可以大大提高显示速率。

表 1-5　MY、MX 和 MV 参数的取值及其效果

控 制 位			效　果
MY	MX	MV	LCD 扫描方向（GRAM 自增模式）
0	0	0	从左到右，从上到下
1	0	0	从左到右，从下到上

续表

控 制 位			效 果
MY	MX	MV	LCD 扫描方向（GRAM 自增模式）
0	1	0	从右到左，从上到下
1	1	0	从右到左，从下到上
0	0	1	从上到下，从左到右
0	1	1	从上到下，从右到左
1	0	1	从下到上，从左到右
1	1	1	从下到上，从右到左

3．0x2A00～0x2A03

指令 0x2A00～0x2A03 为列地址设置指令，在默认的扫描方式（从左到右，从上到下，即竖屏显示）下，这 4 条指令用于设置横坐标（X 坐标）的范围。因为 GD32F3 苹果派开发板上使用的 LCD 分辨率为 480×800ppi，所以 NT35510 给出了 X 和 Y 坐标的范围限制：$0 \leqslant X \leqslant 479$，$0 \leqslant Y \leqslant 799$，此范围适用于竖屏情况下，若为横屏显示，则 X 和 Y 坐标范围互换。

指令 0x2A00～0x2A03 各带有一个参数，用于设置两个坐标值，即列地址的起始值 XS 和结束值 XE（XS 和 XE 都为 16 位，且都由两个参数的低 8 位组合而成），这两个坐标值的范围需满足 $0 \leqslant XS \leqslant XE \leqslant 479$（竖屏）。一般在设置 X 坐标范围时，只需要设置 XS，因为 XE 在初始化的时候已被设置为一个固定值。列地址设置指令和对应参数的具体描述如表 1-6 所示。

表 1-6　列地址设置指令

顺 序	控		制	各 位 描 述								HEX
	RS	RD	WR	D15～D8	D7	D6	D5	D4	D3	D2	D1	D0	
指令 1	0	1	↑	2AH	0	0	0	0	0	0	0	0	2A00H
参数 1	1	1	↑	00H	XS15	XS14	XS13	XS12	XS11	XS10	XS9	XS8	XS[15:8]
指令 2	0	1	↑	2AH	0	0	0	0	0	0	0	1	2A01H
参数 2	1	1	↑	00H	XS7	XS6	XS5	XS4	XS3	XS2	XS1	XS0	XS[7:0]
指令 3	0	1	↑	2AH	0	0	0	0	0	0	1	0	2A02H
参数 3	1	1	↑	00H	XE15	XE14	XE13	XE12	XE11	XE10	XE9	XE8	XE[15:8]
指令 4	0	1	↑	2AH	0	0	0	0	0	0	1	1	2A03H
参数 4	1	1	↑	00H	XE7	XE6	XE5	XE4	XE3	XE2	XE1	XE0	XE[7:0]

4．0x2B00～0x2B03

与列地址设置指令类似，指令 0x2B00～0x2B03 为行地址设置指令，在默认扫描方式下，这 4 条指令用于设置纵坐标（Y 坐标）范围，也各带有一个参数，用于设置行地址的起始值 YS 和结束值 YE（YS 和 YE 都为 16 位，且都由两个参数的低 8 位组合而成），这 2 个坐标值的范围需满足 $0 \leqslant YS \leqslant YE \leqslant 799$（竖屏）。一般在设置 Y 坐标范围时，只需要设置 YS，因为 YE 在初始化的时候已被设置为一个固定值。

5．0x2C00

指令 0x2C00 为写 GRAM 指令，在向 NT35510 发送该指令之后，即可向 LCD 的 GRAM

中写入颜色数据,该指令支持连续写,具体描述如表 1-7 所示。

在收到指令 0x2C00 后,数据有效位宽变为 16 位,可以连续写入 LCD GRAM 值(16 位的 RGB565 值),GRAM 的地址将根据 MY、MX 和 MV 设置的扫描方向进行自增。例如,如果设置的扫描方向为从左到右,从上到下,那么设置好起始坐标(XS,YS)后,每写入一个颜色值,GRAM 地址将会自增 1(XS++),如果写到 XE,则重新回到 XS,此时 YS++,即先显示完一行,然后列数加 1,再显示下一行,一直写到 XE 和 YE 指定的坐标,其间无须再次设置其他的坐标,从而提高写入速度。

表 1-7　写 GRAM 指令

顺　序	控　制			各　位　描　述								HEX
	RS	RD	WR	D15	D14	D13	D12	D11	D10	D9	D8	D7~D0	
指令	0	1	↑	0	0	1	0	1	1	0	0	0	2C00H
参数 1	1	1	↑	D1[15:0]								
⋮	1	1	↑	D2[15:0]								
参数 N	1	1	↑	D3[15:0]								

6. 0x2E00

指令 0x2E00 为读 GRAM 指令,如表 1-8 所示。该指令用于读取 GRAM,NT35510 在收到该指令后,第一次输出的为 dummy 数据,即无效数据,从第二次开始,输出的才是有效的 GRAM 数据(从起始坐标(XS, YS)开始),输出格式为:每个颜色分量占 8 位,一次输出 2 个颜色分量。例如第一次输出是 R1G1,随后的规律为:B1R2→G2B2→R3G3→B3R4→G4B4 →R5G5,以此类推。如果只需要读取一个点的颜色值,那么只需要接收至参数 3,后面的参数则不需要接收;若要连续读取,则按照上述规律接收颜色数据。

表 1-8　读 GRAM 指令

顺　序	控　制			各　位　描　述													HEX
	RS	RD	WR	D15~D11	D10	D9	D8	D7	D6	D5	D4	D3	D2	D1	D0	
指令	0	1	↑	2EH				0	0	0	0	0	0	0	0	2EH
参数 1	1	↑	1	XX												dummy
参数 2	1	↑	1	R1[4:0]	XX			G1[5:0]						XX		R1G1
参数 3	1	↑	1	B1[4:0]	XX			R2[4:0]						XX		B1R2
参数 4	1	↑	1	G2[5:0]		XX		B2[4:0]					XX			G2B2
参数 5	1	↑	1	R3[4:0]	XX			G3[5:0]						XX		R3G3
参数 N	1	↑	1	按以上规律输出												

以上就是 NT35510 常用的一些指令,通过这些指令即可控制 LCD 进行简单的显示。

1.2.4　EXMC 简介

LCD 显示可以通过 GPIO 模拟 8080 接口时序来控制,但由于使用 GPIO 模拟时序较慢,且对 CPU 的占用率较高,因此本实验使用 GD32F303ZET6 微控制器的 EXMC 接口来驱动 LCD 显示模块。下面介绍 EXMC 的基本原理。

1．EXMC 功能框图

EXMC 是外部存储器控制器，主要用于访问各种外部存储器，通过配置寄存器，EXMC 可以把 AMBA 协议转换为专用的片外存储器通信协议。GD32F30x 系列微控制器的 EXMC 可访问的存储器包括 SRAM、ROM、NOR Flash、NAND Flash 和 PC 卡等。用户还可以调整配置寄存器中的时间参数来提高通信效率。EXMC 的访问空间被划分为多个块（Bank），每个块支持特定的存储器类型，用户可以通过配置 Bank 的控制寄存器来控制外部存储器。

GD32F30x 系列微控制器的 EXMC 由 5 部分组成：AHB 总线接口、EXMC 配置寄存器、NOR Flash/PSRAM 控制器、NAND Flash/PCCard 控制器和外部设备接口，如图 1-4 所示。

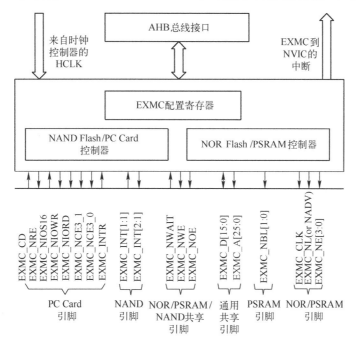

图 1-4　EXMC 功能框图

2．AHB 总线接口

EXMC 是 AHB 总线至外部设备协议的转换接口。如图 1-5 所示，EXMC 由 AHB 总线控制，AHB 总线同时也由微控制器控制，如果需要对芯片内某个地址进行读/写操作，则通过图 1-4 中的通用共享引脚 EXMC_A[25:0]即可完成对外部存储器的寻址。

AHB 总线的宽度为 32 位，32 位的 AHB 读/写操作可以转化为几个连续的 8 位或 16 位读写操作。但在数据传输的过程中，AHB 数据宽度和存储器数据宽度可能不相同。为了保证数据传输的一致性，EXMC 读/写访问需要遵循以下规

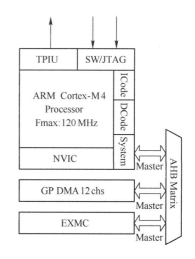

图 1-5　GD32F303xx 系列微控制器的局部架构

范：①AHB 访问宽度等于存储器宽度，则正常传输；②AHB 访问宽度大于存储器宽度，则自动将 AHB 访问分割成几个连续的存储器数据宽度来传输，即 32 位的 AHB 读/写操作可以转化为几个连续的 8 位或 16 位读/写操作；③AHB 访问宽度小于存储器宽度，如果外部存储设备有字节选择功能（如 SRAM、ROM 和 PSRAM），则可通过它的字节通道 EXMC_NBL[1:0] 来访问对应的高低字节。否则禁止写操作，只允许读操作。

3．NORFlash/PSRAM 控制器

EXMC 将外部存储器分成 4 个 Bank：Bank0～Bank3，每个 Bank 占 256MB，其中 Bank0 又分为 4 个 Region，每个 Region 占 64MB，如图 1-6 所示。每个 Bank 或 Region 都有独立的片选控制信号，也都能进行独立的配置。

Bank0 用于访问 NOR Flash 和 PSRAM 设备；Bank1 和 Bank2 用于连接 NAND Flash，且每个 Bank 连接一个 NAND Flash；Bank3 用于连接 PC Card。

本实验通过 EXMC 来驱动 LCD 显示模块，具体使用的存储区域范围为 Bank0 的 Region1 区（即 0x64000000～0x67FFFFFF），如图 1-7 所示。

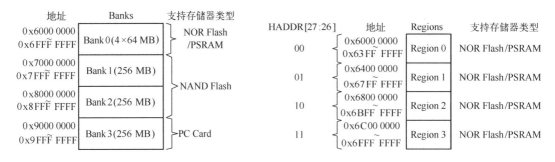

图 1-6　EXMCBank 划分　　　　图 1-7　Bank0 地址映射

每个区都有独立的寄存器，用于对所连接的存储器进行配置。Bank0 的 256MB 空间由 28 条地址线（HADDR[27:0]）寻址。

这里的 HADDR 为内部 AHB 地址总线，其中，HADDR[25:0]来自外部存储器地址 EXMC_A[25:0]，而 HADDR[27:26]对 4 个 Region 区进行寻址，如表 1-9 所示。

表 1-9　EXMC 片选

Bank0	片 选 信 号	地 址 范 围	HADDR	
			[27:26]	[25:0]
Region0	EXMC_NE1	0x6000 0000～63FF FFFF	00	EXMC_A[25:0]
Region1	EXMC_NE2	0x6400 0000～67FF FFFF	01	
Region2	EXMC_NE3	0x6800 0000～6BFF FFFF	10	
Region3	EXMC_NE4	0x6C00 0000～6FFF FFFF	11	

当 Bank0 连接 16 位宽度存储器时，HADDR[25:1]对应 EXMC_A[24:0]。当 Bank0 连接 8 位宽度存储器时，HADDR[25:0]对应 EXMC_A[25:0]。这两种情况下，EXMC_A[0]都接在外部设备地址 A[0]。

EXMC 的 Bank0 支持的异步突发访问模式包括：模式 1、模式 A～D 等多种时序模型，驱动 SRAM 时一般使用模式 1 或模式 A，这里使用模式 A 来驱动 LCD（实际上是内部 SRAM）。

模式 A 的读/写时序分别如图 1-8 和图 1-9 所示。

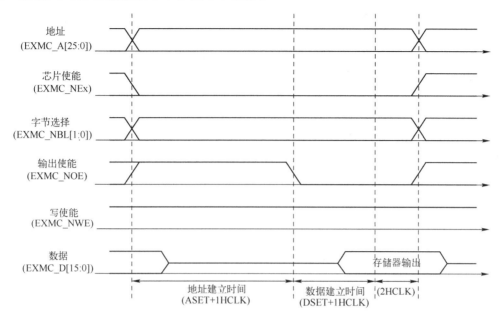

图 1-8　模式 A 读时序

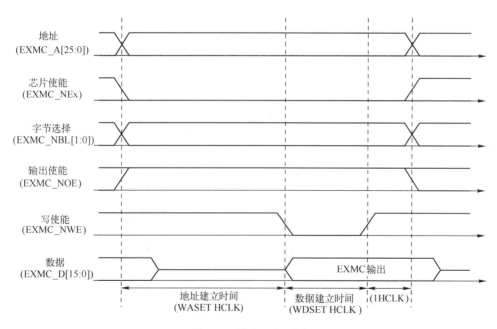

图 1-9　模式 A 写时序

4. 外部设备接口

EXMC 驱动外部 SRAM 时，外部 SRAM 的控制信号线一般有：地址线（如 EXMC_A[0:25]）、数据线（如 EXMC_D[0:15]）、写信号（EXMC_WE）、读信号（EXMC_OE）和片选信号（EXMC_NEx）；如果 SRAM 支持字节控制，那么还有 UB/LB 信号。

LCD 涉及的信号包括 LCD_RS、EXMC_D[0:15]、LCD_WR、LCD_RD、LCD_CS、NRST

和 LCD_BL 等,其中,真正在操作 LCD 时需要用到的仅有 LCD_RS、EXMC_D[0:15]、LCD_WR、LCD_RD 和 LCD_CS。操作 LCD 时序与 SRAM 的控制类似,唯一不同的是 LCD 有 LCD_RS 信号,没有地址信号。

LCD 通过 LCD_RS 信号来决定传输的是数据还是指令,本质上可以将 LCD_RS 理解为一个地址信号,例如把 LCD_RS 视为 A[0],LCD_RS 为 0 或 1 时分别对应两个地址,假设为地址 0x64000000 和地址 0x64000001,当 EXMC 控制器写地址 0x64000000 时,LCD_RS 输出为 0,对于 LCD 而言,就是写指令;当 EXMC 控制器写地址 0x64000001 时,LCD_RS 输出为 1,对于 LCD 而言,则是写数据。这样,即可将数据区和指令区分开。上述操作本质上即是对应读写 SRAM 时的两个连续地址。因此,在编写驱动程序时,可以将 LCD 当作 SRAM 来看待,只是该"SRAM"有两个地址,这就是 EXMC 可以用于驱动 LCD 的原理。

5. EXMC 寄存器

对于 NOR Flash/PSRAM 控制器(Bank0),可以通过 EXMC_SNCTLx、EXMC_SNTCFGx 和 EXMC_SNWTCFGx 这 3 个寄存器进行配置(其中 x=0,1,2,3,对应 4 个 Region),包括设置 EXMC 访问外部存储器的时序参数等,拓宽了可选用的外部存储器的速度范围。

关于上述寄存器的定义及各个位的介绍可以参见《GD32F30x 用户手册(中文版)》(位于本书配套资料包"07.数据手册"文件夹下)第 602~606 页。

6. EXMC 部分固件库函数

本实验涉及的 EXMC 固件库函数包括 exmc_norsram_deinit、exmc_norsram_struct_para_init、exmc_norsram_init、exmc_norsram_enable 和 exmc_norsram_disable。这些函数在 gd32f30x_exmc.h 文件中声明,在 gd32f30x_exmc.c 文件中实现。下面简单介绍其中部分函数的定义、功能和用法,更多关于 EXMC 部分的固件库函数可参见《GD32F30x 固件库使用指南》(位于本书配套资料包"07.数据手册"文件夹下)第 290~315 页。

(1)exmc_norsram_deinit

exmc_norsram_deinit 函数的功能是复位 NOR/SRAM Region,具体描述如表 1-10 所示。

表 1-10　exmc_norsram_deinit 函数的具体描述

函数名	exmc_norsram_deinit
函数原型	void exmc_norsram_deinit(uint32_t exmc_norsram_region);
功能描述	复位 NOR/SRAM Region
输入参数	exmc_norsram_region: EXMC_BANK0_NORSRAM_REGIONx(x = 0, 1, 2, 3)
输出参数	无
返回值	void

例如,复位 EXMC 的 Bank0 的 Region1,代码如下:

exmc_norsram_deinit(EXMC_BANK0_NORSRAM_REGION1);

(2)exmc_norsram_enable

exmc_norsram_enable 函数的功能是使能 EXMC NOR/SRAM Region,具体描述如表 1-11 所示。

表 1-11　exmc_norsram_enable 函数的具体描述

函数名	exmc_norsram_enable
函数原型	void exmc_norsram_enable(uint32_t exmc_norsram_region);
功能描述	使能 EXMC NOR/SRAM Region
输入参数	exmc_norsram_region：EXMC_BANK0_NORSRAM_REGIONx（x=0, 1, 2, 3）
输出参数	无
返回值	void

例如，使能 EXMC 的 Bank0 的 Region1，代码如下：

exmc_norsram_enable(EXMC_BANK0_NORSRAM_REGION1);

1.2.5　LCD 驱动流程

LCD 显示模块的驱动流程如图 1-10 所示。其中，硬件复位即初始化 LCD 模块，初始化序列的代码由 LCD 厂家提供，不同厂家不同型号都不相同，硬件复位和初始化序列只需要执行一次即可。下面以画点和读点的流程为例进行介绍。

画点流程如下：设置坐标→写 GRAM 指令→写入颜色数据。完成上述操作后，即可在 LCD 上的指定坐标显示对应的颜色。

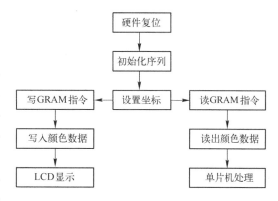

图 1-10　LCD 显示模块的驱动流程

读点流程如下：设置坐标→读 GRAM 指令→读取颜色数据，这样即可获取到对应点的颜色数据，最后由微控制器进行处理。

1.3　实验代码解析

1.3.1　EXMC 文件对

1. EXMC.h 文件

在 EXMC.h 文件的"API 函数声明"区，声明了 1 个 API 函数，如程序清单 1-1 所示。InitEXMC 函数用于初始化外部存储控制模块。

程序清单 1-1

void InitEXMC(void); //初始化外部存储控制模块

2. EXMC.c 文件

在 EXMC.c 文件的"内部函数声明"区，声明了内部函数 ConfigEXMCGPIO 和 ConfigBank0Region1，如程序清单 1-2 所示。ConfigEXMCGPIO 函数用于配置 EXMC 的相关 GPIO，ConfigBank0Region1 函数用于配置外部存储 Bank0 的 Region1。

程序清单 1-2

```
static void ConfigEXMCGPIO(void);        //配置 EXMC 的相关 GPIO
static void ConfigBank0Region1(void);    //配置外部存储 Bank0 的 Region1
```

在"内部函数实现"区，实现了 ConfigEXMCGPIO 函数，如程序清单 1-3 所示。在 ConfigEXMCGPIO 函数中，使能相关 GPIO 的时钟并且配置地址总线、数据总线和控制信号线的 GPIO，所有 GPIO 采用复用推挽输出模式和最大的高于 50MHz 的输出速度。其中 PD4 对应 EXMC_NOE，即读信号，PD5 对应 EXMC_NEW，即写信号。

程序清单 1-3

```
1.   static   void   ConfigEXMCGPIO(void)
2.   {
3.      //使能 RCU 相关时钟
4.      rcu_periph_clock_enable(RCU_GPIOD);   //使能 GPIOD 的时钟
5.      ...
6.      //地址总线
7.      gpio_init(GPIOF, GPIO_MODE_AF_PP, GPIO_OSPEED_MAX, GPIO_PIN_0 ); //A0
8.      ...
9.      //数据总线
10.     gpio_init(GPIOD, GPIO_MODE_AF_PP, GPIO_OSPEED_MAX, GPIO_PIN_14); //A0
11.     ...
12.     //控制信号线
13.     gpio_init(GPIOG, GPIO_MODE_AF_PP, GPIO_OSPEED_MAX, GPIO_PIN_9 ); //EXMC_NE1
14.     gpio_init(GPIOD, GPIO_MODE_AF_PP, GPIO_OSPEED_MAX, GPIO_PIN_4 ); //EXMC_NOE
15.     gpio_init(GPIOD, GPIO_MODE_AF_PP, GPIO_OSPEED_MAX, GPIO_PIN_5 ); //EXMC_NWE
16.   }
```

在 ConfigEXMCGPIO 函数实现区后为 ConfigBank0Region1 函数的实现代码，如程序清单 1-4 所示。下面按照顺序解释说明 ConfigBank0Region1 函数中的语句。

程序清单 1-4

```
1.   static void ConfigBank0Region1(void)
2.   {
3.      exmc_norsram_parameter_struct            sram_init_struct;
4.      exmc_norsram_timing_parameter_struct lcd_readwrite_timing_init_struct;
5.      exmc_norsram_timing_parameter_struct lcd_write_timing_init_struct;
6.
7.      //使能 EXMC 的时钟
8.      rcu_periph_clock_enable(RCU_EXMC);
9.
10.     //读时序配置
11.     lcd_readwrite_timing_init_struct.asyn_access_mode = EXMC_ACCESS_MODE_A; //模式 A，异步访问 SRAM
12.     lcd_readwrite_timing_init_struct.asyn_address_setuptime   = 0;      //异步访问地址建立时间
13.     lcd_readwrite_timing_init_struct.asyn_address_holdtime    = 0;      //异步访问地址保持时间
14.     lcd_readwrite_timing_init_struct.asyn_data_setuptime      = 15;     //异步访问数据建立时间
```

```
15.    lcd_readwrite_timing_init_struct.bus_latency          = 0;      //同步/异步访问总线延时
16.    lcd_readwrite_timing_init_struct.syn_clk_division     = 0;      //同步访问时钟分频系数（从
                                                                        HCLK 中分频）
17.    lcd_readwrite_timing_init_struct.syn_data_latency     = 0;      //同步访问中获得第 1 个数据所
                                                                        需要的等待延时
18.
19.    //写时序配置
20.    lcd_write_timing_init_struct.asyn_access_mode = EXMC_ACCESS_MODE_A;   //模式 A，异步访问 SRAM
21.    lcd_write_timing_init_struct.asyn_address_setuptime    = 0;   //异步访问地址建立时间
22.    lcd_write_timing_init_struct.asyn_address_holdtime     = 0;   //异步访问地址保持时间
23.    lcd_write_timing_init_struct.asyn_data_setuptime       = 2;   //异步访问数据建立时间
24.    lcd_write_timing_init_struct.bus_latency               = 0;   //同步/异步访问总线延时
25.    lcd_write_timing_init_struct.syn_clk_division          = 0;   //同步访问时钟分频系数（从HCLK中分频）
26.    lcd_write_timing_init_struct.syn_data_latency          = 0;   //同步访问中获得第 1 个数据所需要的
                                                                        等待延时
27.
28.    //Region1 配置
29.    sram_init_struct.norsram_region       = EXMC_BANK0_NORSRAM_REGION1;  //Region1
30.    sram_init_struct.address_data_mux     = DISABLE;              //禁用地址、数据总线多路复用
31.    sram_init_struct.memory_type          = EXMC_MEMORY_TYPE_SRAM;      //存储器类型为 SRAM
32.    sram_init_struct.databus_width        = EXMC_NOR_DATABUS_WIDTH_16B;  //数据宽度 16 位
33.    sram_init_struct.burst_mode           = DISABLE;              //禁用突发访问
34.    sram_init_struct.nwait_config         = EXMC_NWAIT_CONFIG_BEFORE;   //等待输入配置
35.    sram_init_struct.nwait_polarity       = EXMC_NWAIT_POLARITY_LOW;    //等待输入信号低电平
                                                                            有效
36.    sram_init_struct.wrap_burst_mode      = DISABLE;              //禁用包突发访问
37.    sram_init_struct.asyn_wait            = DISABLE;              //禁用异步等待
38.    sram_init_struct.extended_mode        = ENABLE;              //使能扩展模式
39.    sram_init_struct.memory_write         = ENABLE;              //使能写入外部存储器
40.    sram_init_struct.nwait_signal         = DISABLE;              //禁用等待输入信号
41.    sram_init_struct.write_mode           = EXMC_ASYN_WRITE;      //写入模式为异步写入
42.    sram_init_struct.read_write_timing = &lcd_readwrite_timing_init_struct;   //读时序配置
43.    sram_init_struct.write_timing         = &lcd_write_timing_init_struct;   //写时序配置
44.
45.    //初始化 Region1
46.    exmc_norsram_init(&sram_init_struct);
47.
48.    //使能 Region1
49.    exmc_norsram_enable(EXMC_BANK0_NORSRAM_REGION1);
50. }
```

（1）第 8 行代码：EXMC 通过 GPIO 发送和接收数据，ConfigEXMCGPIO 函数已经使能了与 EXMC 相关的 GPIO 的时钟，还需要使能 EXMC 的时钟。

（2）第 10 至 26 行代码：对读时序和写时序对应的结构体进行赋值，由于对 NT35510 读数据和写数据是分开进行的，因此 EXMC 的存储器访问模式设置为模式 A，异步访问 SRAM。配置过程涉及的寄存器有 SRAM/NOR Flash 时序寄存器（EXMC_SNTCFG1）、SRAM/NOR Flash 写时序寄存器（EXMC_SNWTCFG1）和 NOR/PSRAM 控制寄存器（EXMC_SNCTL1）。

（3）第 28 至 46 行代码：对存放 NOR SRAM 参数配置的结构体进行赋值，选择使能 EXMC 的 Region1，并通过 exmc_norsram_init 函数初始化 Region1。

在"API 函数实现"区，实现了 InitEXMC 函数，如程序清单 1-5 所示。InitEXMC 函数通过调用 ConfigEXMCGPIO 函数和 ConfigBank0Region1 函数对 EXMC 进行初始化。

程序清单 1-5

```
1.    void InitEXMC(void)
2.    {
3.       ConfigEXMCGPIO();              //配置 EXMC 的 GPIO
4.       ConfigBank0Region1();          //配置外部存储 Bank0 的 Region1（LCD）
5.    }
```

1.3.2　LCD 文件对

1. LCD.h 文件

在 LCD.h 文件的"宏定义"区，进行了如程序清单 1-6 所示的变量定义。第 13 行代码中的宏定义 LCD_BASE 必须根据外部电路的连接来确定，本实验使用 Bank0 的 region1 即是从地址 0x64000000 开始的。将这个地址强制转换为 StructLCDBase 结构体地址，可以得到 LCD->cmd 的地址为 0x64000000，对应 A[0]的状态为 0（即 LCD_RS=0），而 LCD->data 的地址为 0x64000001（结构体地址自增），对应 A[0]的状态为 1（即 LCD_RS=1）。

程序清单 1-6

```
1.    //-----------------LCD 端口定义----------------
2.    #define LCD_LED_HIGH gpio_bit_set(GPIOB, GPIO_PIN_0) //LCD 背光   PB0
3.    #define LCD_LED_LOW   gpio_bit_reset(GPIOB, GPIO_PIN_0)
4.
5.    //LCD 地址结构体
6.    typedef struct
7.    {
8.       volatile u16 cmd;                        //读写指令
9.       volatile u16 data;                       //读写数据
10.   }StructLCDBase;
11.   //使用 NOR/PSRAM 的 Bank0 Region1，地址位 HADDR[27,26]=01 A0 作为数据指令区分线
12.   //注意设置时 GD32 内部会右移一位对齐
13.   #define LCD_BASE    ((u32)(0x60000000 | 0x04000000))
14.   #define LCD        ((StructLCDBase *)LCD_BASE)
15.
16.   //扫描方向定义
17.   #define L2R_U2D    0                        //从左到右，从上到下
18.   ……
19.
20.   #define DFT_SCAN_DIR   L2R_U2D              //默认的扫描方向
21.
22.   //画笔颜色
```

```
23.   #define WHITE                    0xFFFF        //白色
24.   ……
25.
26.   //LCD 分辨率设置
27.   #define SSD_HOR_RESOLUTION       800           //LCD 水平分辨率
28.   #define SSD_VER_RESOLUTION       480           //LCD 垂直分辨率
29.
30.   //LCD 驱动参数设置
31.   #define SSD_HOR_PULSE_WIDTH      1             //水平脉宽
32.   ……
```

在"枚举结构体"区，声明了如程序清单 1-7 所示的结构体。该结构体用于保存一些 LCD 的重要参数信息，如 LCD 的长宽、LCD ID（驱动 IC 型号）和 LCD 横竖屏状态等，其中 width、height、dir、wramcmd、setxcmd 和 setycmd 等指令或参数都在 LCDDisplayDir 中进行初始化。

程序清单 1-7

```
1.    //LCD 重要参数信息
2.    typedef struct
3.    {
4.        u16 width;                            //LCD 宽度
5.        u16 height;                           //LCD 高度
6.        u16 id;                               //LCD ID
7.        u8  dir;                              //横屏还是竖屏控制：0-竖屏；1-横屏。
8.        u16 wramcmd;                          //开始写 GRAM 指令
9.        u16 setxcmd;                          //设置 x 坐标指令
10.       u16 setycmd;                          //设置 y 坐标指令
11.   }StructLCDDev;
12.
13.   //LCD 参数
14.   extern StructLCDDev s_structLCDDev;       //管理 LCD 重要参数
```

在"API 函数声明"区，声明了如程序清单 1-8 所示的 API 函数。InitLCD 函数用于初始化 LCD 显示模块，LCDWriteCMD 函数用于向 LCD 写指令，LCDWriteData 函数用于向 LCD 写数据，LCDReadData 函数用于从 LCD 读数据，LCDSendWriteGramCMD 函数用于发送开始写 GRAM 指令，LCDWriteRAM 函数用于向 LCD 写 GRAM，LCDSetCursor 函数用于设置光标，LCDShowChar 和 LCDShowNum 函数分别用于在指定位置显示一个字符或数字。

程序清单 1-8

```
1.    void InitLCD(void);                          //初始化
2.    void LCDWriteCMD(u16 cmd);                    //向 LCD 写指令
3.    void LCDWriteData(u16 data);                  //向 LCD 写数据
4.    u16  LCDReadData(void);                       //从 LCD 读数据
5.    ……
6.    void LCDSendWriteGramCMD(void);               //发送开始写 GRAM 指令
7.    void LCDWriteRAM(u16 rgb);                    //写 GRAM
8.    ……
```

```
9.    void LCDSetCursor(u16 x, u16 y);                    //设置光标
10.   ……
11.   void LCDShowChar(u16 x,u16 y,u8 num,u8 size,u8 mode);   //显示一个字符
12.   ……
13.   void LCDShowNum(u16 x,u16 y,u32 num,u8 len,u8 size);    //显示一个数字
14.   ……
```

2. LCD.c 文件

在 LCD.c 文件的"API 函数实现"区，首先实现了 LCDWriteCMD 函数，如程序清单 1-9 所示。LCDWriteCMD 函数的功能是向 LCD 写指令，LCD->cmd 的地址为 0x64000000，对应 A[0]的状态为 0（即 LCD_RS=0），即给 LCD 读/写指令。函数输入参数 cmd 为对 NT35510 输入的指令。

程序清单 1-9

```
1.    void LCDWriteCMD(u16 cmd)
2.    {
3.       LCD->cmd = cmd;//
4.    }
```

在 LCDWriteCMD 函数实现区后为 LCDWriteData 函数的实现代码，如程序清单 1-10 所示。LCDWriteData 函数的功能是向 LCD 写数据，LCD->data 的地址为 0x64000001，对应 A[0]的状态为 1（即 LCD_RS=1），即给 LCD 读/写数据。函数输入参数 data 为写进 NT35510 的数据。

程序清单 1-10

```
1.    void LCDWriteData(u16 data)
2.    {
3.       LCD->data = data;
4.    }
```

在 LCDWriteData 函数实现区后为 LCDReadData 函数的实现代码，如程序清单 1-11 所示。LCDReadData 函数的功能是从 LCD 读数据，LCD->data 的地址为 0x64000001，对应 A[0]的状态为 1（即 LCD_RS=1），即给 LCD 读/写数据。ram 为读取的数据，使用 volatile 关键字定义 ram 是为了防止编译器优化。

程序清单 1-11

```
1.    u16 LCDReadData(void)
2.    {
3.       volatile u16 ram;
4.       ram = LCD->data;
5.       return ram;
6.    }
```

在 LCDReadData 函数实现区后为 LCDWriteReg 和 LCDReadReg 函数的实现代码，这两个函数分别用于写和读寄存器，寄存器地址由函数的输入参数指定。

在 LCDReadReg 函数实现区后为 LCDSendWriteGramCMD 和 LCDWriteRAM 函数的实现代码，如程序清单 1-12 所示。LCDWriteRAM 函数的功能是向 LCD 写 GRAM，GRAM 的值即为 RGB565 值。若直接向 LCD 写入 GRAM 值，LCD 无法识别写入的为 RGB565 值，所以在向 LCD 写 GRAM 值之前，必须先向 LCD 发送写 GRAM 的指令，即通过调用 LCDSendWriteGramCMD 函数来实现。

程序清单 1-12

```
1.    void LCDSendWriteGramCMD(void)
2.    {
3.        LCD->cmd = s_structLCDDev.wramcmd;
4.    }
5.
6.     void LCDWriteRAM(u16 rgb)
7.    {
8.        LCD->data = rgb; //写 16 位 GRAM
9.    }
```

在 LCDWriteRAM 函数实现区后为 LCDBGRToRGB、LCDReadPoint、LCDDisplayOn、LCDDisplayOff、LCDSetCursor 和 LCDScanDir 函数的实现代码，这些函数的功能分别为将 BGR 格式数据转化为 RGB 格式数据、读取某个点的颜色值、LCD 开启显示、LCD 关闭显示、设置光标位置和设置自动扫描方向。

在 LCDScanDir 函数实现区后为 LCDDrawPoint 函数的实现代码，如程序清单 1-13 所示。LCDDrawPoint 函数的功能是向 LCD 上特定的位置写入 GRAM 值，以实现在该位置的像素点上显示指定的颜色。下面按照顺序解释说明 LCDDrawPoint 函数中的语句。

（1）第 3 行代码：LCDSetCursor 函数的功能是设置光标位置，该函数中使用了 0x2A00 和 0x2B00 指令，其工作原理如表 1-6 所示。

（2）第 4 至 5 行代码：在设置好光标位置后，就可以调用 LCDSendWriteGramCMD 函数向 LCD 发送写 GRAM 指令，再向 LCD 写入该点的 GRAM 值。

程序清单 1-13

```
1.    void LCDDrawPoint(u16 x,u16 y)
2.    {
3.        LCDSetCursor(x, y);              //设置光标位置
4.        LCDSendWriteGramCMD();           //发送写 GRAM 指令
5.        LCD->data = s_iLCDPointColor;    //写 GRAM
6.    }
```

在 LCDDrawPoint 函数实现区后为 LCDFastDrawPoint、LCDSSDBackLightSet、LCDDisplayDir 和 LCDSetWindow 函数的实现代码，这些函数的功能分别是快速画点、进行 SSD1963 背光设置、设置 LCD 显示方向和设置窗口。

在 LCDSetWindow 函数实现区后为 InitLCD 函数的实现代码，如程序清单 1-14 所示。InitLCD 函数的功能是初始化 LCD。下面按照顺序解释说明 InitLCD 函数中的语句。

（1）第 7 行代码：首先设置 LCD 的背光控制，即背光亮度。控制 LCD 背光的端口是

LCD_BL，对应 PB0 引脚。LCD 背光亮度由 PWM 占空比的大小来控制，所以把 PB0 引脚设置为推挽输出。

（2）第 10 至 19 行代码：在延时 50ms 等待上一步设置完成后，开始读取 LCD 的 ID。读 ID 指令用的是 0xDA00、0xDB00 和 0xDC00，其读取原理如表 1-3 所示。

（3）第 29 至 36 行代码：读取完 ID 后，开始打印并校验 ID，然后进行 LCD 寄存器初始化设置，寄存器的初始化设置代码由生产 LCD 的厂商提供，代码量较大，这里不展开介绍。在寄存器初始化设置后，延时 120ms 等待设置完成，向 LCD 写入点亮屏幕指令（0x2900）。

（4）第 38 至 40 行代码：最后根据需求初始化 LCD 部分功能，将 LCD 显示方式设置为默认竖屏，点亮背光并且将 LCD 清屏显示为白色背景。

程序清单 1-14

```
1.    void InitLCD(void)
2.    {
3.      //GPIOB 时钟使能
4.      rcu_periph_clock_enable(RCU_GPIOB);
5.
6.      //配置背光控制 GPIO
7.      gpio_init(GPIOB, GPIO_MODE_OUT_PP, GPIO_OSPEED_MAX, GPIO_PIN_0);
8.
9.      //延时 50ms
10.     DelayNms(50);
11.
12.     //校验 ID
13.     LCDWriteCMD(0xDA00);
14.     s_structLCDDev.id = LCDReadData();              //读回 0x00
15.     LCDWriteCMD(0xDB00);
16.     s_structLCDDev.id = LCDReadData();              //读回 0x80
17.     s_structLCDDev.id <<= 8;
18.     LCDWriteCMD(0xDC00);
19.     s_structLCDDev.id |= LCDReadData();             //读回 0x00
20.
21.     if(s_structLCDDev.id==0x8000)
22.     {
23.       //NT35510 读回的 ID 是 8000H，为方便区分，强制设置为 5510
24.       s_structLCDDev.id=0x5510;
25.     }
26.
27.     printf("LCD ID:%x\r\n", s_structLCDDev.id);     //打印 LCD ID
28.
29.   if(s_structLCDDev.id == 0x5510)
30.     {
31.       LCDWriteReg(0xF000, 0x55);
32.       LCDWriteReg(0xF001, 0x55);
33. ...//此处省略 LCD 设置寄存器代码
34.
35.       DelayNus(120);
```

```
36.        LCDWriteCMD(0x2900);
37.      }
38.      LCDDisplayDir(0);                    //默认为竖屏
39.      LCD_LED_HIGH;                        //点亮背光
40.      LCDClear(WHITE);                     //清屏
41.    }
```

在 InitLCD 函数实现区后为 LCDClear、LCDFill、LCDColorFill、LCDDrawLine、LCDDrawRectangle 和 LCDDrawCircle 函数的实现代码，这些函数的功能分别是清屏、在指定区域内填充单个颜色、在指定区域内填充颜色块、画线、画矩形和画圆。

在 LCDDrawCircle 函数实现区后为 LCDShowChar 函数的实现代码，如程序清单 1-15 所示。下面按照顺序解释说明 LCDShowChar 函数中的语句。

（1）第 1 行代码：LCDShowChar 函数用于在指定位置显示一个字符，字符位置由输入参数 x 和 y 确定，待显示的字符以整数形式（ASCII 码）存放于参数 num 中。参数 size 是字体选项，24 代表 24×24 字体（汉字像素为 24×24，字符像素为 24×12），16 代表 16×16 字体（汉字像素为 16×16，字符像素为 16×8），12 代表 12×12 字体（汉字像素为 12×12，字符像素为 12×6）。最后一个参数 mode 用于选择显示方式，即以叠加方式或非叠加方式显示。叠加方式显示为输入的字符以透明背景的方式显示，即输入的字符与背景叠加在一起；非叠加方式显示为输入的字符以有底纹的方式显示，即输入的字符不与背景叠加在一起，而是自带一个纯色背景。其中 mode 为 1 表示以叠加方式显示，mode 为 0 表示以非叠加方式显示。

（2）第 6 行代码：由于本实验只对 ASCII 码表中的 95 个字符进行取模，12×6 字体字模存放于 asc2_1206 数组，16×8 字体字模存放于 asc2_1608 数组，24×12 字体字模存放于 asc2_2412 数组，这 95 个字符中的第 1 个字符是 ASCII 码表中的空格（空格的 ASCII 值为 32），且所有字符的字模都是按照 ASCII 码表顺序存放于数组 asc2_1206、asc2_1608 和 asc2_2412 中的，由于 LCDShowChar 函数的参数 num 是可视字符型数据（以 ASCII 码存放，ASCII 表中的前 32 个字符不可视），因此，需要将 num 减去空格的 ASCII 值（即 32），即可得到 num 在数组中的索引。

（3）第 8 至 63 行代码：对于 16×16 字体的字符（实际像素是 16×8），每个字符由 16 字节组成（变量 csize），每个字符由 8 个有效位组成，每个位对应 1 个像素点，因此，分为两个循环画点，其中 16 个大循环，每次取出 1 字节，8 个小循环，每次画 1 个像素点。对于 12×12 字体的字符和 24×24 字体的字符，其显示原理都相同。

程序清单 1-15

```
1.     void LCDShowChar(u16 x, u16 y, u8 num, u8 size, u8 mode)
2.     {
3.       u8 temp, t1, t;
4.       u16 y0 = y;
5.       u8 csize = (size / 8 + ((size % 8) ? 1 : 0)) * (size / 2);   //得到字体一个字符对应点阵集所占的字节数
6.       num = num - ' '; //得到偏移后的值（ASCII 字库是从空格开始取模的，所以 -' ' 就是对应字符的字库）
7.
8.       for(t = 0; t < csize; t++)
9.       {
10.        //调用 1206 字体
```

```
11.        if(size == 12)
12.        {
13.            temp = asc2_1206[num][t];
14.        }
15.
16.        //调用 1608 字体
17.        else if(size == 16)
18.        {
19.            temp = asc2_1608[num][t];
20.        }
21.
22.        //调用 2412 字体
23.        else if(size == 24)
24.        {
25.            temp = asc2_2412[num][t];
26.        }
27.
28.        //没有的字库
29.        else
30.        {
31.            return;
32.        }
33.
34.        for(t1 = 0; t1 < 8; t1++)
35.        {
36.            if(temp & 0x80)
37.            {
38.                LCDFastDrawPoint(x, y, s_iLCDPointColor);
39.            }
40.            else if(mode == 0)
41.            {
42.                LCDFastDrawPoint(x, y, s_iLCDBackColor);
43.            }
44.
45.            temp <<= 1;
46.            y++;
47.
48.            //超区域了
49.            if(y >= s_structLCDDev.height)
50.            {
51.                return;
52.            }
53.            if((y - y0) == size)
54.            {
55.                y = y0;
56.                x++;
57.
58.                //超区域了
59.                if(x >= s_structLCDDev.width)
60.                {
```

```
61.            return;
62.          }
63.        break;
64.      }
65.    }
66.  }
67. }
```

在 LCDShowChar 函数的实现区后为 LCDPow 和 LCDShowNum 函数的实现代码，这两个函数的功能分别是进行幂运算和显示数字。

在 LCDShowNum 函数实现区后为 LCDShowString 函数的实现代码，如程序清单 1-16 所示。LCDShowString 函数的功能是在指定位置显示字符串。该函数调用了 LCDShowChar 来实现字符串的显示。

程序清单 1-16

```
1.  void LCDShowString(u16 x, u16 y, u16 width, u16 height, u8 size, u8 *p)
2.  {
3.      u8 x0 = x;
4.      width += x;
5.      height += y;
6.      while((*p <= '~') && (*p >= ' '))        //判断是不是非法字符
7.      {
8.          if(x >= width)
9.          {
10.             x = x0;
11.             y += size;
12.         }
13.         if(y >= height)
14.         {
15.             break;                           //退出
16.         }
17.         LCDShowChar(x, y, *p, size, 0);
18.         x += size / 2;
19.         p++;
20.     }
21. }
```

1.3.3　Main.c 文件

main 函数的实现代码如程序清单 1-17 所示，先调用 LCDDisplayDir 函数将 LCD 设置为横屏显示，然后调用 DisPlayBackgroudJPEG 函数将 LCD 背景设置为预先解码好的图片，最后调用 InitGraphWidgetStruct 和 CreateGraphWidget 函数创建波形控件。

程序清单 1-17

```
1.  int main(void)
2.  {
```

```
3.      InitHardware();           //初始化硬件相关函数
4.      InitSoftware();           //初始化软件相关函数
5.
6.      //LCD 测试
7.      LCDDisplayDir(1);
8.      LCDClear(GBLUE);
9.      s_iLCDPointColor = GREEN;
10.     LCDShowString(30,40,210,24,24,"Hello! GD32 ^_^");
11.
12.     //显示背景图片
13.     DisPlayBackgroudJPEG();
14.
15.     //创建波形控件
16.     InitGraphWidgetStruct(&s_structGraph);
17.     CreateGraphWidget(10, 150, 780, 200, &s_structGraph);
18.     s_structGraph.startDraw = 1;
19.
20.     while(1)
21.     {
22.        Proc1msTask();           //1ms 处理任务
23.        Proc2msTask();           //2ms 处理任务
24.        Proc1SecTask();          //1s 处理任务
25.     }
26.  }
```

Proc1msTask 函数的实现代码如程序清单 1-18 所示,第 11、12 行代码用于从 PA1 引脚获取从 PA4 引脚发送的正弦波信号并进行数据处理,再由波形控件将正弦波信号显示到 LCD 指定区域。

程序清单 1-18

```
1.   static   void   Proc1msTask(void)
2.   {
3.      static u8 s_iCnt = 0;
4.      int wave;
5.      if(Get1msFlag())
6.      {
7.        s_iCnt++;
8.        if(s_iCnt >= 5)
9.        {
10.         s_iCnt = 0;
11.         wave = GetADC() * (s_structGraph.y1 - s_structGraph.y0) / 4095;
12.         GraphWidgetAddData(&s_structGraph, wave);
13.       }
14.       Clr1msFlag();
15.     }
16.  }
```

1.3.4　实验结果

用杜邦线将 GD32F3 苹果派开发板上的 PA4 引脚与 PA1 引脚连接,然后通过 Keil μVision5 软件将.axf 文件下载到开发板,下载完成后,可以观察到 LCD 屏上显示如图 1-11 所示的正弦波曲线,表示实验成功。

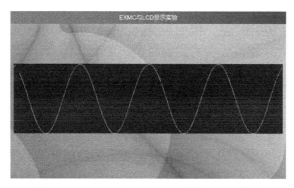

图 1-11　EXMC 与 LCD 显示实验 GUI 界面

本 章 任 务

任务 1:

在本章实验中,通过 GD32F3 苹果派开发板上的 LCD 显示模块实现了显示正弦波波形的功能。尝试通过 LCD 的 API 函数,在 LCD 局部区域内画一个矩形框,并且在矩形框中间显示"Hello! GD32 ^_^",如图 1-12 所示。

任务 2:

尝试自行编写画虚线函数,并利用 LCD 驱动中的其他 API 函数,在 LCD 上绘制一个正方体,如图 1-13 所示。

图 1-12　本章任务 1 显示效果图

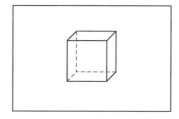

图 1-13　本章任务 2 显示效果图

本 章 习 题

1. 简述 LCD 的分类,并查阅资料了解不同类型 LCD 之间的区别。
2. 简述通过向 NT35510 发送指令设置 LCD 扫描方向的流程。
3. 读 GRAM 时,NT35510 如何输出颜色数据?
4. EXMC 主要用于访问各种外部存储器,为何本章实验可以通过 EXMC 操作 LCD?
5. 简述 LCD 的驱动流程。

第 2 章 触摸屏实验

触摸屏在日常生活中应用广泛，例如在手机、平板电脑等电子设备上都有使用，触摸屏能够减少机械按键的使用，提高设备的便携性和交互性。本章将学习 GD32F3 苹果派开发板上的触摸屏原理，并基于触摸屏实现模拟手写板的功能。

2.1 实 验 内 容

本章的主要内容是学习 GD32F3 苹果派开发板上的触摸屏模块原理图，了解触摸屏检测原理和 GT1151Q 芯片的工作原理。最后基于开发板上的触摸屏设计一个可同时支持 5 点触控的手写板，当手指在屏幕上划动时，能够实时显示划动轨迹并通过 GUI 控件将手指触控的坐标显示在屏幕上，且当多点触控时，每条轨迹将通过不同的颜色表示。

2.2 实 验 原 理

2.2.1 触摸屏分类

触摸屏可分为电阻式触摸屏和电容式触摸屏，两种触摸屏的应用范围与其特点有关。电阻式触摸屏具有精确度高、成本较低和稳定性好等优点，但其缺点是表面易划破、透光性不好且不支持多点触控，通常只应用在一些需要精确控制或对使用环境要求较高的情况下，如工厂车间的工控设备等。与电阻式触摸屏不同，电容式触摸屏支持多点触控、透光性好，且无须校准，广泛应用于智能手机、平板电脑等便携式电子设备中。

电容式触摸屏按照工作原理不同，可分为表面电容式触摸屏和投射式触摸屏。表面电容式触摸屏一般不透光，常用于非显示领域，如笔记本电脑的触控板。投射式触摸屏能够透光，多用于显示领域，GD32F3 苹果派开发板上的 LCD 显示模块配套的触摸屏即为投射式触摸屏，因此本章主要基于投射式触摸屏的工作原理进行介绍。

2.2.2 投射式触摸屏工作原理

1. 触摸屏的组成结构

投射式触摸屏在结构上主要由 3 部分组成，如图 2-1 所示，从上到下分别为保护玻璃、ITO 面板和基板。触摸屏的顶部是保护玻璃，为手指直接接触的地方，具有保护内部结构的作用。中间的 ITO 面板是触摸屏的核心部件，ITO 是氧化铟锡的缩写，它是一种同时具有导电性和透光性的材料。底部的基板在支撑以上结构的同时与 ITO 面板连接，一起构成触摸检测电路。另外，基板上还带有与触摸屏控制芯片连接的接口，ITO 面板检测到的电平变化能够转换成数据发送到触摸屏控制芯片中进行处理。

图 2-1　投射式触摸屏的结构

2. 检测手指坐标的原理

触摸屏按照检测原理可以分为交互电容型和自我电容型两种，交互电容型投射式触摸屏的 ITO 面板具有特殊结构，为横纵两列菱形交错排列的网状结构（为了区分明显，示意图为黑白双色，实际的 ITO 面板为透明结构），如图 2-2 所示。交互电容型投射式触摸屏的 ITO 面板的 XY 轴两组电极之间彼此结合组成电容，如图 2-2（d）所示。X 轴和 Y 轴的通道数决定了电容触摸屏的精度和分辨率，XY 轴之间的电容位置决定了 XY 轴的坐标。这一点和自我电容型触摸屏不同，自我电容型触摸屏虽然也有 XY 轴两组电极，但是彼此之间是与地构成的电容，因此两者检测手指坐标的原理也不同。GD32F3 苹果派开发板上板载的触摸屏属于交互电容型投射式触摸屏。

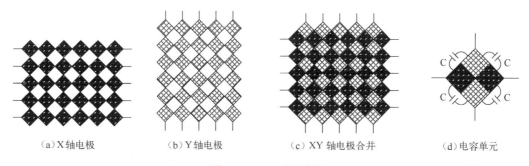

（a）X 轴电极　　　　（b）Y 轴电极　　　　（c）XY 轴电极合并　　　　（d）电容单元

图 2-2　ITO 面板结构

交互电容型投射式触摸屏的 ITO 面板 XY 轴之间的电容位置代表了触摸屏的实际坐标，控制芯片通过检测电容的充电时间来确定是否有手指按下。和电容按键原理类似，ITO 面板成型出厂后的阻容特性是固定的，因此 XY 轴电极之间的电容量和充电时间也是固定的。当用手指触碰屏幕时，XY 轴电极间的电容量会改变。检测触点坐标时，第 1 条 X 轴的电极发出激励信号，所有 Y 轴的电极同时接收到信号，触摸屏控制芯片通过检测交互电容的充电时间可检测出各条 Y 轴与第 1 条 X 轴相交的交互电容的大小。接着各条 X 轴以此发出激励信号，Y 轴重复上述步骤，即可得到整个触摸屏二维平面的所有电容大小。根据得到的触摸屏电容量变化的二维数据表，可以得知每个触摸点的坐标。

2.2.3　GT1151Q 芯片

触摸屏控制芯片的作用为检测 ITO 面板电极之间电容的变化，从而得到手指按压的具体坐标，同时将这些坐标和状态信息进行编码，并保存在芯片内部相应的寄存器内，供微控制器读取和调用。开发板配套触摸屏使用的控制芯片型号为 GT1151Q，触摸扫描频率为 120Hz，检测通道有 16 个驱动通道和 29 个感应通道，这两种通道分别对应 ITO 面板的 X 轴和 Y 轴电极数，数字越大表示检测坐标的精度越高。GT1151Q 最高支持 10 点触控，图 2-3 所示为 GT1151Q 芯片的引脚图。

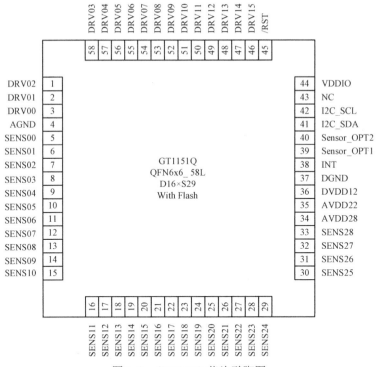

图 2-3　GT1151Q 芯片引脚图

表 2-1　GT1151Q 芯片引脚功能描述

引 脚 号	名　　称	功 能 描 述
1~3	DRV02~DRV00	触摸驱动信号输出
4	AGND	模拟地
5~33	SENS00~SENS28	触摸模拟信号输入
34	AVDD28	模拟电压输入
35	AVDD22	LDO 输出
36	DVDD12	LDO 输出
37	DGND	数字地
38	INT	中断信号
39、40	Sensor_OPT1、Sensor_OPT2	模组识别口
41	I2C_SDA	I^2C 数据信号
42	I2C_SCL	I^2C 时钟信号
43	NC	
44	VDDIO	GPIO 电平控制
45	/RST	系统复位脚
46~58	DRV15~DRV03	触摸驱动信号输出

GT1151Q 芯片共有 58 个引脚，引脚功能描述如表 2-1 所示。

芯片的大部分引脚已连接到触摸屏，用于输出触摸驱动信号和获取触摸模拟信号，只有 4 个引脚引出，分别为 INT、/RST、I2C_SCL 和 I2C_SDA。GT1151Q 使用 I^2C 协议与微控制器进行通信，器件地址为 0x14。在硬件连接上，GD32F3 苹果派开发板通过 2×16Pin 双排排针和排母与 LCD 显示模块板连接，其中开发板上 GD32F303ZET6 微控制器的 PB6~PB9 引脚分别与 GT1151Q 芯片的 I2C_SCL、I2C_SDA、INT 和 /RST 引脚相连，如图 2-4 所示。

2.2.4　GT1151Q 常用寄存器

下面简要介绍基于 GT1151Q 芯片进行程序开发时常用的寄存器。

1. 控制寄存器（0x8040）

通过向 GT1151Q 中的控制寄存器写入不同的值，可以实现相应的操作。具体功能参见表 2-2。

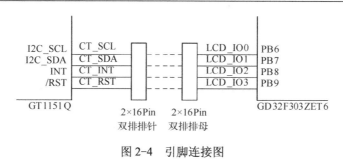

图 2-4 引脚连接图

表 2-2 控制寄存器

地 址	名 称	Bit7	Bit6	Bit5	Bit4	Bit3	Bit2	Bit1	Bit0
0x8040	Command	0x00：读坐标状态；0x01、0x02：差值原始值； 0x03：基准更新（内部测试）；0x04：基准校验（内部测试）；0x05：关屏； 0x06：进入充电模式；0x07：退出充电模式；0x08：进入手势唤醒模式； 0x0b：手模式（不支持弱信号）；0x0c：自动模式（自动切换手和手套）； 0x31：保存自定义手势模板；0x35：清空触控 IC 中保存的手势模板信息； 0x36：删除某个手势模板；0x37：查询手势模板信息； 0xaa：ESD 保护机制使用，由驱动定时写入 aa 并定时读取检查							

2．配置寄存器（0x8050～0x813B）

GT1151Q 共有 186 个配置寄存器，如表 2-3 所示，用于设置和保存配置，通常芯片在出厂时已配置完成，实验中不需要进行修改。如果需要配置相应的参数，需要注意以下 4 个寄存器：①0x8050 寄存器用于指示配置文件的版本号，程序写入的版本号必须新于 GT1151Q 本地保存的版本号，才可以更新配置。②0x813C 和 0x813D 寄存器用于存储累加和校验。③0x813E 寄存器用于确定是否已更新配置。

表 2-3 配置寄存器

地 址	名 称	Bit7	Bit6	Bit5	Bit4	Bit3	Bit2	Bit1	Bit0
0x8050	Config_Version	Bit7 为是否固化标记（0：普通；1：固化），bit0～bit6 为对应的版本号							
0x8051～0x813B		配置内容							
0x813C	Config_Chksum_H	配置信息 16 位累加和校验（大端模式：高位存入低地址）							
0x813D	Config_Chksum_L								
0x813E	Config_Fresh	配置已更新标记（主控在此写入 1）							

3．产品 ID 寄存器（0x8140）

产品 ID 寄存器共有 4 个，本实验只用到其中 1 个，如表 2-4 所示，直接使用 I²C 总线读取该寄存器即可获得 ASCII 编码的 ID 值。

表 2-4 产品 ID 寄存器

地 址	可读/写	Bit7	Bit6	Bit5	Bit4	Bit3	Bit2	Bit1	Bit0
0x8140	读	产品 ID（首字节，ASCII 码）							

4．状态寄存器（0x814E）

状态寄存器用于保存手指触摸状态，即触点数目，如表 2-5 所示，状态寄存器需要关注

Bit7 和 Bit0～Bit3，Bit7 为标志位，当有手指按下时该位为 1，注意，此位不会自动清零。Bit0～Bit3 用于保存有效触点的个数，范围是 0～10，表示触控点的数目。

表 2-5　状态寄存器

地　址	可读/写	Bit7	Bit6	Bit5	Bit4	Bit3	Bit2	Bit1	Bit0
0x814E	读/写	缓冲区状态	Large Detect	保留	Have Key	触点数目			

5. 坐标寄存器（0x8150、0x8158、0x8160、0x8168、0x8170 等）

坐标寄存器用于保存触点的坐标数据，GT1151Q 芯片共有 60 个坐标寄存器，每个点的坐标数据分别由 6 个寄存器保存，最多可同时支持 10 个触点的坐标数据的保存。X 和 Y 轴坐标分别由 2 个寄存器保存各自的坐标值，其余 2 个寄存器用于计算 XY 轴坐标的数据大小。下面以点 1 为例介绍数据存储的基本原理。如表 2-6 所示，地址 0x8150 和 0x8151 中存储的是点 1 的 X 轴坐标值，数据量为 16 位，分为高 8 位和低 8 位存储。Y 轴坐标值同理，地址 0x8154 和 0x8155 中存储的是点 1 的数据大小。

表 2-6　坐标寄存器

地　址	可读/写	Bit7	Bit6	Bit5	Bit4	Bit3	Bit2	Bit1	Bit0
0x8150	读	点 1 的 X 轴坐标数据（低字节）							
0x8151	读	点 1 的 X 轴坐标数据（高字节）							
0x8152	读	点 1 的 Y 轴坐标数据（低字节）							
0x8153	读	点 1 的 Y 轴坐标数据（高字节）							
0x8154	读	点 1 数据大小（低字节）							
0x8155	读	点 1 数据大小（高字节）							

2.3　实验代码解析

2.3.1　GT1151Q 文件对

1. GT1151Q.h 文件

在 GT1151Q.h 文件的"宏定义"区，定义了 8 个常量，如程序清单 2-1 所示。下面按照顺序解释说明其中的语句。

（1）第 1 至 9 行代码：本实验使用到的 GT1151Q 芯片的相关寄存器。

（2）第 12 行代码：GT1151Q 芯片的设备地址。

程序清单 2-1

```
1.   #define GT1151Q_PID_REG      0x8140        //GT1151Q 产品 ID 寄存器
2.   ...
3.
4.   #define GT1151Q_GSTID_REG    0x814E        //GT1151Q 当前检测到的触摸情况
5.   #define GT1151Q_TP1_REG      0x8150        //第 1 个触摸点数据地址
```

6.	#define GT1151Q_TP2_REG	0x8158	//第 2 个触摸点数据地址
7.	#define GT1151Q_TP3_REG	0x8160	//第 3 个触摸点数据地址
8.	#define GT1151Q_TP4_REG	0x8168	//第 4 个触摸点数据地址
9.	#define GT1151Q_TP5_REG	0x8170	//第 5 个触摸点数据地址
10.			
11.	//I²C 设备地址（含最低位）		
12.	#define GT1151Q_DEVICE_ADDR 0x28		

在"API 函数声明"区，声明了 2 个 API 函数，如程序清单 2-2 所示。InitGT1151Q 函数用于初始化 GT1151Q 芯片。ScanGT1151Q 函数用于扫描触摸点数。

程序清单 2-2

```
void InitGT1151Q(void);                    //初始化 GT1151Q 触摸屏驱动模块
void ScanGT1151Q(StructTouchDev* dev);     //触屏扫描
```

2. GT1151Q.c 文件

在 GT1151Q.c 文件的"内部变量定义"区，定义了 1 个 I²C 结构体，如程序清单 2-3 所示。

程序清单 2-3

```
static StructIICCommonDev s_structIICDev;     //I²C 通信设备结构体
```

在"内部函数声明"区，声明了 1 个内部函数，如程序清单 2-4 所示，ConfigGT1151QGPIO 函数用于初始化连接到 GT1151Q 芯片的 GPIO。

程序清单 2-4

```
static void ConfigGT1151QGPIO(void);     //配置 GT1151Q 的 GPIO
```

在"内部函数实现"区，首先实现了 ConfigGT1151QGPIO 函数，如程序清单 2-5 所示。该函数通过调用 GPIO 相关库函数配置连接到 GT1151Q 芯片的部分 GPIO，即 PB6、PB7 和 PB9。

程序清单 2-5

```
1.   static void ConfigGT1151QGPIO(void)
2.   {
3.       //使能 RCU 相关时钟
4.       rcu_periph_clock_enable(RCU_GPIOB);               //使能 GPIOB 的时钟
5.
6.       //SCL
7.       gpio_init(GPIOB, GPIO_MODE_OUT_PP, GPIO_OSPEED_50MHZ, GPIO_PIN_6);
                                                           //设置 GPIO 输出模式及速度
8.       gpio_bit_set(GPIOB, GPIO_PIN_6);                  //将 SCL 默认状态设置为拉高
9.
10.      //SDA
11.      gpio_init(GPIOB, GPIO_MODE_OUT_PP, GPIO_OSPEED_50MHZ, GPIO_PIN_7);
                                                           //设置 GPIO 输出模式及速度
```

```
12.    gpio_bit_set(GPIOB, GPIO_PIN_7);               //将 SDA 默认状态设置为拉高
13.
14.    //RST，低电平有效
15.    gpio_init(GPIOB, GPIO_MODE_OUT_PP, GPIO_OSPEED_50MHZ, GPIO_PIN_9);
                                                      //设置 GPIO 输出模式及速度
16.    gpio_bit_reset(GPIOB, GPIO_PIN_9);             //将 RST 默认状态设置为拉低
17.  }
```

在 ConfigGT1151QGPIO 函数实现区后为 ConfigGT1151QAddr 函数的实现代码，该函数用于配置 GT1151Q 的设备地址。

在 ConfigGT1151QAddr 函数实现区后为 ConfigSDAMode、SetSCL、SetSDA、GetSDA 和 Delay 函数的实现代码。这些内部函数对应 IICCommon.h 文件中 StructIICCommonDev 结构体定义的函数指针。ConfigSDAMode 函数用于配置 SDA 模式为输入或输出，SetSCL 函数用于控制 I^2C 时钟信号线 SCL，SetSDA 函数用于控制 I^2C 数据信号线 SDA，GetSDA 函数用于获取 SDA 输入电平，Delay 函数用于 I^2C 时序的延时。下面以 ConfigSDAMode 函数为例进行介绍，如程序清单 2-6 所示。ConfigSDAMode 函数仅有一个输入参数 mode，根据 mode 的值配置 SDA 数据线为输入或输出。

程序清单 2-6

```
1.    static void ConfigSDAMode(u8 mode)
2.    {
3.
4.      rcu_periph_clock_enable(RCU_GPIOB);   //使能 GPIOB 的时钟
5.
6.      //配置成输出
7.      if(IIC_COMMON_OUTPUT == mode)
8.      {
9.        gpio_init(GPIOB, GPIO_MODE_OUT_PP, GPIO_OSPEED_50MHZ, GPIO_PIN_7);
10.     }
11.
12.     //配置成输入
13.     else if(IIC_COMMON_INPUT == mode)
14.     {
15.       gpio_init(GPIOB, GPIO_MODE_IPU, GPIO_OSPEED_50MHZ, GPIO_PIN_7);
16.     }
17.  }
```

在"API 函数实现"区，首先实现的是 InitGT1151Q 函数，如程序清单 2-7 所示。下面按照顺序解释说明 InitGT1151Q 函数中的语句。

（1）第 6 行代码：通过 ConfigGT1151QGPIO 函数配置所要使用的 GPIO。

（2）第 12 至 18 行代码：初始化 I^2C 结构体。

（3）第 24 至 32 行代码：读取芯片 ID 并通过串口打印。

程序清单 2-7

```
1.    void InitGT1151Q(void)
```

```
2.    {
3.        u8 id[5];
4.
5.        //配置 GT1151Q 的 GPIO
6.        ConfigGT1151QGPIO();
7.
8.        //配置 GT1151Q 的设备地址为 0x28/0x29
9.        ConfigGT1151QAddr();
10.
11.       //配置 I²C
12.       s_structIICDev.deviceID = GT1151Q_DEVICE_ADDR;          //设备 ID
13.       //s_structIICDev.deviceID = 0xBA;                       //设备 ID
14.       s_structIICDev.SetSCL = SetSCL;                         //设置 SCL 电平值
15.       s_structIICDev.SetSDA = SetSDA;                         //设置 SDA 电平值
16.       s_structIICDev.GetSDA = GetSDA;                         //获取 SDA 输入电平
17.       s_structIICDev.ConfigSDAMode = ConfigSDAMode;          //配置 SDA 输入/输出方向
18.       s_structIICDev.Delay = Delay;                          //延时函数
19.
20.       //等待 GT1151Q 工作稳定
21.       DelayNms(100);
22.
23.       //读取产品 ID
24.       if(0 != IICCommonReadBytesEx(&s_structIICDev, GT1151Q_PID_REG, id, 4, IIC_COMMON_NACK))
25.       {
26.           printf("InitGT1151Q: Fail to get id\r\n");
27.           return;
28.       }
29.
30.       //打印产品 ID
31.       id[4] = 0;
32.       printf("Touch ID: %s\r\n", id);
33.   }
```

在 InitGT1151Q 函数实现区后为 ScanGT1151Q 函数的实现代码，如程序清单 2-8 所示。该函数以触摸屏设备结构体 StructTouchDev 为输入参数，用于记录触摸点数和坐标点数据。下面按照顺序解释说明 ScanGT1151Q 函数中的语句。

（1）第 10 行代码：使用 IICCommonReadBytesEx 函数读取 GT1151Q 芯片的状态寄存器，并将读到的点的个数保存在结构体中。

（2）第 21 行代码：使用 for 循环获取 5 个点的坐标值。

（3）第 24 至 42 行代码：若检测到手指按下，则通过 IICCommonReadBytesEx 函数循环读取坐标寄存器的坐标值，并保存在结构体中。

（4）第 45 至 51 行代码：若状态寄存器检测到没有手指按下，则将结构体赋值为默认的无效值。

程序清单 2-8

```
1.    void ScanGT1151Q(StructTouchDev* dev)
```

```
2.   {
3.       static u16 s_arrRegAddr[5] = {GT1151Q_TP1_REG, GT1151Q_TP2_REG, GT1151Q_TP3_REG,
GT1151Q_TP4_REG, GT1151Q_TP5_REG};
4.       u8  regValue;
5.       u8  buf[6];
6.       u8  i;
7.       u16 swap;
8.
9.       //读取状态寄存器
10.      IICCommonReadBytesEx(&s_structIICDev, GT1151Q_GSTID_REG, &regValue, 1, IIC_COMMON_NACK);
11.      regValue = regValue & 0x0F;
12.
13.      //记录触摸点个数
14.      dev->pointNum = regValue;
15.
16.      //清除状态寄存器
17.      regValue = 0;
18.      IICCommonWriteBytesEx(&s_structIICDev, GT1151Q_GSTID_REG, &regValue, 1);
19.
20.      //循环获取 5 个触摸点数据
21.      for(i = 0; i < 5; i++)
22.      {
23.          //检测到触点
24.          if(dev->pointNum >= (i + 1))
25.          {
26.              IICCommonReadBytesEx(&s_structIICDev, s_arrRegAddr[i], buf, 6, IIC_COMMON_NACK);
27.              dev->point[i].x = (buf[1] << 8) | buf[0];
28.              dev->point[i].y = (buf[3] << 8) | buf[2];
29.              dev->point[i].size = (buf[5] << 8) | buf[4];
30.
31.              //横屏坐标转换
32.              if(1 == s_structLCDDev.dir)
33.              {
34.                  swap = dev->point[i].x;
35.                  dev->point[i].x = dev->point[i].y;
36.                  dev->point[i].y = swap;
37.                  dev->point[i].x = 800 - dev->point[i].x;
38.              }
39.
40.              //标记触摸点按下
41.              dev->pointFlag[i] = 1;
42.          }
43.
44.          //未检测到触点
45.          else
46.          {
47.              dev->pointFlag[i] = 0;        //未检测到
48.              dev->point[i].x = 0xFFFF;     //无效值
```

```
49.        dev->point[i].y = 0xFFFF;        //无效值
50.      }
51.    }
52. }
```

2.3.2　Touch 文件对

1．Touch.h 文件

在 Touch.h 文件的"宏定义"区，定义常量 POINT_NUM_MAX 为触摸点的最大数量，如程序清单 2-9 所示。

程序清单 2-9

```
#define POINT_NUM_MAX 5        //触摸点最大数量
```

在"枚举结构体"区，声明了 2 个结构体，如程序清单 2-10 所示。下面按照顺序解释说明其中的语句。

（1）第 2 至 7 行代码：定义了 StructTouchPoint 结构体，用于存储触摸点的坐标数据。

（2）第 10 至 15 行代码：定义了 StructTouchDev 结构体，用于存储触摸点数和触摸状态。

程序清单 2-10

```
1.  //坐标点
2.  typedef struct
3.  {
4.    u16 x;                                      //横坐标，0xFFFF 表示无效值
5.    u16 y;                                      //纵坐标，0xFFFF 表示无效值
6.    u16 size;                                   //触点大小
7.  }StructTouchPoint;
8.
9.  //触摸屏设备结构体
10. typedef struct
11. {
12.   u8            pointNum;                     //触摸点数，最多支持 POINT_NUM_MAX 个触摸点
13.   u8            pointFlag[POINT_NUM_MAX];     //触摸点按下标志位，1-触摸点按下，0-未检
                                                  //测到触摸点按下
14.   StructTouchPoint point[POINT_NUM_MAX];      //坐标点数据
15. }StructTouchDev;
```

在"API 函数声明"区，声明了 3 个 API 函数，如程序清单 2-11 所示，InitTouch 函数用于初始化触摸屏检测驱动模块，ScanTouch 函数用于触屏扫描，GetTouchDev 函数用于获取触摸设备的结构体。

程序清单 2-11

```
void InitTouch(void);        //初始化触摸屏检测驱动模块
u8   ScanTouch(void);        //触屏扫描
```

```
StructTouchDev* GetTouchDev(void);          //获取触摸设备的结构体
```

2．Touch.c 文件

在 Touch.c 文件的"宏定义"区，定义了 1 个常量 DIFFERENCE_MAX，如程序清单 2-12 所示，表示坐标点之间差值的最大值，用于准确判断触点个数。

程序清单 2-12

```
#define DIFFERENCE_MAX 75          //坐标点之间差值最大值
```

在"内部变量定义"区，定义了 1 个触摸设备结构体，如程序清单 2-13 所示。

程序清单 2-13

```
static StructTouchDev s_structTouchDev;
```

在"内部函数声明"区，声明了 1 个内部函数，如程序清单 2-14 所示，Abs 函数用于计算两数之差的绝对值。

程序清单 2-14

```
static u16 Abs(u16 a, u16 b);          //计算两数之差绝对值
```

在"内部函数实现"区，为 Abs 函数的实现代码，如程序清单 2-15 所示。

程序清单 2-15

```
1.    static u16 Abs(u16 a, u16 b)
2.    {
3.      if(a > b)
4.      {
5.        return (a - b);
6.      }
7.      else
8.      {
9.        return (b - a);
10.     }
11.   }
```

在"API 函数实现"区，首先实现了 InitTouch 函数，如程序清单 2-16 所示，该函数用于初始化触摸设备。下面按照顺序解释说明 InitTouch 函数中的语句。

（1）第 6 行代码：通过调用 InitGT1151Q 函数来初始化触摸控制芯片 GT1151Q。

（2）第 9 至 16 行代码：对触摸设备结构体 s_structTouchDev 的参数进行初始化操作。

程序清单 2-16

```
1.    void InitTouch(void)
2.    {
3.      u8 i;
```

```
4.
5.     //初始化 GT1151Q 触摸屏驱动模块
6.     InitGT1151Q();
7.
8.     //初始化 s_structTouchDev 结构体
9.     s_structTouchDev.pointNum = 0;
10.    for(i = 0; i < POINT_NUM_MAX; i++)
11.    {
12.        s_structTouchDev.pointFlag[i] = 0;
13.        s_structTouchDev.point[i].x = 0xFFFF;
14.        s_structTouchDev.point[i].y = 0xFFFF;
15.        s_structTouchDev.point[i].size = 0;
16.    }
17. }
```

在 InitTouch 函数实现区后为 ScanTouch 函数的实现代码，如程序清单 2-17 所示，该函数用于扫描触摸屏。下面按照顺序解释说明 ScanTouch 函数中的语句。

（1）第 10 至 13 行代码：清空标志位，使设备恢复初始状态。

（2）第 16 行代码：通过 ScanGT1151Q 函数获取当前触摸屏的检测结果，包括触摸点数和每个点的坐标，并将结果更新到结构体 s_structNewDev 中。

（3）第 22 至 109 行代码：进行两次判断，判断触点是新触点还是未触碰状态。根据前面的宏定义 DIFFERENCE_MAX 来判断，当两个触点之间的距离小于 DIFFERENCE_MAX 时，视为同一个点，否则为新触点。

（4）第 111 行代码：将当前扫描的触点个数作为返回值返回。

程序清单 2-17

```
1.    u8 ScanTouch(void)
2.    {
3.        static StructTouchDev s_structNewDev;      //当前触摸屏扫描结果
4.        u8 i, j;                                   //循环变量
5.        u16 x0, y0, x1, y1;                        //坐标变量
6.        u8 hasSimilarity;                          //查找到相似点标志位，0-无相似点，1-有相似点
7.        u8 hasClearFlag[POINT_NUM_MAX];            //已清除标志位
8.
9.        //清空 hasClearFlag
10.       for(i = 0; i < POINT_NUM_MAX; i++)
11.       {
12.           hasClearFlag[i] = 0;
13.       }
14.
15.       //获取当前触摸屏检测结果
16.       ScanGT1151Q(&s_structNewDev);
17.
18.       //更新触摸点个数
19.       s_structTouchDev.pointNum = s_structNewDev.pointNum;
20.
```

```
21.    //第一遍，查看 s_structNewDev 中有没有 s_structTouchDev 的相似点，若有则更新该点，否则标记
       s_structTouchDev 该点未触碰
22.    for(i = 0; i < POINT_NUM_MAX; i++)
23.    {
24.      if(1 == s_structTouchDev.pointFlag[i])
25.      {
26.        //默认未查找到相似点
27.        hasSimilarity = 0;
28.        for(j = 0; j < POINT_NUM_MAX; j++)
29.        {
30.          if(1 == s_structNewDev.pointFlag[j])
31.          {
32.            x0 = s_structTouchDev.point[i].x;
33.            y0 = s_structTouchDev.point[i].y;
34.            x1 = s_structNewDev.point[j].x;
35.            y1 = s_structNewDev.point[j].y;
36.
37.            //查找到的相似点
38.            if((Abs(x0, x1) <= DIFFERENCE_MAX) && (Abs(y0, y1) <= DIFFERENCE_MAX))
39.            {
40.              //标记查找到相似点
41.              hasSimilarity = 1;
42.
43.              //保存测量结果
44.              s_structTouchDev.point[i].x = s_structNewDev.point[j].x;
45.              s_structTouchDev.point[i].y = s_structNewDev.point[j].y;
46.              s_structTouchDev.point[i].size = s_structNewDev.point[j].size;
47.              s_structTouchDev.pointFlag[i]   = 1;
48.
49.              //跳出循环
50.              break;
51.            }
52.          }
53.        }
54.
55.        //未在 s_structNewDev 中发现当前 s_structTouchDev 相似点，则标记当前点未触碰
56.        if(0 == hasSimilarity)
57.        {
58.          //标记当前点未触碰
59.          s_structTouchDev.pointFlag[i] = 0;
60.
61.          //标记该点清零过
62.          hasClearFlag[i] = 1;
63.        }
64.      }
65.    }
```

```
66.
67.    //第二遍，查看 s_structTouchDev 中有无 s_structNewDev 相似点，若没有则表示这是一个新触点，将
新触点保存到 s_structTouchDev 中
68.    for(i = 0; i < POINT_NUM_MAX; i++)
69.    {
70.        if(1 == s_structNewDev.pointFlag[i])
71.        {
72.            //默认未找到相似点
73.            hasSimilarity = 0;
74.            for(j = 0; j < POINT_NUM_MAX; j++)
75.            {
76.                if(1 == s_structTouchDev.pointFlag[j])
77.                {
78.                    x0 = s_structNewDev.point[i].x;
79.                    y0 = s_structNewDev.point[i].y;
80.                    x1 = s_structTouchDev.point[j].x;
81.                    y1 = s_structTouchDev.point[j].y;
82.
83.                    //查找到相似点
84.                    if((Abs(x0, x1) <= DIFFERENCE_MAX) && (Abs(y0, y1) <= DIFFERENCE_MAX))
85.                    {
86.                        hasSimilarity = 1;
87.                        break;
88.                    }
89.                }
90.            }
91.
92.            //若未发现相似点，则表明这是新触点，将新触点保存到 s_structTouchDev 中
93.            if(0 == hasSimilarity)
94.            {
95.                //查找空的位置并填入
96.                for(j = 0; j < POINT_NUM_MAX; j++)
97.                {
98.                    if((0 == s_structTouchDev.pointFlag[j]) && (0 == hasClearFlag[j]))
99.                    {
100.                        s_structTouchDev.point[j].x = s_structNewDev.point[i].x;
101.                        s_structTouchDev.point[j].y = s_structNewDev.point[i].y;
102.                        s_structTouchDev.point[j].size = s_structNewDev.point[i].size;
103.                        s_structTouchDev.pointFlag[j] = 1;
104.                        break;
105.                    }
106.                }
107.            }
108.        }
109. }
110.
111.    return s_structTouchDev.pointNum;
112. }
```

在 ScanTouch 函数实现区后为 GetTouchDev 函数的实现代码，如程序清单 2-18 所示，该函数用于获取触摸按键设备结构体地址。

程序清单 2-18

```
1.  StructTouchDev* GetTouchDev(void)
2.  {
3.    return &s_structTouchDev;
4.  }
```

2.3.3　Canvas 文件对

1. Canvas.h 文件

在 Canvas.h 文件的"API 函数声明"区，声明了 2 个 API 函数，如程序清单 2-19 所示，InitCanvas 函数用于初始化画布，CanvasTask 函数用于创建画布任务。

程序清单 2-19

```
void InitCanvas(void);        //初始化画布
void CanvasTask(void);        //创建画布任务
```

2. Canvas.c 文件

在 Canvas.c 文件的"内部变量定义"区，定义了 3 个内部静态变量，如程序清单 2-20 所示，s_arrLineColor 用于控制线条颜色，s_arrText 用于显示文本，s_pTouchDev 用于保存触点数目和触点坐标信息。

程序清单 2-20

```
static const u16        s_arrLineColor[5] = {YELLOW, GREEN, BLUE, BROWN, GRED};  //线条颜色
static StructTextWidget s_arrText[5];                          //text 控件，显示坐标信息
static StructTouchDev*   s_pTouchDev;                          //触摸屏扫描结果
```

在"内部函数声明"区，声明了 3 个内部静态函数，如程序清单 2-21 所示，DrawPoint 函数用于绘制实心圆。DrawLine 函数用于绘制直线。DisplayBackground 函数用于显示背景图片。

程序清单 2-21

```
static void DrawPoint(u16 x0,u16 y0, u16 r, u16 color);              //绘制实心圆
static void DrawLine(u16 x0, u16 y0, u16 x1, u16 y1, u16 size, u16 color);   //绘制直线
static void DisplayBackground(void);                              //绘制背景
```

在"API 函数实现"区，首先实现了 InitCanvas 函数，如程序清单 2-22 所示，下面按照顺序解释说明 InitCanvas 函数中的语句。

（1）第 4 至 5 行代码：通过 LCDDisplayDir 和 LCDClear 函数设置 LCD 的显示方式。

（2）第 8 行代码：通过背景绘制函数 DisplayBackground 显示蓝色背景图片。

（3）第 11 行代码：通过 CreateText 函数绘制面板中的文本控件，用于显示触摸点的坐标。

（4）第 14 行代码：通过 GetTouchDev 函数获取触摸屏扫描设备结构体地址，从而获取触点数目和触点坐标。

程序清单 2-22

```
1.   void InitCanvas(void)
2.   {
3.       //LCD 横屏显示
4.       LCDDisplayDir(1);
5.       LCDClear(GBLUE);
6.
7.       //绘制背景
8.       DisplayBackground();
9.
10.      //创建 text 控件
11.      CreateText();
12.
13.      //获取触摸屏扫描设备结构体地址
14.      s_pTouchDev = GetTouchDev();
15.  }
```

在 InitCanvas 函数实现区后为 CanvasTask 函数的实现代码，如程序清单 2-23 所示，下面按照顺序解释说明 CanvasTask 函数中的语句。

（1）第 11 行代码：for 循环用于循环检测触点，并在屏幕上画线。

（2）第 14 行代码：判断是否有手指按下，有则将触点的坐标数据通过第 20 行代码的 setText 函数显示在坐标显示区。

（3）第 42 至 81 行代码：通过 DrawPoint 画点函数画出触摸到的第一个点，当触点坐标变化的时候，通过画线函数 DrawLine 将前后两个坐标点进行连接。随着手指划动，触点坐标不断变化，重复上述过程即可完成画轨迹操作。

程序清单 2-23

```
1.   void CanvasTask(void)
2.   {
3.       static char          s_arrString[20]      = {0};          //字符串转换缓冲区
4.       static u8            s_arrFirstFlag[5] = {1, 1, 1, 1, 1};  //标记线条是否已经开始绘制
5.       static StructTouchPoint s_arrLastPoints[5];                //上一个点的坐标
6.
7.       u8   i;
8.       u16 x0, y0, x1, y1, size, color;
9.
10.      //循环绘制 5 根线
11.      for(i = 0; i < 5; i++)
12.      {
13.          //检测到按下
14.          if(1 == s_pTouchDev->pointFlag[i])
15.          {
```

```
16.        //字符串转换
17.        sprintf(s_arrString, "%d,%d", s_pTouchDev->point[i].x, s_pTouchDev->point[i].y);
18.
19.        //更新到 text 显示
20.        s_arrText[i].setText(&s_arrText[i], s_arrString);
21.
22.        //获得起点终点坐标、颜色和触点大小
23.        x0    = s_arrLastPoints[i].x;
24.        y0    = s_arrLastPoints[i].y;
25.        x1    = s_pTouchDev->point[i].x;
26.        y1    = s_pTouchDev->point[i].y;
27.        color = s_arrLineColor[i];
28.        size  = s_pTouchDev->point[i].size;
29.
30.        //触点太大，需要缩小处理
31.        size = size / 5;
32.        if(0 == size)
33.        {
34.          size = 1;
35.        }
36.        else if(size > 15)
37.        {
38.          size = 15;
39.        }
40.
41.        //线条第一个点用画点方式
42.        if(1 == s_arrFirstFlag[i])
43.        {
44.          //标记线条已经开始绘制
45.          s_arrFirstFlag[i] = 0;
46.
47.          //画点
48.          if(y0 > (90 + size))
49.          {
50.            DrawPoint(x0, y0, size, color);
51.          }
52.
53.          //越界
54.          else
55.          {
56.            //标记该线条未开始绘制
57.            s_arrFirstFlag[i] = 1;
58.          }
59.        }
60.
61.        //后边的用画线方式
62.        else
63.        {
```

```
64.            //画线
65.            if((y0 > (90 + size)) && (y1 > (90 + size)))
66.            {
67.                DrawLine(x0, y0, x1, y1, size, color);
68.            }
69.
70.            //越界
71.            else
72.            {
73.                //标记该线条未开始绘制
74.                s_arrFirstFlag[i] = 1;
75.            }
76.        }
77.
78.        //保存当前位置，为画线做准备
79.        s_arrLastPoints[i].x = s_pTouchDev->point[i].x;
80.        s_arrLastPoints[i].y = s_pTouchDev->point[i].y;
81.    }
82.    else
83.    {
84.        //未检测到触摸点则清空显示
85.        s_arrText[i].setText(&s_arrText[i], "");
86.
87.        //标记该线条未开始绘制
88.        s_arrFirstFlag[i] = 1;
89.    }
90.    }
91. }
```

2.3.4　Main.c 文件

Proc1msTask 函数的实现代码如程序清单 2-24 所示，调用了 ScanTouch 和 CanvasTask 函数，实现每 20ms 扫描一次触摸屏。

程序清单 2-24

```
1.   static   void   Proc1msTask(void)
2.   {
3.     static u8 s_iCnt = 0;
4.     if(Get1msFlag())
5.     {
6.       s_iCnt++;
7.       if(s_iCnt >= 20)
8.       {
9.         ScanTouch();          //触摸屏扫描
10.        CanvasTask();         //画布任务
11.        s_iCnt = 0;
12.      }
```

```
13.        Clr1msFlag();
14.    }
15. }
```

2.3.5　实验结果

下载程序并进行复位，可以看到 GD32F3 苹果派开发板的 LCD 屏上显示如图 2-5 所示的 GUI 界面，表示实验成功。此时可以使用手指在触摸屏上划动来绘制线条，并且支持多点触控，当使用多根手指同时触摸时线条的颜色会发生改变，同时，在界面上方会显示每个触摸点的具体坐标值。

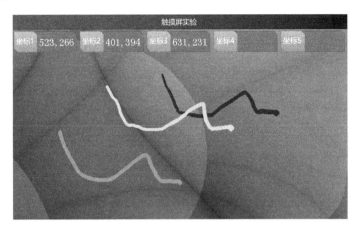

图 2-5　触摸屏实验 GUI 界面

本 章 任 务

在本章实验中，通过 GD32F3 苹果派开发板上的 LCD 和触摸屏模块实现了手写板的功能。现尝试通过 LCD 和触摸屏的 API 函数，实现在屏幕上的局部矩形区域内显示蓝色，将该区域模拟为触摸按键，当触摸按键未被按下时显示蓝色，按下时变为绿色。

本 章 习 题

1. 简述触摸屏检测坐标的原理。
2. 简述电容式触摸屏的分类及其应用场景。
3. IICCommon.c 文件与 GT1151Q.c 文件内的 I^2C 驱动函数是如何联系起来的？
4. LCD 显示的触点坐标范围是多少？坐标原点在哪里？

第 3 章 内部温度与外部温湿度监测实验

温湿度作为最基本的环境因素，对日常生产和生活影响极大。各个行业对环境的温度和湿度都有一定的要求，尤其是在有高精度要求的仪器设备领域。在日常生活中，环境的温湿度更是影响着我们的方方面面，而有效的测量正是控制温湿度的关键。本章将基于 GD32F3 苹果派开发板实现对 CPU 内部温度和环境温湿度的监测。

3.1 实 验 内 容

本章的主要内容是学习微控制器内部温度传感器和外部温湿度传感器 SHT20，了解 GD32F3 苹果派开发板上的 SHT20 电路，掌握 SHT20 与微控制器的通信方式以及外部温湿度的获取方法，最后基于开发板设计一个内部温度与外部温湿度监测实验，并将温湿度值显示在 LCD 屏上。

3.2 实 验 原 理

3.2.1 内部温度模块

GD32F3 苹果派开发板上的 GD32F303ZET6 微控制器有一个内部温度传感器，可用于测量 CPU 周围的温度，根据《GD32F30x 用户手册（中文版）》中 12.4.12 节的介绍，微控制器内部温度传感器的输出电压随温度呈线性变化，因此通过 ADC 将传感器的输出电压转换为数字量并经过计算后即可获取传感器测量到的温度值。由于温度变化曲线存在偏移，因此，该传感器更适合检测温度的变化而不是用于精确地测量温度值。

GD32F303ZET6 微控制器的内部温度传感器电压输出通道与 ADC0 的通道 16 相连，可通过将 ADC_CTL1 寄存器的 TSVREN 位置 1 来使能该传感器；可通过将该位置 0 或复位使传感器处于掉电模式。

内部温度传感器使用过程如下：

（1）配置温度传感器 ADC 通道的转换序列及采样时间。

（2）将 ADC_CTL1 寄存器的 TSVREN 位置 1 以使能传感器。

（3）将 ADC_CTL1 寄存器的 ADCON 位置 1，以开启 ADC 或通过外部触发启动 ADC 转换。

（4）读取温度传感器 ADC 通道的值后，根据下面的公式计算出实际温度值：

$$T = [(V_{25} - V_T)/Avg\_Slope] + 25$$

其中，V_{25} 为温度传感器在 25℃时的电压，Avg_Slope 为温度与传感器电压曲线的均值斜率。GD32F303ZET6 微控制器的 V_{25}=1.45V，Avg_Slope=4.1mV/℃。

3.2.2 温湿度传感器 SHT20

SHT20 为温湿度传感器，该传感器配有 4C 代 CMOSens 芯片。除了配有电容式相对湿度传感器和能隙温度传感器，该芯片还含有一个放大器、ADC、OTP 内存和数字处理单元。

SHT20 芯片在建议的工作范围内的性能较稳定，当长期暴露在该范围以外的条件时，信号会产生暂时性偏移，当恢复建议的工作条件后会触发校正状态并缓慢恢复。在不同温度下湿度测量的最大误差在 8%以下。

3.2.3　SHT20 传感器电路

GD32F3 苹果派开发板上的 SHT20 电路原理图如图 3-1 所示，其中，传感器 SHT20 的 SCL、SDA 引脚分别与可被复用为 I^2C 接口功能的 PB6、PB7 引脚连接，在 VDD 和 VSS 引脚之间连接了 100nF 的去耦电容，其功能为去除电源的高频噪声，并为该集成电路储能。

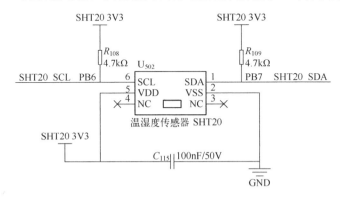

图 3-1　SHT20 电路原理图

3.2.4　SHT20 通信

由 SHT20 电路原理图可知，SHT20 传感器通过 I^2C 协议与微控制器进行数据通信。SHT20 有一个基本命令集，其中共有 7 条命令，如表 3-1 所示。

以发送软复位命令为例，根据 I^2C 协议，微控制器首先将 7 位从机地址（100 0000）及 1 位写命令组合成 8 位数据 "0x80"，并通过 SDA 发送，等待 SHT20 应答后，发送对应的 8 位命令并得到应答信号，即可完成软复位命令的发送，如图 3-2 所示。

表 3-1　SHT20 基本命令集

命 令 代 码	命 令 释 义
1110 0011	触发温度测量（主机模式）
1110 0101	触发湿度测量（主机模式）
1111 0011	触发温度测量（从机模式）
1111 0101	触发湿度测量（从机模式）
1110 0110	写用户寄存器
1110 0111	读用户寄存器
1111 1110	软复位

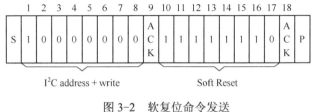

图 3-2　软复位命令发送

SHT20 传感器仅有一个 8 位用户寄存器，该寄存器中各个位的说明及默认值如表 3-2 所示。

3.2.5 外部温湿度计算

如表 3-1 所示，发送响应代码即可触发相应的温湿度测量，发送命令并接收 SHT20 传感器返回的数据后，通过以下公式计算即可获取相应的温湿度值。

温度 $T = -46.85 + 175.72 \times S_T / 2^{16}$，其中，$S_T$ 为获取到的温度数据，T 的单位为℃。

湿度 $RH = -6 + 125 \times S_{RH} / 2^{16}$，其中，$S_{RH}$ 为获取到的湿度数据，RH 的单位为%RH。

如表 3-2 所示，温湿度数据最大精度为 14bit，因此获取的 2 字节数据中的最后两位（bit1 和 bit0）不包含在温湿度数据中，bit1 用于表示测量的类型（0 表示温度，1 表示湿度），bit0 当前没有赋值，在进行相应计算时，应先将这两位清零。

表 3-2 用户寄存器

二进制位	说 明			默 认 值
7，0	测量分辨率			00
		RH	T	
	00	12bit	14bit	
	01	8bit	12bit	
	10	10bit	13bit	
	11	11bit	11bit	
6	电池状态 0：VDD > 2.25V 1：VDD < 2.25V			0
3，4，5	预留			
2	启动片上寄存器			0
1	关闭 OTP 重载			1

3.3 实验代码解析

3.3.1 ADC 文件对

1. ADC.h 文件

在 ADC.h 文件的"API 函数声明"区，声明了 2 个 API 函数，如程序清单 3-1 所示。InitADC 函数用于初始化 ADC 模块，GetInTempADC 函数用于获取 CPU 温度的 ADC 转换结果。

程序清单 3-1

```
void InitADC(void);          //初始化 ADC 模块
u16  GetInTempADC(void);     //获取 CPU 温度的 ADC 转换结果
```

2. ADC.c 文件

在 ADC.c 文件的"内部函数声明"区，声明了内部函数 ConfigADC0，该函数用于配置对应的内部温度传感器 ADC 通道及内部参考电压 ADC 通道。

在"内部函数实现"区，为 ConfigADC0 函数的实现代码，如程序清单 3-2 所示，该函数完成了对内部温度传感器及内部参考电压通道相应的配置，并使能 ADC0 及 ADC0 校准。

程序清单 3-2

```
1.   static void ConfigADC0(void)
2.   {
3.     //配置 ADC 时钟
4.     rcu_adc_clock_config(RCU_CKADC_CKAPB2_DIV6);
```

```
5.
6.    //使能 RCU 相关时钟
7.    rcu_periph_clock_enable(RCU_ADC0);        //使能 ADC0 的时钟
8.
9.    //所有 ADC 独立工作
10.   adc_mode_config(ADC_MODE_FREE);
11.
12.   //配置 ADC0
13.   adc_deinit(ADC0);                                              //复位 ADC0
14.   adc_special_function_config(ADC0, ADC_SCAN_MODE, DISABLE);      //禁用 ADC 扫描
15.   adc_special_function_config(ADC0, ADC_CONTINUOUS_MODE, DISABLE); //禁用连续采样
16.   adc_dma_mode_disable(ADC0);                                    //禁用 DMA
17.   adc_resolution_config(ADC0, ADC_RESOLUTION_12B);               //规则组配置，12 位分辨率
18.   adc_data_alignment_config(ADC0, ADC_DATAALIGN_RIGHT);          //右对齐
19.   adc_channel_length_config(ADC0, ADC_REGULAR_CHANNEL, 1);       //规则组长度为 1，即 ADC
                                                                       通道数量为 1
20.   adc_external_trigger_config(ADC0, ADC_REGULAR_CHANNEL, ENABLE); //规则组使能外部触发
21.   adc_external_trigger_source_config(ADC0, ADC_REGULAR_CHANNEL, ADC0_1_2_EXTTRIG_REGULAR_
NONE);                                                                 //规则组使用软件触发
22.
23.   //ADC0 过采样配置，左移 4 位后 ADC 分辨率扩展到 16 位，连续采样 256 次后求和(过采样要 3ms)
24.   adc_oversample_mode_config(ADC0, ADC_OVERSAMPLING_ALL_CONVERT, ADC_OVERSAMPLING_
SHIFT_4B, ADC_OVERSAMPLING_RATIO_MUL256);
25.   adc_oversample_mode_enable(ADC0);
26.   // adc_oversample_mode_disable(ADC0);
27.
28.   //使能内部温度传感器及内部参考电压通道
29.   adc_tempsensor_vrefint_enable();
30.
31.   //设置内部温度传感器通道采样顺序
32.   adc_regular_channel_config(ADC0, 0, ADC_CHANNEL_16, ADC_SAMPLETIME_239POINT5);
33.
34.   //ADC0 使能
35.   adc_enable(ADC0);
36.
37.   //延时等待校准完成
38.   DelayNms(10);
39.
40.   //使能 ADC0 校准
41.   adc_calibration_enable(ADC0);
42. }
```

在“API 函数实现”区，首先实现 InitADC 函数，如程序清单 3-3 所示，该函数通过调用 ConfigADC0 函数完成对 ADC0 的初始化。

程序清单 3-3

```
1.    void InitADC(void)
```

```
2.  {
3.    ConfigADC0();   //ADC0
4.  }
```

在 InitADC 函数实现区后为 GetInTempADC 函数的实现代码，如程序清单 3-4 所示，GetInTempADC 函数触发 ADC 后，将得到的 ADC 值作为返回值，完成对内部温度的获取。

程序清单 3-4

```
1.  u16 GetInTempADC(void)
2.  {
3.    u16 adc;
4.
5.    //规则组软件触发
6.    adc_software_trigger_enable(ADC0, ADC_REGULAR_CHANNEL);
7.
8.    //等待 ADC 转换完成
9.    while(!adc_flag_get(ADC0, ADC_FLAG_EOC));
10.
11.   //获取规则组 ADC 转换结果
12.   adc = adc_regular_data_read(ADC0);
13.
14.   return adc;
15. }
```

3.3.2　InTemp 文件对

1．InTemp.h 文件

在 InTemp.h 文件的"API 函数声明"区，声明了 2 个 API 函数，如程序清单 3-5 所示。InitInTemp 函数用于初始化 CPU 内部温度驱动模块，GetInTemp 函数用于获取 CPU 内部温度。

程序清单 3-5

```
void    InitInTemp(void);     //初始化 CPU 内部温度驱动模块
double GetInTemp(void);       //获取 CPU 内部温度
```

2．InTemp.c 文件

在 InTemp.c 文件的"包含头文件"区，包含了 ADC.h 等头文件，由于内部温度传感器的电压输出与 ADC 通道相连接，为了调用在 ADC.h 文件中声明的函数以获取相应的电压值，在 InTemp.c 文件中需要包含 ADC.h 头文件。

在"API 函数实现"区，首先实现了 InitInTemp 函数，由于不需要进行多余的初始化，因此该函数的函数体为空。

在 InitInTemp 函数实现区后为 GetInTemp 函数的实现代码，如程序清单 3-6 所示，GetInTemp 函数通过 GetInTempADC 函数获取内部温度传感器电压值后，根据 3.2.1 节的公式计算得到对应的温度值，并将其作为返回值返回。

程序清单 3-6

```
1.   double GetInTemp(void)
2.   {
3.       u16 adc;              //ADC 值
4.       double volt;          //电压转换结果
5.       double temp;          //CPU 内部温度
6.
7.       //获取 CPU 内部温度传感器 ADC 转换结果
8.       adc = GetInTempADC();
9.
10.      //计算得到对应的电压值
11.      volt = 3.3 * adc / 65536.0;
12.
13.      //转换为温度值
14.      temp = (1.45 - volt) / 0.0041 + 25.0;
15.
16.      //返回温度值
17.      return temp;
18.  }
```

3.3.3　SHT20 文件对

1．SHT20.h 文件

在 SHT20.h 文件的"API 函数声明"区，声明了 3 个 API 函数，如程序清单 3-7 所示。InitSHT20 函数用于初始化外部温湿度驱动模块，GetSHT20Temp 函数用于获取 SHT20 温度测量结果，GetSHT20RH 函数用于获取 SHT20 湿度测量结果。

程序清单 3-7

```
void     InitSHT20(void);           //初始化外部温湿度驱动模块
double GetSHT20Temp(void);          //获取 SHT20 温度测量结果
double GetSHT20RH(void);            //获取 SHT20 湿度测量结果
```

2．SHT20.c 文件

在 SHT20.c 文件的"内部函数声明"区，声明了 6 个内部函数，如程序清单 3-8 所示。ConfigSCLGPIO 函数用于配置 SCL 的 GPIO，ConfigSDAMode 函数用于配置 SDA 输入/输出，SetSCL 函数用于控制时钟信号线 SCL，SetSDA 函数用于控制数据信号线 SDA，GetSDA 函数用于获取 SDA 输入电平，Delay 函数用于完成延时。

程序清单 3-8

```
1.   static void    ConfigSCLGPIO(void);          //配置 SCL 的 GPIO
2.   static void    ConfigSDAMode(u8 mode);       //配置 SDA 输入/输出
3.   static void    SetSCL(u8 state);             //控制时钟信号线 SCL
```

4.	static void	SetSDA(u8 state);	//控制数据信号线 SDA
5.	static u8	GetSDA(void);	//获取 SDA 输入电平
6.	static void	Delay(u8 time);	//延时函数

在"内部函数实现"区，实现了内部函数声明的 6 个内部函数，6 个内部函数的作用是为 I^{2}C 通信提供接口，通过设置相应引脚的高低电平来完成模拟 I^{2}C 通信。

在"API 函数实现"区，首先实现 InitSHT20 函数，如程序清单 3-9 所示，该函数通过调用相应函数配置 I^{2}C 引脚后，再通过对结构体 s_structIICDev 赋值完成对 SHT20 传感器驱动的配置。

程序清单 3-9

```
1.   void InitSHT20(void)
2.   {
3.       //配置 I2C 引脚
4.       ConfigSCLGPIO();                        //配置 SCL 的 GPIO
5.       ConfigSDAMode(IIC_COMMON_INPUT);        //配置 SDA 为输入模式
6.
7.       //配置 I2C 设备
8.       s_structIICDev.deviceID = 0x80;
9.       s_structIICDev.SetSCL = SetSCL;
10.      s_structIICDev.SetSDA = SetSDA;
11.      s_structIICDev.GetSDA = GetSDA;
12.      s_structIICDev.ConfigSDAMode = ConfigSDAMode;
13.      s_structIICDev.Delay= Delay;
14.
15.      //模块上电后需要至少 15ms 才能进入空闲状态
16.      DelayNms(100);
17.  }
```

在 InitSHT20 函数实现区后为 GetSHT20Temp 函数的实现代码，如程序清单 3-10 所示，下面按照顺序解释说明 GetSHT20Temp 函数中的语句。

（1）第 6 至 37 行代码：根据 I^{2}C 协议，向 SHT20 传感器发送起始信号、写地址信息后，再发送 0xF3 触发温度测量，最后结束传输，等待测量完成后发送读取命令。

（2）第 40 至 60 行代码：获取高低 2 字节的数据后进行校验，校验正确则清除后两位状态位并计算对应的温度值，将其作为返回值返回。

程序清单 3-10

```
1.   double GetSHT20Temp(void)
2.   {
3.       u16 byte = 0;   //从 I2C 中接收到的字节
4.
5.       //发送起始信号
6.       IICCommonStart(&s_structIICDev);
7.
8.       //发送写地址信息
```

```
9.      if(1 == IICCommonSendOneByte(&s_structIICDev, 0x80))
10.     {
11.       printf("SHT20: Fail to send write addr while get temp\r\n");
12.       return 0;
13.     }
14.
15.     //发送读取温度命令，使用"no hold master"模式
16.     if(1 == IICCommonSendOneByte(&s_structIICDev, 0xF3))
17.     {
18.       printf("SHT20: Fail to send cmd while get temp\r\n");
19.       return 0;
20.     }
21.
22.     //结束传输
23.     IICCommonEnd(&s_structIICDev);
24.
25.     //等待温度测量完成，在 14bit 格式下最多需要 85ms
26.     DelayNms(100);
27.
28.     //发送读取测量结果命令
29.     IICCommonStart(&s_structIICDev);
30.     while(1 == IICCommonSendOneByte(&s_structIICDev, 0x81))
31.     {
32.       printf("SHT20: Fail to read date while get temp\r\n");
33.       printf("SHT20: Try again\r\n");
34.       IICCommonEnd(&s_structIICDev);
35.       DelayNms(100);
36.       IICCommonStart(&s_structIICDev);
37.     }
38.
39.     //读取温度高字节原始数据
40.     byte = 0;
41.     byte = byte | IICCommonReadOneByte(&s_structIICDev, IIC_COMMON_ACK);
42.
43.     //读取温度低字节原始数据
44.     byte = (byte << 8) | IICCommonReadOneByte(&s_structIICDev, IIC_COMMON_ACK);
45.
46.     //结束接收温度数据
47.     IICCommonEnd(&s_structIICDev);
48.
49.     //校验是否为温度数据
50.     if(byte & (1 << 1))
51.     {
52.       printf("SHT20: this is not a temp data\r\n");
```

```
53.       return 0;
54.     }
55.   else
56.   {
57.     //计算温度值
58.     byte = byte & 0xFFFC;
59.     return (-46.85 + 175.72 * ((double)byte) / 65536.0);
60.   }
61. }
```

在 GetSHT20Temp 函数实现区后为 GetSHT20RH 函数的实现代码，GetSHT20RH 函数的函数体与 GetSHT20Temp 函数相似，仅将发送代码更改为 0xF5 以触发湿度测量。

3.3.4 TempHumidityTop 文件对

1．TempHumidityTop.h 文件

在 TempHumidityTop.h 文件的"API 函数声明"区，声明了 2 个 API 函数，如程序清单 3-11 所示。InitTempHumidityTop 函数用于初始化相应的顶层模块，TempHumidityTopTask 函数用于执行顶层模块任务。

程序清单 3-11

```
void InitTempHumidityTop(void);        //初始化内部温度与外部温湿度监测实验顶层模块
void TempHumidityTopTask(void);        //内部温度与外部温湿度监测实验顶层模块任务
```

2．TempHumidityTop.c 文件

在 TempHumidityTop.c 文件的"包含头文件"区，包含了 InTemp.h 和 SHT20.h 等头文件，由于 TempHumidityTop.c 文件需要获取内部温度及外部温湿度的数据，因此需要包含上述的头文件。

在"API 函数实现"区，首先实现 InitTempHumidityTop 函数，如程序清单 3-12 所示。InitTempHumidityTop 函数将温度显示范围设置为 0～50℃，并通过 InitGUI 函数初始化 GUI 界面设计。

程序清单 3-12

```
1.   void InitTempHumidityTop(void)
2.   {
3.     //温度范围 0～50℃
4.     s_structGUIDev.ShowFlag = 0;
5.
6.     //初始化 GUI 界面设计
7.     InitGUI(&s_structGUIDev);
8.   }
```

在 InitTempHumidityTop 函数实现区后为 TempHumidityTopTask 函数的实现代码，如程序

清单 3-13 所示，TempHumidityTopTask 函数通过 GetInTemp、GetSHT20Temp 函数等获取内部温度及外部温湿度后将其显示于 GUI 界面上。

程序清单 3-13

```
1.    void TempHumidityTopTask(void)
2.    {
3.      double inTemp, exTemp, exHumidity;
4.
5.      //获取 CPU 内部温度测量结果
6.      inTemp = GetInTemp();
7.      printf("CPU 内部温度值：%.1f℃\r\n", inTemp);
8.
9.      //获取外部温湿度测量结果
10.     exTemp = GetSHT20Temp();
11.     exHumidity = GetSHT20RH();
12.     printf("外部温湿度：%.1f℃, %0.f%%RH\r\n", exTemp, exHumidity);
13.
14.     //设置温湿度显示
15.     s_structGUIDev.setInTemp(inTemp);
16.     s_structGUIDev.setExtemp(exTemp);
17.     s_structGUIDev.setHumidity(exHumidity);
18.
19.     //GUI 任务
20.     GUITask();
21.   }
```

3.3.5　Main.c 文件

Proc1SecTask 函数的实现代码如程序清单 3-14 所示，调用了 TempHumidityTopTask 函数，实现每秒进行一次顶层模块任务，监测温湿度并将其显示。

程序清单 3-14

```
1.    static   void   Proc1SecTask(void)
2.    {
3.      if(Get1SecFlag())           //判断 1s 标志位状态
4.      {
5.        //printf("Proc1SecTask: wave time: %lld\r\n", s_iWaveTime);
6.        TempHumidityTopTask();
7.        Clr1SecFlag();            //清除 1s 标志位
8.      }
9.    }
```

3.3.6　实验结果

下载程序并进行复位，可以观察到开发板上的 LCD 显示如图 3-3 所示的 GUI 界面。

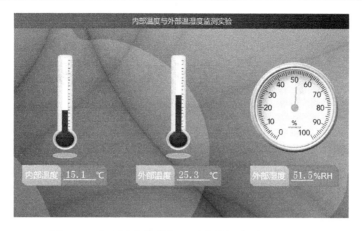

图 3-3　内部温度与外部温湿度监测实验 GUI 界面

此时，串口助手每秒打印一次内部温度及外部温湿度，如图 3-4 所示。

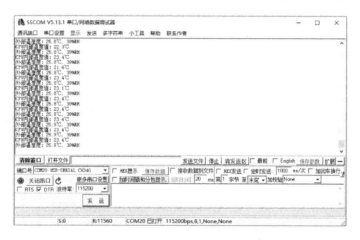

图 3-4　串口助手打印结果

本 章 任 务

在本章实验中，实现了对 CPU 内部温度和环境温湿度的监测。以本章实验例程为基础，利用 GD32F3 苹果派开发板实现温度报警功能，当 CPU 温度超过预设界限（如 30℃）时，在 LCD 屏上显示"Warning!"，同时蜂鸣器鸣叫进行报警。

本 章 习 题

1. 简述内部温度传感器的使用方法。
2. 简述 SHT20 传感器的命令集中有哪些命令？这些命令如何发送？
3. 简述 SHT20 传感器寄存器各个位的作用。

第4章 读写 SRAM 实验

存储器用于存储程序代码和数据，是微控制器的重要组成部分，有了存储器，微控制器才具有记忆功能。本章将对微控制器中重要的一类存储器 SRAM 进行介绍，并基于 GD32F3 苹果派开发板实现读写内外部 SRAM。

4.1 实 验 内 容

本章的主要内容是学习 GD32F3 苹果派开发板上的 SRAM 模块，包括内部 SRAM 和外部 SRAM 芯片，掌握内外部 SRAM 的结构和读写方法，最后基于开发板设计一个读写 SRAM 实验，通过 LCD 屏上的 GUI 界面，实现读写内外部 SRAM。

4.2 实 验 原 理

4.2.1 存储器分类

存储器按照存储介质特性可分为易失性存储器（RAM）和非易失性存储器（ROM 和 Flash）两大类。

ROM（Read-Only Memory）：只读存储器，掉电时可以保存数据。

RAM（Random Access Memory）：随机存取存储器，可读可写，但是掉电会丢失数据。

Flash：又称闪存，结合了 ROM 和 RAM 的长处，不仅具备电子可擦除可编程（EEPROM）的性能，还具有断电后不会丢失数据、可以快速读取数据的优点。

根据存储单元的工作原理，RAM 可以分为两类，一类称为静态 RAM（Static RAM/SRAM），SRAM 的读写速度非常快，是目前读写最快的存储设备之一，但其价格也非常昂贵，常应用在 CPU 的一级缓冲和二级缓冲中；另一类称为动态 RAM（Dynamic RAM/DRAM），其特点是每隔一段时间要刷新充电一次，否则内部的数据会消失。SRAM 与 DRAM 相比具有更高的性能，并且不需要周期性地刷新数据，操作简单，速度更快，但缺点是价格更加昂贵，且集成度低，功耗大。

GD32F303ZET6 微控制器属于大容量产品，内部 Flash 容量为 512KB，内部 SRAM 容量为 96KB。另外，开发板上还集成了容量为 8Mb 的外部 SRAM 芯片。

4.2.2 内部 SRAM 相关结构和读写过程

内部 SRAM 在系统架构中的位置如图 4-1 所示，微控制器通过 AHB 总线发送相应的命令，控制其读写。

读写内部 SRAM 的步骤为：①微控制器通过地址映射来选择 SRAM 对应的地址。②通过数据总线实现数据传输。

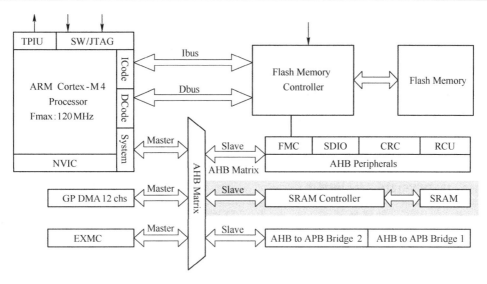

图 4-1　内部 SRAM 在系统架构中的位置

《GD32F30x 用户手册（中文版）》中的存储器映射表如表 4-1 所示，内部 SRAM 的映射

起始地址是 0x2000 0000，大小为
96KB，支持字节、半字（16 位）及
字（32 位）访问。因此，在写 SRAM
时，如果要写入 1 字节数据，使用 u8
类型指针指向目标地址后将 1 字节数
据写入该地址即可。若要读取某地址
的 1 字节数据，同样使用 u8 类型指
针指向该地址后返回该地址上的值
即可。

表 4-1　存储器映射表

预定义的区域	总　　线	地　址　范　围	外　　设
SRAM	AHB	0x2007 0000 ～ 0x3FFF FFFF	保留
		0x2006 0000 ～0x2006 FFFF	保留
		0x2003 0000 ～0x2005 FFFF	保留
		0x2001 8000 ～0x2002 FFFF	保留
		0x2000 0000 ～0x2001 7FFF	SRAM

4.2.3　外部 SRAM 相关结构与读写过程

1. IS62WV51216 芯片

GD32F3 苹果派开发板上板载的外部 SRAM 芯片型
号为 IS62WV51216，其引脚图如图 4-2 所示。

IS62WV51216 芯片引脚描述如表 4-2 所示，其中，
A0～A18 共 19 个引脚为地址输入端口，微控制器通过
该端口完成寻址，寻址空间大小为 2^{19}=512K。由于该芯
片存储的数据宽度为 16 位，即 2 字节，因此芯片总容
量为 512K×2Byte=1MB。根据 19 条地址线传输的地址
译码后，映射到存储空间中，就能选中相对应的存储
单元。

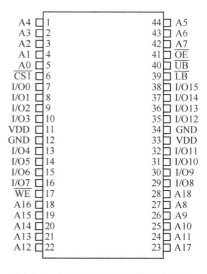

图 4-2　IS62WV51216 芯片引脚图

I/O0～I/O15 共 16 个引脚为数据输入/输出端口，微
控制器通过该端口完成数据的发送和接收，其中 I/O0～I/O7 为低字节，I/O8～I/O15 为高字节。

其余引脚为控制引脚，$\overline{\text{CS1}}$ 为低电平有效的片选引脚。$\overline{\text{OE}}$ 为低电平有效的输出使能引脚，$\overline{\text{WE}}$ 为低电平有效的写使能引脚。$\overline{\text{UB}}$ 为低电平有效的高字节控制引脚，$\overline{\text{LB}}$ 为低电平有效的低字节控制引脚。

2．IS62WV51216 芯片通信方式

GD32F303ZET6 微控制器通过 EXMC 与 IS62WV51216 芯片进行通信，EXMC 作为外部存储器控制器，通过配置地址线、数据线及控制线，来完成对外部存储器的读/写，各个引脚的描述如表 4-3 所示。

表 4-2　IS62WV51216 芯片引脚描述

引 脚 名	引 脚 描 述
A0~A18	地址输入引脚
I/O0~I/O15	数据输入/输出引脚
$\overline{\text{CS1}}$	片选引脚
$\overline{\text{OE}}$	输出使能引脚
$\overline{\text{WE}}$	写使能引脚
$\overline{\text{LB}}$	低字节控制引脚(I/O0~I/O7)
$\overline{\text{UB}}$	高字节控制引脚(I/O8~I/O15)
NC	
VDD	电源
GND	地

表 4-3　EXMC 引脚描述

EXMC 引脚	传输方向	模　式	功 能 描 述
EXMC_CLK	输出	同步	同步时钟信号
EXMC_A[25:0]	输出	异步/同步	地址总线
EXMC_D[15:0]	输入/输出	异步/同步	数据总线
EXMC_NE[x]	输出	异步/同步	片选，x=0、1、2、3
EXMC_NOE	输出	异步/同步	读使能
EXMC_NWE	输出	异步/同步	写使能
EXMC_NWAIT	输入	异步/同步	等待输入信号
EXMC_NL(NADV)	输出	异步/同步	地址锁存信号
EXMC_NBL[1]	输出	异步/同步	高字节使能
EXMC_NBL[0]	输出	异步/同步	低字节使能

外部 SRAM 模块的电路原理图如图 4-3 所示。IS62WV51216 芯片的地址输入引脚（A0~A18）与可被复用为 EXMC 地址总线的引脚相连，数据输入/输出引脚与可被复用为 EXMC 数据总线的引脚相连，控制端口与微控制器的连接方式相同，其中与片选引脚 $\overline{\text{CS1}}$ 连接的 PG12 引脚用于接收 EXMC 发出的片选信号，默认拉高禁用数据传输。

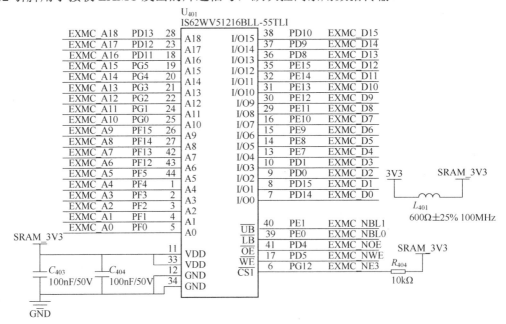

图 4-3　外部 SRAM 模块电路原理图

IS62WV51216 芯片的内存大小为 1MB，根据图 1-6 所示的 EXMC 地址划分，读写 SRAM 芯片的地址范围为 0x6000 0000～0x6FFFFFFF，即支持 SRAM 存储器类型使用的 Bank0 区域。本实验将读写 IS62WV51216 芯片的地址范围配置为 0x6C00 0000～0x6C0FFFFF。根据图 1-7 所示的地址划分，此时需将 AHB 地址总线的 HADDR[27:26]配置为 "11" 以选中 Bank0 中的 Region3 区域。

3. EXMC 配置

（1）选择 EXMC 的访问时序模型，根据《GD32F30x 用户手册（中文版）》中的表 21-5 得到如表 4-4 所示的 SRAM 时序，本实验采用异步模型的模式 A。

表 4-4　EXMC 的 SRAM 时序模型

时 序 模 型		扩展模式	模 式 描 述	写时序参数	读时序参数
异步	模式 1	0	SRAM/PSRAM/CRAM	DSET ASET	DSET ASET
	模式 A	1	SRAM/PSRAM/CRAM 在数据阶段 EXMC_NOE 翻转	WDSET WASET	DSET ASET
	模式 D	1	有地址保持功能	WDSET WAHLD WASET	DSET AHLD ASET
同步	模式 E	0	NOR/PSRAM/CRAM 同步读 PSRAM/CRAM 同步写	DLAT CKDIV	DLAT CKDIV

（2）配置控制时序参数，如表 4-5 所示。

表 4-5　EXMC 的 NOR/PSRAM 控制时序参数

参　数	功　能	访 问 模 式	单　位	最 小 值	最 大 值
CKDIV	同步时钟分频比	同步	HCLK	2	16
DLAT	数据延时	异步	EXMC_CLK	2	17
BUSLAT	总线延时	异步/同步读	HCLK	1	16
DSET	数据建立时间	异步	HCLK	2	256
AHLD	地址保持时间	异步（复用）	HCLK	2	16
ASET	地址建立时间	异步	HCLK	1	16

（3）配置 SRAM 控制器：通过操作 SRAM/NOR Flash 控制寄存器（EXMC_SNCTLx）（x=0，1，2，3）完成相应的配置。该寄存器的偏移地址、复位值和结构如图 4-4 所示。

SRAM/NOR Flash 控制寄存器（EXMC_SNCTLx）(x=0,1,2,3)

偏移地址：0x00+8*x.(x=0,1,2,3)

复位值：0x0000 30DB（对于region0），0x0000 30D2（对于region1、region2和region3）

该寄存器只能按字（32位）访问

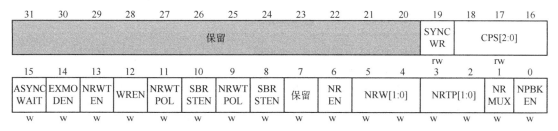

图 4-4　EXMC_SNCTLx 的偏移地址、复位值和结构

其中，该寄存器的部分位解释如表 4-6 所示。

表 4-6　EXMC_SNCTLx 的部分位解释

位/位域	名　　称	描　　述
5:4	NRW[1:0]	存储器数据宽度。 00：8 位； 01：16 位（复位默认值）； 10/11：保留
3:2	NRTP[1:0]	存储器类型。 00：SRAM（region1～region3 复位之后的默认值）； 01：PSRAM（CRAM）； 10：NOR Flash（region0 复位之后的默认值）； 11：保留
0	NRBKEN	存储块使能。 0：禁用对应的存储器块； 1：使能对应的存储器块

完成以上操作后，微控制器即可通过 EXMC 读写外部 SRAM 芯片，读写过程与读写内部 SRAM 相同。

4.3　实验代码解析

4.3.1　ReadwriteSRAM 文件对

1．ReadWriteSRAM.h 文件

在 ReadWriteSRAM.h 文件的 "API 函数声明" 区，声明了 2 个 API 函数，如程序清单 4-1 所示。InitReadWriteSRAM 函数用于初始化读写 SRAM 模块，ReadWriteSRAMTask 函数用于完成读写 SRAM 模块任务。

程序清单 4-1

```
void InitReadWriteSRAM(void);        //初始化读写 SRAM 模块
void ReadWriteSRAMTask(void);        //读写 SRAM 模块任务
```

2．ReadwriteSRAM.c 文件

在 ReadWriteSRAM.c 文件的"宏定义"区，如程序清单 4-2 所示，定义了 Bank0 中 Region3 的起始地址，并将这个地址作为外部 SRAM 的起始地址，还定义了外部 SRAM 缓冲区的大小为 1MB、内部 SRAM 缓冲区的大小为 4KB 及 LCD 显示字符串的最大长度为 64 字节。

程序清单 4-2

```
1.  #define BANK0_REGON3_ADDR ((u32)(0x6C000000))        //Bank0 Regon3 起始地址
2.  #define EX_SRAM_BASE_ADDR BANK0_REGON3_ADDR          //外部 SRAM 起始地址
3.  #define EX_SRAM_BUFFER_SIZE    (1 * 1024 * 1024)     //外部 SRAM 缓冲区大小，1MB
4.  #define IN_SRAM_BUFFER_SIZE    (4 * 1024)            //内部 SRAM 缓冲区大小
5.  #define MAX_STRING_LEN         (64)                  //显示字符最大长度
```

在"内部变量定义"区，定义了内部变量 s_structGUIDev、s_arrExSRAM[BUFFER_SIZE]、s_arrInSRAM[IN_SRAM_BUFFER_SIZE]、s_arrStringBuff[MAX_STRING_LEN]，如程序清单 4-3 所示，s_structGUIDev 是 GUI 的结构体，用于连接 GUI 与底层驱动。数组 s_arrInSRAM 和数组 s_arrExSRAM 作为内外部 SRAM 的数据缓冲区。s_arrStringBuff 数组为字符串转换缓冲区，最多转换 64 个字符。

程序清单 4-3

```
1.    static StructGUIDev s_structGUIDev;                                    //GUI 设备结构体
2.    static u8     s_arrExSRAM[BUFFER_SIZE] _attribute_((at((u32)0x6C000000)));    //外部 SRAM 缓冲区
3.    static u8     s_arrInSRAM[IN_SRAM_BUFFER_SIZE];                        //内部 SRAM 缓冲区
4.    static char s_arrStringBuff[MAX_STRING_LEN];    //字符串转换缓冲区
```

在"内部函数声明"区，声明了 4 个内部函数，如程序清单 4-4 所示。ReadByte 函数用于获取相应地址上的 1 字节数据，WriteByte 函数用于向相应地址写入 1 字节数据，ReadSRAM 函数用于获取相应地址上一定长度的数据，WriteSRAM 函数用于向相应地址写入一定长度的数据。

程序清单 4-4

```
1.    static u8     ReadByte(u32 addr);                //读取特定地址数据（1 字节）
2.    static void WriteByte(u32 addr, u8 data);        //往特定地址内写入 1 字节数据
3.    static void ReadSRAM(u32 addr, u32 len);         //按字节读取 SRAM
4.    static void WriteSRAM(u32 addr, u8 data);        //按字节写入 SRAM
```

在"内部函数实现"区，首先实现的是 ReadByte 函数，如程序清单 4-5 所示。该函数将参数 addr 作为指针，将其指向的数据作为返回值返回。

程序清单 4-5

```
1.    static u8 ReadByte(u32 addr)
2.    {
3.      return *(u8*)addr;
4.    }
```

在 ReadByte 函数实现区后为 WriteByte 函数的实现代码，如程序清单 4-6 所示，该函数将参数 addr 作为指针，向其指向的地址赋值，完成数据的写入。

程序清单 4-6

```
1.    static void WriteByte(u32 addr, u8 data)
2.    {
3.      *(u8*)addr = data;
4.    }
```

在 WriteByte 函数实现区后为 ReadSRAM 函数的实现代码，如程序清单 4-7 所示。该函数由 GUI 调用，用于读取指定地址内的一段数据并更新到终端显示。

程序清单 4-7

```
1.    static void ReadSRAM(u32 addr, u32 len)
```

```
2.   {
3.       u32 i;       //循环变量
4.       u8    data; //读取到的数据
5.
6.       //输出读取的信息到终端和串口
7.       sprintf(s_arrStringBuff, "Read : 0x%08X - 0x%02X\r\n", addr, len);
8.       s_structGUIDev.showLine(s_arrStringBuff);
9.       printf("%s", s_arrStringBuff);
10.
11.      //读取数据，并打印到终端和串口上
12.      for(i = 0; i < len; i++)
13.      {
14.          //读取
15.          data = ReadByte(addr + i);
16.
17.          //输出
18.          sprintf(s_arrStringBuff, "0x%08X: 0x%02X\r\n", addr + i, data);
19.          s_structGUIDev.showLine(s_arrStringBuff);
20.          printf("%s", s_arrStringBuff);
21.      }
22.  }
```

在 ReadSRAM 函数实现区后为 WriteSRAM 函数的实现代码，如程序清单 4-8 所示。WriteSRAM 函数由 GUI 调用，用于向指定地址写入 1 字节数据。在写入数据之前，首先要校验写入地址是否合法，否则程序将出现不可预知的错误。

程序清单 4-8

```
1.   static void WriteSRAM(u32 addr, u8 data)
2.   {
3.       //将数据写入外部 SRAM
4.       if((addr >= s_structGUIDev.exSRAMBeginAddr) && (addr <= s_structGUIDev.exSRAMEndAddr))
5.       {
6.           //输出信息到终端和串口
7.           sprintf(s_arrStringBuff, "Write: 0x%08X - 0x%02X\r\n", addr, data);
8.           s_structGUIDev.showLine(s_arrStringBuff);
9.           printf("%s", s_arrStringBuff);
10.
11.          //写入外部 SRAM
12.          WriteByte(addr, data);
13.      }
14.
15.      //将数据写入内部 SRAM
16.      else if((addr >= s_structGUIDev.inSRAMBeginAddr) && (addr <= s_structGUIDev.inSRAMEndAddr))
17.      {
18.          //输出信息到终端和串口
19.          sprintf(s_arrStringBuff, "Write: 0x%08X - 0x%02X\r\n", addr, data);
20.          s_structGUIDev.showLine(s_arrStringBuff);
```

```
21.        printf("%s", s_arrStringBuff);
22.
23.        //写入内部 SRAM
24.        WriteByte(addr, data);
25.    }
26.    else
27.    {
28.        //无效地址
29.        s_structGUIDev.showLine("Write: Invalid address\r\n");
30.        printf("Write: Invalid address\r\n");
31.    }
32. }
```

在"API 函数实现"区，首先实现 InitReadWriteSRAM 函数，如程序清单 4-9 所示。下面按照顺序解释说明 InitReadWriteSRAM 函数中的语句。

（1）第 6 至 15 行代码：计算并获取内部和外部 SRAM 地址范围并保存在 s_structGUIDev 中。

（2）第 18 至 24 行代码：将 SRAM 读写函数赋给读写回调函数并初始化 GUI，此时，微控制器可根据 GUI 的操作，调用相应的回调函数读写 SRAM。

（3）第 27 至 44 行代码：初始化内外部 SRAM 的缓冲区并显示相应信息。

程序清单 4-9

```
1.   void InitReadWriteSRAM(void)
2.   {
3.       u32 i;
4.
5.       //获取外部 SRAM 缓冲区首地址
6.       s_structGUIDev.exSRAMBeginAddr = (u32)s_arrExSRAM;
7.
8.       //获取外部 SRAM 缓冲区结束地址
9.       s_structGUIDev.exSRAMEndAddr = s_structGUIDev.exSRAMBeginAddr + sizeof(s_arrExSRAM) /
     sizeof(u8) - sizeof(u8);
10.
11.      //获取内部 SRAM 缓冲区首地址
12.      s_structGUIDev.inSRAMBeginAddr = (u32)s_arrInSRAM;
13.
14.      //获取内部 SRAM 缓冲区结束地址
15.      s_structGUIDev.inSRAMEndAddr = s_structGUIDev.inSRAMBeginAddr + sizeof(s_arrInSRAM) /
     sizeof(u8) - sizeof(u8);
16.
17.      //设置写入回调函数
18.      s_structGUIDev.writeCallback = WriteSRAM;
19.
20.      //设置读取回调函数
21.      s_structGUIDev.readCallback = ReadSRAM;
22.
23.      //初始化 UI 界面设计
24.      InitGUI(&s_structGUIDev);
```

```
25.
26.    //初始化外部 SRAM 缓冲区
27.    for(i = 0; i < sizeof(s_arrExSRAM) / sizeof(u8); i++)
28.    {
29.      s_arrExSRAM[i] = 0;
30.    }
31.
32.    //初始化内部 SRAM 缓冲区
33.    for(i = 0; i < sizeof(s_arrInSRAM) / sizeof(u8); i++)
34.    {
35.      s_arrInSRAM[i] = 0;
36.    }
37.
38.    //打印地址范围到终端和串口
39.    sprintf(s_arrStringBuff, "Ex Addr: 0x%08X - 0x%08X\r\n", s_structGUIDev.exSRAMBeginAddr, s_
structGUIDev.exSRAMEndAddr);
40.    s_structGUIDev.showLine(s_arrStringBuff);
41.    printf("%s", s_arrStringBuff);
42.    sprintf(s_arrStringBuff, "In Addr: 0x%08X - 0x%08X\r\n", s_structGUIDev.inSRAMBeginAddr, s_
structGUIDev.inSRAMEndAddr);
43.    s_structGUIDev.showLine(s_arrStringBuff);
44.    printf("%s", s_arrStringBuff);
45.  }
```

在 InitReadWriteSRAM 函数实现区后为 ReadWriteSRAMTask 函数的实现代码，如程序清单 4-10 所示。ReadWriteSRAMTask 函数每隔 40ms 被调用一次以完成相应的 GUI 任务。

程序清单 4-10

```
1.    void ReadWriteSRAMTask(void)
2.    {
3.      GUITask();          //GUI 任务
4.    }
```

4.3.2　EXMC.c 文件

由于 EXMC 控制 LCD 显示和读写外部 SRAM 芯片的地址区域不同，因此，与配置 LCD 地址区域的 ConfigBank0Region1 函数类似，需要添加配置外部 SRAM 芯片的 Config-Bank0Region3 函数。在 EXMC.c 文件的"内部函数声明"区，声明 ConfigBank0Region3 函数，如程序清单 4-11 所示。

程序清单 4-11

```
static void ConfigBank0Region3(void); //配置外部存储 Bank0 的 Region3
```

由于微控制器通过 EXMC 控制 LCD 显示和读写外部 SRAM 芯片，因此在"内部函数实现"区的 ConfigEXMCGPIO 函数中，实现了 EXMC 与外部存储器连接的控制引脚的初始化代码，如程序清单 4-12 的第 8 至 10 行代码所示。

程序清单 4-12

```
1.   static   void   ConfigEXMCGPIO(void)
2.   {
3.   ...
4.
5.     //控制信号
6.     gpio_init(GPIOG, GPIO_MODE_AF_PP, GPIO_OSPEED_MAX, GPIO_PIN_9 ); //EXMC_NE1
7.   ...
8.     gpio_init(GPIOG, GPIO_MODE_AF_PP, GPIO_OSPEED_MAX, GPIO_PIN_12); //EXMC_NE3
9.     gpio_init(GPIOE, GPIO_MODE_AF_PP, GPIO_OSPEED_MAX, GPIO_PIN_0 ); //EXMC_NBL0
10.    gpio_init(GPIOE, GPIO_MODE_AF_PP, GPIO_OSPEED_MAX, GPIO_PIN_1 ); //EXMC_NBL1
11.  }
```

在 ConfigBank0Region1 函数实现区后为配置外部 SRAM 芯片的 ConfigBank0Region3 函数的实现代码，如程序清单 4-13 所示，该函数完成 EXMC 在 Bank0 的 Region3 区域的配置及初始化。

程序清单 4-13

```
1.   static void ConfigBank0Region3(void)
2.   {
3.     exmc_norsram_parameter_struct          sram_init_struct;
4.     exmc_norsram_timing_parameter_struct sram_timing_init_struct;
5.
6.     //使能 EXMC 时钟
7.     rcu_periph_clock_enable(RCU_EXMC);
8.
9.     //外部 SRAM 读写时序
10.    sram_timing_init_struct.asyn_access_mode = EXMC_ACCESS_MODE_A;     //模式 A，异步访问 SRAM
11.  sram_timing_init_struct.asyn_address_setuptime = 0;          //异步访问地址建立时间
12.    sram_timing_init_struct.asyn_address_holdtime = 0;          //异步访问地址保持时间
13.    sram_timing_init_struct.asyn_data_setuptime = 3;            //异步访问数据建立时间
14.    sram_timing_init_struct.bus_latency = 0;                    //同步/异步访问总线延时
15.    sram_timing_init_struct.syn_clk_division   = 0; //同步访问时钟分频系数（从 HCLK 中分频）
16.    sram_timing_init_struct.syn_data_latency = 0;  //同步访问中获得第 1 个数据所需要的等待延时
17.
18.    //Region3 配置
19.    sram_init_struct.norsram_region = EXMC_BANK0_NORSRAM_REGION3; //Region3
20.  sram_init_struct.address_data_mux   = DISABLE;                //禁用地址、数据总线多路复用
21.    sram_init_struct.memory_type = EXMC_MEMORY_TYPE_SRAM;       //存储器类型为 SRAM
22.    sram_init_struct.databus_width = EXMC_NOR_DATABUS_WIDTH_16B; //数据宽度 16 位
23.    sram_init_struct.burst_mode = DISABLE;                      //禁用突发访问
24.    sram_init_struct.nwait_config = EXMC_NWAIT_CONFIG_BEFORE;   //等待输入配置
25.    sram_init_struct.nwait_polarity = EXMC_NWAIT_POLARITY_LOW;  //等待输入信号低电平有效
26.    sram_init_struct.wrap_burst_mode = DISABLE;                 //禁用包突发访问
27.    sram_init_struct.asyn_wait = DISABLE;                       //禁用异步等待
28.    sram_init_struct.extended_mode = DISABLE;                   //禁用扩展模式
```

```
29.    sram_init_struct.memory_write = ENABLE;                        //使能写入外部存储器
30.    sram_init_struct.nwait_signal = DISABLE;                       //禁用等待输入信号
31.    sram_init_struct.write_mode = EXMC_ASYN_WRITE;                 //写入模式为异步写入
32.    sram_init_struct.read_write_timing = &sram_timing_init_struct; //读时序配置
33.    sram_init_struct.write_timing = &sram_timing_init_struct;      //写时序配置
34.
35.    //初始化 Region3
36.    exmc_norsram_init(&sram_init_struct);
37.
38.    //使能 Region3
39.    exmc_norsram_enable(EXMC_BANK0_NORSRAM_REGION3);
40.  }
```

在"API 函数实现"区的 InitEXMC 函数中，添加调用 ConfigBank0Region3 函数的代码，如程序清单 4-14 所示。

程序清单 4-14

```
1.    void InitEXMC(void)
2.    {
3.        ConfigEXMCGPIO();       //配置 EXMC 的 GPIO
4.        ConfigBank0Region1();   //配置外部存储 Bank0 的 Region1（LCD）
5.        ConfigBank0Region3();   //配置外部存储 Bank0 的 Region3（外部 SRAM）
6.    }
```

4.3.3 Main.c 文件

Proc2msTask 函数的实现代码如程序清单 4-15 所示，调用了 ReadWriteSRAMTask 函数，ReadWriteSRAMTask 函数每 40ms 执行一次 GUI，实现读写 SRAM 任务。

程序清单 4-15

```
1.    static   void   Proc2msTask(void)
2.    {
3.        static u8 s_iCnt = 0;
4.        if(Get2msFlag())        //判断 2ms 标志位状态
5.        {
6.            LEDFlicker(250);    //调用闪烁函数
7.
8.            s_iCnt++;
9.            if(s_iCnt >= 20)
10.           {
11.               s_iCnt = 0;
12.               ReadWriteSRAMTask();
13.           }
14.
15.           Clr2msFlag();       //清除 2ms 标志位
16.       }
17.   }
```

4.3.4 实验结果

下载程序并进行复位，可以观察到开发板上的 LCD 显示如图 4-5 所示的 GUI 界面。

单击"写入地址"一栏并输入"6C000000"，单击"写入数据"一栏并输入"99"，单击"WRITE"按钮，此时 LCD 显示如图 4-6 所示，串口助手输出与 LCD 显示相同，表示数据写入成功。

图 4-5　读写 SRAM 实验 GUI 界面

图 4-6　写外部 SRAM

单击"读取地址"一栏同样输入"6C000000"，单击"读取长度"一栏并输入"1"，即读取 1 字节，单击"READ"按钮，此时 LCD 显示如图 4-7 所示，串口助手输出与 LCD 显示相同，表示数据读取成功。

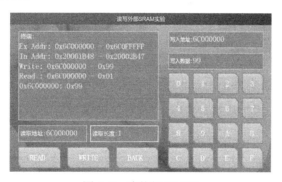

图 4-7　读外部 SRAM

本 章 任 务

读写整个外部 SRAM，验证外部 SRAM 是否有损坏。具体要求为：先向外部 SRAM 中全部写 1（0xFF），然后读取整个外部 SRAM 进行验证，将验证结果通过串口助手输出；再全部写 0（0x00），同样通过读取进行验证。在 LCD 上显示 SRAM 检测结果（SRAM 正常或 SRAM 异常）。

本 章 习 题

1. 简述存储器的分类。
2. 简述微控制器读写内部 SRAM 的过程。
3. 简述微控制器读写外部 SRAM 的过程，与读写内部 SRAM 的区别。

第 5 章　读写 NAND Flash 实验

GD32F303ZET6 微控制器内部 Flash 容量为 512KB，在存储某些文件时易出现空间不足的情况，因此 GD32F3 苹果派开发板搭载了两个外部 Flash 芯片，分别为 2MB 的 NOR Flash 芯片 GD25Q16ESIG 和 128MB 的 NAND Flash 芯片 HY27UF081G2A。本章主要介绍对外部 NAND Flash 芯片的操作原理和流程

5.1　实　验　内　容

本章主要介绍 NAND Flash 芯片的原理和用法，包括 NAND Flash 简介、ECC 校验的原理和 FTL 算法的作用等；介绍外部 NAND Flash 的读写操作；最后基于 GD32F3 苹果派开发板设计一个读写 NAND Flash 实验，通过操作 LCD 屏上的 GUI 界面，演示 NAND Flash 的读写操作。

5.2　实　验　原　理

5.2.1　Flash 简介

Flash 又称为闪存，属于掉电不易失的存储器（ROM）。Flash 与 EEPROM 都是可重复擦写的存储器，但其容量一般比 EEPROM 大。GD32F30x 系列微控制器内部集成了 Flash，用来存储用户烧录的代码和芯片的启动代码等需要关闭电源后依然保存的数据。

根据存储单元电路的不同，Flash 可以分为 NOR Flash 和 NAND Flash。两种 Flash 的对比如表 5-1 所示，根据地址线和数据线是否复用可判断 Flash 的种类。NOR Flash 的数据线和地址线分开，可以实现和 RAM 一样的随机寻址功能。NAND Flash 数据线和地址线复用，不能利用地址线随机寻址，读取时只能按页读取。

由于 NAND Flash 引脚上可复用，因此读取速度比 NOR Flash 慢，但是擦除和写入速度更快，并且由于 NAND Flash 内部电路简单，数据密度大，体积小，成本低，

表 5-1　NAND Flash 与 NOR Flash 对比

特　性	NAND Flash	NOR Flash
地址线和数据线	复用	分开
单位容量成本	便宜	比较贵
介质	连续存储	随机存储
擦除方式	按扇区擦除	按扇区擦除
读操作	以块为单位读	以字节为单位读
读速	较低	较高
写速	较高	较低
坏块	较多	较少
集成度	较高	较低

因此大容量的 Flash 都是 NAND 型的，而小容量（例如 2～12MB）的 Flash 大多为 NOR 型的。

在使用寿命上，NAND Flash 的可擦除次数是 NOR Flash 的数倍。另外，NAND Flash 可以标记坏块，从而使软件跳过坏块，而 NOR Flash 一旦损坏则无法再使用。

NAND Flash 具有容量大、写入快、成本低和集成度高等特点，适合存储大量需要掉电保存的数据。GD32F3 苹果派开发板上就集成了一个 NAND Flash 芯片。

5.2.2　HY27UF081G2A 芯片简介

HY27UF081G2A 芯片为 Hynix（海力士）公司生产的容量为 128MB 的 NAND Flash 芯片，其 128MB 存储空间由 1024 个 Block 组成，每个 Block 由 64 个 Page 组成，每个 Page 由 2KB 的存储空间和 64B 的空闲区域（或称冗余区域）组成。64B 的空闲区域是基于 NAND Flash 的硬件特性（数据在读/写时相对容易出现错误）而设立的。这种为了保证数据的正确性而产生的检测和纠错机制被称为 EDC（Error Detection Code），而空闲区域用于放置数据的校验值以供 EDC 机制进行检测纠错。

HY27UF081G2A 芯片通过 EXMC（外部存储器控制器）接口与 GD32F303ZET6 微控制器的 AHB 总线接口相连，具体电路原理图如图 5-1 所示。

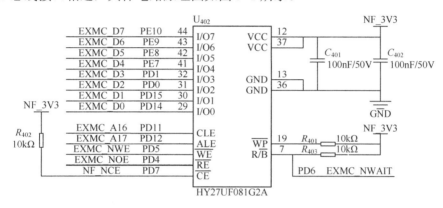

图 5-1　接口连接电路原理图

HY27UF081G2A 芯片的各个引脚描述如表 5-2 所示，其中 R / $\overline{\text{B}}$ 引脚用于检测芯片状态，当该引脚为高电平时，可进行读/写等操作，当该引脚为低电平时，芯片正在运行，此时不可对其进行操作。

5.2.3　ECC 算法

NAND Flash 串行组织的存储结构，在数据读取时，读出放大器所检测的信号强度会被削弱，降低信号的准确性，导致读数出错，通常采用 ECC 算法进行数据检测及校准。

ECC（Error Checking and Correction）是一种错误检测和校准的算法。NAND Flash 数据产生错误时一

表 5-2　**HY27UF081G2A 芯片的引脚描述**

引 脚 名	引 脚 描 述
I/O0～I/O7	数据输入/输出
CLE	命令锁存使能，高电平有效，表示写入的是命令
ALE	地址锁存使能，高电平有效，表示写入的是地址
$\overline{\text{CE}}$	芯片使能，低电平有效，用于选中 NAND 芯片
$\overline{\text{RE}}$	读使能，低电平有效，用于读取数据
$\overline{\text{WE}}$	写使能，低电平有效，用于写入数据
$\overline{\text{WP}}$	写保护，低电平有效
R / $\overline{\text{B}}$	就绪/忙，用于判断编程/擦除操作是否完成
VDD	电源电压范围 2.7～3.6V
GND	地

般只有 1bit 出错，而 ECC 能纠正 1bit 错误和检测 2bit 的错误，并且计算速度快，但缺点是无法纠正 1bit 以上的错误，且不确保能检测全部 2bit 以上的错误。

ECC 算法的基本原理如下：假设对 512 字节的数据进行校验，那么将这些数据视为 512

行、8 列的矩阵，即每行表示 1 字节数据，矩阵的每个元素表示 1 位（bit），如图 5-2 所示。校验过程分为行校验和列校验（下面将 bitn 中的 n 称为索引值）。

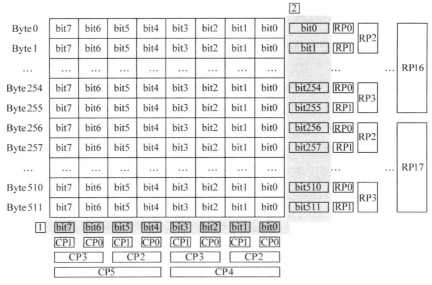

图 5-2 校验数据

列校验：首先将矩阵每个列进行异或，得到如图 5-2 所示 1 号阴影区域的 8 位数据。其次每次取出 4 位并进行异或，重复进行 6 次，将得到的 6 位数据称为 CP0~CP5：

CP0=bit0^bit2^bit4^bit8（每取 1 位隔 1 位，索引值对应二进制的 bit0 为 0 的位）

CP1=bit1^bit3^bit5^bit7（每隔 1 位取 1 位，索引值对应二进制的 bit0 为 1 的位）

CP2=bit0^bit1^bit4^bit5（每取 2 位隔 2 位，索引值对应二进制的 bit1 为 0 的位）

CP3=bit2^bit3^bit6^bit7（每隔 2 位取 2 位，索引值对应二进制的 bit1 为 1 的位）

CP4=bit0^bit1^bit2^bit3（每取 4 位隔 4 位，索引值对应二进制的 bit2 为 0 的位）

CP5=bit4^bit5^bit6^bit7（每隔 4 位取 4 位，索引值对应二进制的 bit2 为 1 的位）

列校验最终得到的校验值即为上述 6 位数据。

行校验：首先将矩阵每个行进行异或，得到如图 5-2 所示 2 号阴影区域的 512 位数据。其次每次取出 256 位并进行异或，重复进行 18 次，将得到的数据称为 RP0~RP17：

RP0=bit0^bit2^bit4^…^bit510（每取 1 位隔 1 位，索引值对应二进制的 bit0 为 0 的位）

RP1=bit1^bit3^bit5^…^bit511（每隔 1 位取 1 位，索引值对应二进制的 bit0 为 1 的位）

RP2=bit0^bit1^bit4^bit5^…^bit508^bit509（每取 2 位隔 2 位，索引值对应二进制的 bit1 为 0 的位）

RP3=bit2^bit3^bit6^bit7^…^bit510^bit511（每隔 2 位取 2 位，索引值对应二进制的 bit1 为 1 的位）

……

RP16=bit0^bit1^…^bit254^bit255（每取 256 位隔 256 位，索引值对应二进制的 bit9 为 0 的位）

RP17=bit256^bit257^…^bit510^bit511（每隔 256 位取 256 位，索引值对应二进制的 bit9 为 1 的位）

行校验最终得到的校验值即为上述 18 位数据。

综上所述，通过汉明码编码的 ECC 校验，n 字节的数据对应的校验值为 $2\log_2 n$（n 的大小）+6 位。校验值在对应数据写入 NAND Flash 时一同写入，被保存到空闲区域的[16:19]中。微控制器读取对应数据时将对应校验值一同读取，并对数据进行再一次校验，将新得到的校验值与读取到的校验值进行异或，此时得到的结果为 1 表示校验码不同，可以判定产生了错误：如果新得到的 CP1 和读取到的 CP1 异或后为 1，即两者不同，表示数据的 1、3、5、7列中存在错误，如果新得到的 RP16 和读取到的 RP16 异或后为 1，表示数据的 0~255 行中存在错误。校验值进行异或得到的结果有以下几种：

1．全为 0 表示数据无错误；

2．一半为 1 时，表示出现了 1bit 的错误，新得到的校验值与读取到的校验值中的 CP5、CP3、CP1 进行异或得到的 3bit 数据为错误位的列地址，$RP(2\log_2^n-1)$…、RP5、RP3、RP1 进行异或得到的数据为错误位的行地址；

3．只有 1 位为 1 表示空闲区域出现错误；

4．其他情况则说明至少 2bit 数据错误。

一般器件在存储范围内同时出现 2bit 及以上的错误很少见，因此汉明码编码的 ECC 校验基本上够用。

EXMC 模块中的 Bank1 和 Bank2 都包含带有 ECC 算法的硬件模块，通过寄存器 EXMC_NPCTLx 中的 ECCSZ 来选择 ECC 计算的页面大小，可选项有 256、512、1024、2048、4096 和 8192 字节，该寄存器中各个位的具体描述可参见《GD32F30x 用户手册（中文版）》中的 21.4.2 节。本章实验将 ECC 块大小配置为 512 字节。

当 NAND Flash 块使能时，ECC 模块就会检测 D[15:0]、EXMC_NCE 和 EXMC_NWE 信号。当已经完成 ECCSZ 大小字节的读写操作时，软件必须读出 EXMC_NECCx 中的结果值。如果需要再次开始 ECC 计算，软件需要先将 EXMC_NECCx 中的 ECCEN 清零来清除 EXMC_NPCTLx 中的值，再将 ECCEN 置 1 来重新启动 ECC 计算。

5.2.4　FTL 原理

在生产和使用过程中，NAND Flash 都有可能产生坏块，并且每个块的擦除次数有限，超过一定次数后将无法擦除，即产生了坏块。坏块的存在使得 NAND Flash 物理地址不连续，而微控制器访问存储设备时要求地址连续，否则无法通过地址直接读写存储单元，因此一般添加闪存转换层 FTL（Flash Translation Layer）完成对 NAND Flash 的操作，FTL 的功能如下：

1．标记坏块

当通过读写数据或 ECC 校验检测出坏块时，需要将其标记以不再对该区域进行读写操作。坏块的标记一般是将空闲区域的第一字节写入非 0xFF 的值来表示。

2．地址映射管理

FTL 将逻辑地址映射到 NAND Flash 中可读写的物理地址，并创建相应的映射表，当处理器对相应的逻辑地址读写数据时，实际上是通过 FTL 读写 NAND Flash 中对应的物理地址的，如图 5-3 所示。由于坏块导致的物理地址

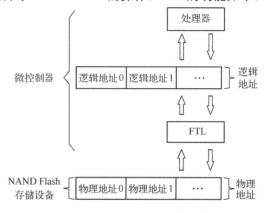

图 5-3　FTL 地址映射管理

不连续，逻辑地址对应的物理地址不固定，逻辑地址 1 可能对应物理地址 5，逻辑地址 3 可能对应物理地址 2，本章实验将映射表存储于数组 lut 中，该数组为在 FTL.c 文件声明的结构体 StructFTLDev 的成员变量。

3. 坏块管理和磨损均衡

坏块管理：当坏块产生后，用空闲并且可读写的块替代坏块在映射表中的位置，保证每个逻辑地址都映射到可读写的物理地址。

磨损均衡：向某个已写入值的块重新写入数据时，向其他块写入并使其替代原本已写入值的块在映射表中的位置，这是由于每个块的擦除及编程次数有限，为防止部分物理存储块访问次数过多而提前损坏，使得全部块尽可能同时达到磨损阈值。

5.2.5　HY27UF081G2A 芯片通信方式

与"读写 SRAM 实验"介绍的外部 SRAM 芯片相同，微控制器通过 EXMC 与外部 NANDFlash 芯片进行通信，区别是二者使用的区域不同，如图 1-6 所示，可分配的地址范围为 0x7000 0000～0x8FFF FFFF，即支持 Flash 类型的为 Bank1、Bank2 区域。本实验将 Bank1 配置为 HY27UF081G2A 芯片的地址范围。

Bank1 包含 3 个特殊区域：数据区域、指令区域和地址区域，如图 5-4 所示。

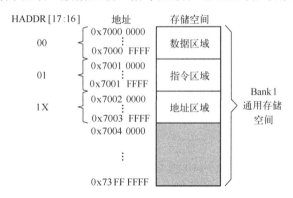

图 5-4　Bank1 通用存储空间划分

下面介绍各个区域的功能：

数据区域：存储读写的数据，相应的数据通过程序进行写入与读出。当 EXMC 在数据发送模式时，软件需要在数据区域写入数据；当 EXMC 在数据接收模式时，软件需要在数据区域读取数据。由于 NAND Flash 会自动累加其内部操作地址，故在读写时不需要软件修改操作地址。

指令区域：存储操作指令，操作指令通过程序写入该区域。在指令传输过程中，EXMC 会使能指令锁存信号（CLE），CLE 映射到 EXMC_A[16]。

地址区域：存储操作地址，操作地址通过程序写入该区域。在地址传输过程中，EXMC 会使能地址锁存信号（ALE），ALE 映射到 EXMC_A[17]。

AHB 通过 HADDR[17:16]选择以上 3 个区域来进行操作：

HADDR[17:16]=00，即选择数据区域；

HADDR[17:16]=01，即选择指令区域；

HADDR[17:16]=1X，即选择地址区域。

对于每个 Bank，EXMC 提供独立的寄存器来配置访问时序，支持 8 位、16 位的 NAND Flash，对于 NAND Flash，EXMC 还提供 ECC 计算模块，保证数据传输和保存的鲁棒性（鲁棒性是指外部环境较差时仍能保持其功能稳定、正常地发挥）。本实验使用的 NAND Flash 为 8 位的芯片。EXMC 与 NAND Flash 的接口信号描述如表 5-3 所示。

表 5-3　EXMC 与 NAND Flash 的接口信号描述

EXMC 引脚	传 输 方 向	功 能 描 述
EXMC_A[17]	输出	NAND Flash 地址锁存（ALE）
EXMC_A[16]	输出	NAND Flash 指令锁存（CLE）
EXMC_D[7:0]/EXMC_D[15:0]	输入/输出	8 位复用，双向地址/数据总线
		16 位复用，双向地址/数据总线
EXMC_NCE[x]	输出	片选，x=1, 2
EXMC_NOE[NRE]	输出	输出使能
EXMC_NWE	输出	写使能
EXMC_NWAIT/ EXMC_INT[x]	输入	NAND Flash 就绪/忙输入信号 EXMC，x=1, 2

5.2.6　NAND Flash 的读写操作

1．读操作步骤

①选中芯片；②调用 FTL 算法将用户输入的逻辑地址映射到实际物理地址；③校验需读取的数据及地址是否合法；④发送读指令 0x00；⑤发出列地址（分 2 次，从低到高）⑥发出页（行）地址（分 3 次）；⑦发出读结束指令 0x30；⑧等待 RnB；⑨将数据读取到缓冲区；⑩更新并保存 ECC 计数值，从空闲区域的指定位置中读出之前写入的 ECC，然后进行对比；⑪校验并尝试修复数据；⑫读取结束，取消片选。

2．擦除操作步骤

①选中芯片；②清除 RnB；③发出块自动擦除启动指令 0x60；④发出页（行）地址（分 3 次）；⑤发出擦除指令 0xD0；⑥等待 RnB；⑦读取擦除结果；⑧擦除成功，取消片选。

3．写操作步骤

①选中芯片；②清除 RnB；③发出写指令 0x80；④发出列地址（分 2 次，从低到高）；⑤发出页（行）地址（分 3 次）；⑥从缓冲区写入数据；⑦更新 ECC 计数值并保存到空闲区域；⑧发出写入结束指令 0x10；⑨等待 RnB；⑩读取写入结果；⑪写入成功，取消片选。

5.3　实验代码解析

5.3.1　ReadwriteNandFlash 文件对

1．ReadWriteNandFlash.h 文件

在 ReadWriteNandFlash.h 文件的 "API 函数声明" 区，声明了 2 个 API 函数，如程序清

单 5-1 所示。InitReadWriteNandFlash 函数用于初始化读写 NandFlash 模块，ReadWriteNand-FlashTask 函数用于完成 NandFlash 模块读写任务。

程序清单 5-1

```
void InitReadWriteNandFlash(void);          //初始化读写 NandFlash 模块
void ReadWriteNandFlashTask(void);          //读写 NandFlash 模块任务
```

2．ReadwriteNandFlash.c 文件

在 ReadwriteNandFlash.c 文件的"宏定义"区，定义了显示字符最大长度的 MAX_STRING_LEN 的值为 64，即 LCD 显示字符串的最大长度为 64 位。

在"内部变量定义"区，定义了内部变量 s_structGUIDev、s_arrWRBuff[512]、s_arrStringBuff[MAX_STRING_LEN]，如程序清单 5-2 所示。s_structGUIDev 为 GUI 的结构体，包含读写地址和读写函数等定义。s_arrRWBuff[512]为 NAND Flash 的读写缓冲区，512 表示该工程每次读写 Flash 的最大数据量为 512 字节。s_arrStringBuff[MAX_STRING_LEN] 为字符串转换缓冲区，最多转换 64 个字符。

程序清单 5-2

```
static StructGUIDev s_structGUIDev;              //GUI 设备结构体
static u8    s_arrWRBuff[512];                   //读写缓冲区
static char s_arrStringBuff[MAX_STRING_LEN];     //字符串转换缓冲区
```

在"内部函数声明"区，声明了 2 个内部函数，如程序清单 5-3 所示。ReadProc 函数用于读取相应存储器中的数据，WriteProc 函数用于向相应存储器写入数据。

程序清单 5-3

```
static void ReadProc(u32 addr, u32 len);          //读取操作处理
static void WriteProc(u32 addr, u32 data);        //写入操作处理
```

在"内部函数实现"区，首先实现了 ReadProc 函数，如程序清单 5-4 所示。下面按照顺序解释说明 ReadProc 函数中的语句。

（1）第 7 行代码：校验地址参数是否在 Flash 的地址范围内。

（2）第 15 至 33 行代码：若地址满足范围，则通过 FTLReadSectors 函数从 NAND Flash 中读取数据，并将数据显示在 LCD 显示屏和串口助手上。

（3）第 35 至 40 行代码：若地址不满足范围，则显示无效地址信息。

程序清单 5-4

```
1.    static void ReadProc(u32 addr, u32 len)
2.    {
3.      u32 i;      //循环变量
4.      u32 data; //读取到的数据
5.
6.      //校验地址范围
```

```
7.         if((addr >= s_structGUIDev.beginAddr) && ((addr + len - 1) <= s_structGUIDev.endAddr))
8.         {
9.             //输出读取信息到终端和串口
10.            sprintf(s_arrStringBuff, "Read : 0x%08X - 0x%02X\r\n", addr, len);
11.            s_structGUIDev.showLine(s_arrStringBuff);
12.            printf("%s", s_arrStringBuff);
13.
14.            //从 NAND Flash 中读取数据
15.            FTLReadSectors(s_arrWRBuff, addr / FTL_SECTOR_SIZE, FTL_SECTOR_SIZE, 1);
16.
17.            //打印到终端和串口上
18.            for(i = 0; i < len; i++)
19.            {
20.                //防止数组下标溢出
21.                if(((addr % FTL_SECTOR_SIZE) + i) > sizeof(s_arrWRBuff))
22.                {
23.                    return;
24.                }
25.
26.                //读取
27.                data = s_arrWRBuff[(addr % FTL_SECTOR_SIZE) + i];
28.
29.                //输出
30.                sprintf(s_arrStringBuff, "0x%08X: 0x%02X\r\n", addr + i, data);
31.                s_structGUIDev.showLine(s_arrStringBuff);
32.                printf("%s", s_arrStringBuff);
33.            }
34.        }
35.        else
36.        {
37.            //无效地址
38.            s_structGUIDev.showLine("Read: Invalid address\r\n");
39.            printf("Read: Invalid address\r\n");
40.        }
41.    }
```

在 ReadProc 函数代码之后的 WriteProc 函数代码如程序清单 5-5 所示。WriteProc 函数校验地址后，通过 FTLReadSectors 函数从 NAND Flash 中读取 1 个扇区的数据至缓冲区，在缓冲区修改相应地址的数据后通过 FTLWriteSectors 函数重新写入。

程序清单 5-5

```
1.  static void WriteProc(u32 addr, u8 data)
2.  {
3.      //校验地址范围
4.      if((addr >= s_structGUIDev.beginAddr) && (addr <= s_structGUIDev.endAddr))
5.      {
6.          //输出信息到终端和串口
```

```
7.        sprintf(s_arrStringBuff, "Write: 0x%08X - 0x%02X\r\n", addr, data);
8.        s_structGUIDev.showLine(s_arrStringBuff);
9.        printf("%s", s_arrStringBuff);
10.
11.       //读入 NAND Flash 数据
12.       FTLReadSectors(s_arrWRBuff, addr / FTL_SECTOR_SIZE, FTL_SECTOR_SIZE, 1);
13.
14.       //修改
15.       s_arrWRBuff[addr % FTL_SECTOR_SIZE] = data;
16.
17.       //写入 NAND Flash
18.       FTLWriteSectors(s_arrWRBuff, addr / FTL_SECTOR_SIZE, FTL_SECTOR_SIZE, 1);
19.     }
20.   else
21.     {
22.       //无效地址
23.       s_structGUIDev.showLine("Write: Invalid address\r\n");
24.       printf("Write: Invalid address\r\n");
25.     }
26. }
```

在"API 函数实现"区，首先实现 InitReadwriteNandFlash 函数，该函数主要对 NandFlash 模块进行初始化，并建立 GUI 界面与底层读写函数的联系，如程序清单 5-6 所示。下面按照顺序解释说明 InitReadwriteNandFlash 函数中的语句。

（1）第 4 至 13 行代码：将外部 Flash 模块读写的首地址、结束地址和读/写函数赋给 GUI 结构体 s_structGUIDev 中对应的成员变量。

（2）第 16 行代码：通过 InitGUI 函数初始化 GUI 界面及相应的界面参数。

（3）第 19 至 22 行代码：将 NAND Flash 模块的读写地址范围显示在 LCD 显示屏和计算机上。

程序清单 5-6

```
1.    void InitReadWriteNandFlash(void)
2.    {
3.      //读写首地址
4.      s_structGUIDev.beginAddr = 0;
5.
6.      //读写结束地址
7.      s_structGUIDev.endAddr = NAND_MAX_ADDRESS - 1;
8.
9.      //设置写入回调函数
10.     s_structGUIDev.writeCallback = WriteProc;
11.
12.     //设置读取回调函数
13.     s_structGUIDev.readCallback = ReadProc;
14.
15.     //初始化 GUI 界面设计
```

```
16.     InitGUI(&s_structGUIDev);
17.
18.     //打印地址范围到终端和串口
19.     sprintf(s_arrStringBuff, "Addr: 0x%08X - 0x%08X\r\n", s_structGUIDev.beginAddr, s_structGUIDev.endAddr);
20.     s_structGUIDev.showLine(s_arrStringBuff);
21.     printf("%s", s_arrStringBuff);
22. }
```

在 InitReadwriteNandFlash 函数代码后的 ReadwriteNandFlashTask 函数代码如程序清单 5-7 所示，该函数通过调用 GUITask 函数完成 NAND Flash 的读写任务。

程序清单 5-7

```
1.  void ReadwriteNandFlashTask(void)
2.  {
3.      GUITask(); //GUI 任务
4.  }
```

5.3.2　NandFlash 文件对

1. NandFlash.h 文件

在 NandFlash.h 文件的"宏定义"区，进行了大量与 NAND Flash 模块操作相关的宏定义。

在"API 函数声明"区，声明了 NandFlash.c 驱动文件中各个操作的函数，如程序清单 5-8 所示，包括初始化 NandFlash 驱动模块、读器件 ID 和读器件状态等函数。

程序清单 5-8

```
1.  u32 InitNandFlash(void);                                    //初始化 NandFlash 驱动模块
2.  u32 NandReadID(void);                                       //读器件 ID
3.  …
4.
5.  //页复制
6.  u32 NandCopyPageWithoutWrite(u32 sourceBlock, u32 sourcePage, u32 destBlock, u32 destPage);
7.  u32 NandCopyPageWithWrite(u32 sourceBlock, u32 sourcePage, u32 destBlock, u32 destPage, u8* buf, u32
column, u32 len);
8.
9.  //块复制
10. u32 NandCopyBlockWithoutWrite(u32 sourceBlock, u32 destBlock, u32 startPage, u32 pageNum);
11. u32 NandCopyBlockWithWrite(u32 sourceBlock, u32 destBlock, u32 startPage, u32 column, u8* buf, u32 len);
12.
13. //页校验
14. u32 NandCheckPage(u32 block, u32 page, u32 value, u32 mode);
15. u32 NandPageFillValue(u32 block, u32 page, u32 value, u32 mode);
16.
17. //强制擦除
18. u32 NandForceEraseBlock(u32 blockNum);
19. u32 NandForceEraseChip(void);
20. u32 NandMarkAllBadBlock(void);
```

2．NandFlash.c 文件

由于开发需要，本实验未使用官方 NAND Flash 库，而重新编写了一份驱动文件 NandFlash.c；由于该文件代码量过大，下面仅介绍其中的部分函数。

在 NandFlash.c 文件的"内部函数实现"区，首先实现了 NandDelay 函数。因为 GD32F303ZET6 微控制器的频率比 NAND Flash 快，所以需要额外定义延时函数 NandDelay 来等待 NAND Flash 完成操作，如程序清单 5-9 所示。该函数的参数 time 为延时时长，由于不同操作所需的延时时长不同，因此通过宏定义来定义不同操作所需的延时时长，对应的宏定义可以在头文件中查找。

程序清单 5-9

```
1.    static void NandDelay(u32 time)
2.    {
3.      while(time > 0)
4.      {
5.        time--;
6.      }
7.    }
```

在 NandDelay 函数代码后的 NANDWaitRB 函数代码如程序清单 5-10 所示。该函数的作用是通过 while 语句来等待 PD6 引脚与输入参数 rb 指定的电平相等，此时返回 0，若等待时间过长，则返回 1。

程序清单 5-10

```
1.    static u32 NANDWaitRB(u8 rb)
2.    {
3.      u32 time = 0;
4.      while(time < 0X1FFFFFFF)
5.      {
6.        time++;
7.        if(gpio_input_bit_get(GPIOD, GPIO_PIN_6) == rb)
8.        {
9.          return 0;
10.       }
11.     }
12.     return 1;
13.   }
```

在"API 函数实现"区，首先实现了 InitNandFlash 函数。如程序清单 5-11 所示。下面按照顺序解释说明 InitNandFlash 函数中的语句。

（1）第 8 至 13 行代码：使能相应的时钟并初始化 EXMC 相关的 GPIO。

（2）第 16 至 17 行代码：配置 EXMC 的各个参数。

（3）第 19 至 29 行代码：复位 NAND Flash，等待复位完成后读取 ID，并检查它是否为设定的 NAND Flash：是则返回成功标志，否则显示相应的信息并进入"死循环"。

程序清单 5-11

```
1.   u32 InitNandFlash(void)
2.   {
3.     u32 id;
4.     exmc_nand_parameter_struct nand_init_struct;
5.     exmc_nand_pccard_timing_parameter_struct nand_timing_init_struct;
6.
7.     //使能 EXMC 时钟
8.     rcu_periph_clock_enable(RCU_EXMC);
9.     ...
10.
11.    //EXMC_D[0-7]
12.    gpio_init(GPIOD, GPIO_MODE_AF_PP, GPIO_OSPEED_50MHZ, GPIO_PIN_0 | GPIO_PIN_1 | GPIO_
PIN_14 | GPIO_PIN_15);
13.    ...
14.
15.    //配置 EXMC
16.    nand_timing_init_struct.setuptime = 2;         //建立时间
17.    ...
18.
19.    NandReset();                                   //复位 NANDFlash
20.    DelayNms(100);                                 //等待 100ms
21.    id = NandReadID();                             //读取 ID
22.    printf("InitNandFlash: Nand Flash ID: 0x%08X\r\n", id);
23.    if(0x1D80F1AD != id)
24.    {
25.      printf("InitNandFlash: fail to check nand Flash ID\r\n");
26.      while(1);
27.    }
28.
29.    return 0;
30.  }
```

NandWritePage 函数的实现代码如程序清单 5-12 所示。下面按照代码排列顺序解释说明 NandWritePage 函数中的语句。

（1）第 11 至 20 行代码：检查待写入的地址及数据量是否合法，若不合法则跳出函数，否则继续进行。

（2）第 23 至 28 行代码：设置写入的地址，以此设置相应的列地址和块地址，并通过 NandDelay 函数等待芯片操作完成。

（3）第 33 至 52 行代码：通过 for 语句将缓冲区的数据写入 NAND Flash 中，每传输 512 字节数据计算一次 ECC 值。

（4）第 55 至 71 行代码：计算写入 ECC 的空闲区域地址，设置 NAND Flash，然后将获取的 ECC 值写入 NAND Flash 的空闲区域。

（5）第 89 至 96 行代码：检查写入是否成功并返回相应的返回值。

程序清单 5-12

```
1.   u32 NandWritePage(u32 block, u32 page, u32 column, u8* buf, u32 len)
2.   {
3.       u32 i;              //循环变量
4.       u32 byteCnt;        //传输量计数，每传输 512 字节获取一次 ECC 值
5.       u32 eccCnt;         //ECC 计数
6.       u32 ecc[4];         //硬件 ECC 值
7.       u32 eccAddr;        //ECC 存储地址
8.       u8   check;         //成功写入标志位
9.
10.      //写入 main 区地址校验，若页内列地址不是准确的 512 字节，则返回失败
11.      if((column < NAND_PAGE_SIZE) && (0 != column % 512)){return NAND_FAIL;}
12.
13.      //写入 main 区数据量校验，若写入数据量不是准确的 512 字节，则返回失败
14.      if((column < NAND_PAGE_SIZE) && (0 != len % 512)){return NAND_FAIL;}
15.
16.      //写入 main 区但数据量过多
17.      if((column < NAND_PAGE_SIZE) && (column + len > NAND_PAGE_SIZE)){return NAND_FAIL;}
18.
19.      //写入空闲区域，直接返回
20.      if(column >= NAND_PAGE_SIZE){return NAND_FAIL;}
21.
22.      //设置写入地址
23.      NAND_CMD_AREA   = NAND_CMD_WRITE_1ST;       //发送写命令
24.      NAND_ADDR_AREA = (column >> 0) & 0xFF;       //列地址低位
25.      NAND_ADDR_AREA = (column >> 8) & 0xFF;       //列地址高位
26.      NAND_ADDR_AREA = (block << 6) | (page & 0x3F);  //块地址和列地址
27.      NAND_ADDR_AREA = (block >> 2) & 0xFF;       //剩余块地址
28.      NandDelay(NAND_TADL_DELAY);                 //TADL 等待延时
29.
30.      //写入数据
31.      byteCnt = 0;
32.      eccCnt = 0;
33.      for(i = 0; i < len; i++)
34.      {
35.          //写入数据
36.          NAND_DATA_AREA = buf[i];
37.
38.          //保存 ECC 值
39.          byteCnt++;
40.          if(byteCnt >= 512)
41.          {
42.              //等待 FIFO 空标志位
43.              while(RESET == exmc_flag_get(EXMC_BANK1_NAND, EXMC_NAND_PCCARD_FLAG_FIFOE));
44.
45.              //获取 ECC 值
```

```
46.        ecc[eccCnt] = exmc_ecc_get(EXMC_BANK1_NAND);
47.        eccCnt++;
48.
49.        //清空计数
50.        byteCnt = 0;
51.    }
52. }
53.
54.    //计算写入 ECC 的空闲区域地址
55.    eccAddr = NAND_PAGE_SIZE + 16 + 4 * (column / 512);
56.
57.    //设置写入 Spare 位置
58.    NandDelay(NAND_TADL_DELAY);                    //TADL 等待延时
59.    NAND_CMD_AREA   = 0x85;                        //随机写命令
60.    NAND_ADDR_AREA = (eccAddr >> 0) & 0xFF;        //随机写地址低位
61.    NAND_ADDR_AREA = (eccAddr >> 8) & 0xFF;        //随机写地址高位
62.    NandDelay(NAND_TADL_DELAY);                    //TADL 等待延时
63.
64.    //将 ECC 写入空闲区域指定位置
65.    for(i = 0; i < eccCnt; i++)
66.    {
67.        NAND_DATA_AREA = (ecc[i] >> 0)  & 0xFF;
68.        NAND_DATA_AREA = (ecc[i] >> 8)  & 0xFF;
69.        NAND_DATA_AREA = (ecc[i] >> 16) & 0xFF;
70.        NAND_DATA_AREA = (ecc[i] >> 24) & 0xFF;
71.    }
72.
73.    //发送写入结束命令
74.    NAND_CMD_AREA = NAND_CMD_WRITE_2ND;
75.
76.    //tWB 等待延时
77.    NandDelay(NAND_TWB_DELAY);
78.
79.    //tPROG 等待延时
80.    DelayNus(NAND_TPROG_DELAY);
81.
82.    //检查器件状态
83.    if(NAND_READY != NandWaitReady())
84.    {
85.        return NAND_FAIL;
86.    }
87.
88.    //检查写入是否成功
89.    check = NAND_DATA_AREA;
90.    if(check & 0x01)
91.    {
92.        return NAND_FAIL;
93.    }
```

```
94.
95.    //写入成功
96.    return NAND_OK;
97. }
```

在 NandWritePage 函数代码后的 NandReadPage 函数代码如程序清单 5-13 所示。
NandReadPage 函数与 NandWritePage 函数类似，下面按照代码排列顺序解释说明 NandReadPage
函数中的语句。

（1）第 6 至 11 行代码：检查地址与数据并设置读取地址。

（2）第 16 至 35 行代码：通过 for 语句读取外部 Flash 的数据，每传输 512 字节计算一次
ECC 值。

（3）第 37 至 52 行代码：计算空闲区域地址并读取相应的 ECC 值用于校验。

（4）第 55 至 67 行代码：校验 ECC 值，若出现错误数据则尝试修复，最后返回相应的返
回值。

程序清单 5-13

```
1.    u32 NandReadPage(u32 block, u32 page, u32 column, u8* buf, u32 len)
2.    {
3.    ...
4.
5.        //读取 main 区地址校验，若页内列地址不是准确的 512 字节，则返回失败
6.        if((column < NAND_PAGE_SIZE) && (0 != column % 512)){return NAND_FAIL;}
7.    ...
8.
9.        //设置读取地址
10.       NAND_CMD_AREA   = NAND_CMD_READ1_1ST;                 //发送读命令
11.   ...
12.
13.       //读取数据
14.       byteCnt = 0;
15.       eccCnt = 0;
16.       for(i = 0; i < len; i++)
17.       {
18.          //读取数据
19.          buf[i] = NAND_DATA_AREA;
20.
21.          //保存 ECC 值
22.          byteCnt++;
23.          if(byteCnt >= 512)
24.          {
25.             //等待 FIFO 空标志位
26.             while(RESET == exmc_flag_get(EXMC_BANK1_NAND, EXMC_NAND_PCCARD_FLAG_FIFOE));
27.
28.             //获取 ECC 值
29.             eccHard[eccCnt] = exmc_ecc_get(EXMC_BANK1_NAND);
30.             eccCnt++;
```

```
31.
32.        //清空计数
33.            byteCnt = 0;
34.        }
35.    }
36.
37.    //计算读取 ECC 的空闲区域地址
38.    eccAddr = NAND_PAGE_SIZE + 16 + 4 * (column / 512);
39.
40.    //设置读取 Spare 位置
41.    NandDelay(NAND_TWHR_DELAY);                          //TWHR 等待延时
42.    …
43.
44.    //从空闲区域指定位置读出之前写入的 ECC
45.    for(i = 0; i < eccCnt; i++)
46.    {
47.        spare[0] = NAND_DATA_AREA;
48.        spare[1] = NAND_DATA_AREA;
49.        spare[2] = NAND_DATA_AREA;
50.        spare[3] = NAND_DATA_AREA;
51.        eccFlash[i] = ((u32)spare[3] << 24) | ((u32)spare[2] << 16) | ((u32)spare[1] << 8) | ((u32)spare[0] << 0);
52.    }
53.
54.    //检查并尝试修复数据
55.    for(i = 0; i < eccCnt; i++)
56.    {
57.        //printf("NandReadPage: Ecc hard: 0x%08X, Flash 0x%08X\r\n", eccHard[i], eccFlash[i]);
58.        if(eccHard[i] != eccFlash[i])
59.        {
60.            printf("NandReadPage: Ecc err hard:0x%x, Flash:0x%x\r\n", eccHard[i], eccFlash[i]);
61.            printf("NandReadPage: block:%d, page: %d, column:%d\r\n",block, page, column);
62.            if(0 != NandECCCorrection(buf + 512 * i, eccFlash[i], eccHard[i]))
63.            {
64.                return NAND_FAIL;
65.            }
66.        }
67.    }
68.
69.    //读取成功
70.    return NAND_OK;
71.  }
```

NandEraseBlock 函数的实现代码如程序清单 5-14 所示。下面按照代码排列的顺序解释说明 NandEraseBlock 函数中的语句。

（1）第 6 行代码：检查待擦除的块是否为好块。

（2）第 9 至 40 行代码：若为好块，则将块地址转换为页地址，然后向 NAND Flash 发送擦除指令及页地址，等待擦除完成后校验是否成功。

（3）第 43 至 51 行代码：若无法校验块或校验的块为坏块，则将 NAND_FAIL 作为返回值返回。

程序清单 5-14

```
1.   u32 NandEraseBlock(u32 blockNum)
2.   {
3.     u8 backBlockFlag;        //坏块标志
4.     u8 check;                //擦除成功校验
5.
6.     if(NAND_OK == NandReadSpare(blockNum, 0, 0, (u8*)&backBlockFlag, 1))
7.     {
8.       //好块，可以擦除
9.       if(0xFF == backBlockFlag)
10.      {
11.        //将块地址转换为页地址
12.        blockNum <<= PAGE_BIT;
13.
14.        //发送擦除命令
15.        NAND_CMD_AREA = NAND_CMD_ERASE_1ST;              //块自动擦除启动命令
16.        NAND_ADDR_AREA = (blockNum >> 0) & 0xFF;         //页地址低位
17.        NAND_ADDR_AREA = (blockNum >> 8) & 0xFF;         //页地址高位
18.        NAND_CMD_AREA = NAND_CMD_ERASE_2ND;              //擦除命令
19.        NandDelay(NAND_TWB_DELAY);                       //TWB 等待延时
20.
21.        //等待器件就绪
22.        if(NAND_READY == NandWaitReady())
23.        {
24.          check = NAND_DATA_AREA;
25.          if(check & 0x01)
26.          {
27.            //擦除失败
28.            return NAND_FAIL;
29.          }
30.          else
31.          {
32.            //擦除成功
33.            return NAND_OK;
34.          }
35.        }
36.        else
37.        {
38.          return NAND_FAIL;
39.        }
40.      }
41.
42.      //坏块，不擦除
43.      else
```

```
44.       {
45.           return NAND_FAIL;
46.       }
47.   }
48.   else
49.   {
50.       return NAND_FAIL;
51.   }
52. }
```

5.3.3　FTL 文件对

1. FTL.h 文件

在 FTL.h 文件的"宏定义"区，定义了无效地址和扇区大小，如程序清单 5-15 所示。

程序清单 5-15

```
#define INVALID_ADDR        (0xFFFFFFFF)    //无效地址
#define FTL_SECTOR_SIZE (512)               //扇区大小，不得超过 NAND Flash 页大小，且应为 512 的
                                            整数倍
```

在"API 函数声明"区，声明了 FTL.c 驱动文件中各个操作的函数，如程序清单 5-16 所示。包括初始化 FTL 算法和标记坏块等函数。

程序清单 5-16

```
1.  u32    InitFTL(void);                                                  //初始化 FTL 层算法
2.  void FTLBadBlockMark(u32 blockNum);                                    //标记某一个块为坏块
3.  u32    FTLCheckBlockFlag(u32 blockNum);                                //检查坏块标志位
4.  u32    FTLSetBlockUseFlag(u32 blockNum);                               //标记某一个块已经使用
5.  u32    FTLLogicNumToPhysicalNum(u32 logicNum);                         //逻辑块号转换为物理块号
6.  u32    CreateLUT(void);                                                //重新创建 LUT 表
7.  u32    FTLFormat(void);                                                //格式化 NAND 重建 LUT 表
8.  u32    FTLFineUnuseBlock(u32 startBlock, u32 oddEven);                 //查找未使用的块
9.  u32    FTLWriteSectors(u8 *pBuffer, u32 sectorNo, u32 sectorSize, u32 sectorCount);    //写扇区
10. u32    FTLReadSectors(u8 *pBuffer, u32 sectorNo, u32 sectorSize, u32 sectorCount);     //读扇区
```

2. FTL.c 文件

在 FTL.c 文件的"枚举结构体"区，声明了 FTL 控制结构体。结构体内包含了 FTL 算法需要用到的各个参数，如程序清单 5-17 所示，包括页总大小和页 main 区大小等参数。

程序清单 5-17

```
1. //FTL 控制结构体
2. typedef struct
3. {
4.     u32    pageTotalSize;                      //页总大小，main 区和空闲区域总和
```

5.	u32	pageMainSize;	//页 main 区大小
6.	u32	pageSpareSize;	//页空闲区域大小
7.	u32	blockPageNum;	//块包含页数量
8.	u32	planeBlockNum;	//plane 包含 Block 数量
9.	u32	blockTotalNum;	//总的块数量
10.	u32	goodBlockNum;	//好块数量
11.	u32	validBlockNum;	//有效块数量(供文件系统使用的好块数量)
12.	u32	lut[NAND_BLOCK_COUNT];	//LUT 表，用作逻辑块-物理块转换
13.	u32	sectorPerPage;	//每一页中含有多少个扇区
14.	}StructFTLDev;		

在"内部变量定义"区，定义了 FTL 控制结构体变量 s_structFTLDev，如程序清单 5-18
所示。

程序清单 5-18

```
static StructFTLDev s_structFTLDev;
```

在"API 函数实现"区，首先实现了 InitFTL 函数。如程序清单 5-19 所示。下面按照顺
序解释说明 InitFTL 函数中的语句。

（1）第 4 至 17 行代码：初始化 FTL 设备结构体。

（2）第 20 至 23 行代码：通过 InitNandFlash 函数初始化 NAND Flash。

（3）第 26 至 35 行代码：通过 CreateLUT 函数生成 LUT 表，根据生成结果显示相应的信
息并返回相应的返回值。

程序清单 5-19

```
1.    u32 InitFTL(void)
2.    {
3.      //初始化 FTL 设备结构体
4.      s_structFTLDev.pageTotalSize = NAND_PAGE_TOTAL_SIZE;
5.      s_structFTLDev.pageMainSize   = NAND_PAGE_SIZE;
6.      s_structFTLDev.pageSpareSize = NAND_SPARE_AREA_SIZE;
7.      s_structFTLDev.blockPageNum   = NAND_BLOCK_SIZE;
8.      s_structFTLDev.planeBlockNum = NAND_ZONE_SIZE;
9.      s_structFTLDev.blockTotalNum = NAND_BLOCK_COUNT;
10.
11.     //检查扇区大小，要保证扇区大小小于或等于一页，并且为 512 的整数倍
12.     if((0 == s_structFTLDev.pageMainSize / FTL_SECTOR_SIZE) || (0 != FTL_SECTOR_SIZE % 512))
13.     {
14.       printf("InitFTL: error sector size\r\n");
15.       while(1);
16.     }
17.     s_structFTLDev.sectorPerPage = s_structFTLDev.pageMainSize / FTL_SECTOR_SIZE;
18.
19.     //初始化 NAND Flash
20.     if(InitNandFlash())
21.     {
```

```
22.        return 1;
23.    }
24.
25.    //创建 LUI 表
26.    if(0 != CreateLUT())
27.    {
28.        //生成 LUT 表失败，需要重新初始化 NAND Flash
29.        printf("InitFTL: format nand Flash...\r\n");
30.        if(FTLFormat())
31.        {
32.            printf("InitFTL: format failed!\r\n");
33.            return 2;
34.        }
35.    }
36.
37.    //创建 LUT 表成功，输出 NAND Flash 块信息
38.    printf("\r\n");
39.    printf("InitFTL: total block num:%d\r\n", s_structFTLDev.blockTotalNum);
40.    printf("InitFTL: good block num:%d\r\n", s_structFTLDev.goodBlockNum);
41.    printf("InitFTL: valid block num:%d\r\n", s_structFTLDev.validBlockNum);
42.    printf("\r\n");
43.
44.    //初始化成功
45.    return 0;
46. }
```

在 InitFTL 函数实现区后为 FTLLogicNumToPhysicalNum 函数的实现代码，如程序清单 5-20 所示，该函数判断参数逻辑块号是否合法返回合法块号或无效地址。

程序清单 5-20

```
1.  u32 FTLLogicNumToPhysicalNum(u32 logicNum)
2.  {
3.      if(logicNum > s_structFTLDev.blockTotalNum)
4.      {
5.          return INVALID_ADDR;
6.      }
7.      else
8.      {
9.          return s_structFTLDev.lut[logicNum];
10.     }
11. }
```

在 FTLLogicNumToPhysicalNum 函数实现区后为 CreateLUT 函数的实现代码，如程序清单 5-21 所示。下面按照代码排列顺序解释说明 CreateLUT 函数中的语句。

（1）第 7 至 13 行代码：清空 LUT 表，将表中的好块和有效块的数量置 0。

（2）第 15 至 45 行代码：读取 NAND Flash 中的 LUT 表，校验空闲区域，如果该块是好块，则转换得到逻辑块的编号，并且好块数量加 1，如果该块不是好块，则输出坏块的索引

"bad block index"。

（3）第 47 至 63 行代码：LUT 表建立完成以后，检查有效块个数，如果有效块数小于 100，则需要重新格式化。

程序清单 5-21

```
1.    u32 CreateLUT(void)
2.    {
3.       u32 i;              //循环变量 i
4.       u8   spare[6];      //spare 前 6 字节数据
5.       u32 logicNum;       //逻辑块编号
6.
7.       //清空 LUT 表
8.       for(i = 0; i < s_structFTLDev.blockTotalNum; i++)
9.       {
10.         s_structFTLDev.lut[i] = INVALID_ADDR;
11.      }
12.      s_structFTLDev.goodBlockNum = 0;
13.      s_structFTLDev.validBlockNum = 0;
14.
15.      //读取 NAND Flash 中的 LUT 表
16.      for(i = 0; i < s_structFTLDev.blockTotalNum; i++)
17.      {
18.         //读取空闲区域
19.         NandReadSpare(i, 0, 0, spare, 6);
20.         if(0xFF == spare[0])
21.         {
22.            NandReadSpare(i, 1, 0, spare, 1);
23.         }
24.
25.         //是好块
26.         if(0xFF == spare[0])
27.         {
28.            //得到逻辑块编号
29.            logicNum = ((u32)spare[5] << 24) | ((u32)spare[4] << 16) | ((u32)spare[3] << 8) | ((u32)spare[2] << 0);
30.
31.            //逻辑块号肯定小于总块数
32.            if(logicNum < s_structFTLDev.blockTotalNum)
33.            {
34.               //更新 LUT 表
35.               s_structFTLDev.lut[logicNum] = i;
36.            }
37.
38.            //好块计数
39.            s_structFTLDev.goodBlockNum++;
40.         }
41.         else
42.         {
```

```
43.              printf("CreateLUT: bad block index:%d\r\n",i);
44.          }
45.      }
46.
47.      //LUT 表建立完成以后检查有效块个数
48.      for(i = 0; i < s_structFTLDev.blockTotalNum; i++)
49.      {
50.          if(s_structFTLDev.lut[i] < s_structFTLDev.blockTotalNum)
51.          {
52.              s_structFTLDev.validBlockNum++;
53.          }
54.      }
55.
56.      //有效块数小于 100，有问题，需要重新格式化
57.      if(s_structFTLDev.validBlockNum < 100)
58.      {
59.          return 1;
60.      }
61.
62.      //LUT 表创建完成
63.      return 0;
64.  }
```

　　FTLWriteSectors 函数的实现代码如程序清单 5-22 所示。下面按照代码排列顺序解释说明 FTLWriteSectors 函数中的语句。

　　（1）第 12 至 16 行代码：校验扇区大小，如果扇区大小不合法则返回 1。

　　（2）第 20 至 157 行代码：在循环中以此写入所有扇区。

　　（3）第 24 至 27 行代码：计算得到逻辑地址的位置 Block、Page 及 Column。

　　（4）第 29 至 30 行代码：调用 FTLLogicNumToPhysicalNum 函数将逻辑块编号转物理块编号。

　　（5）第 31 至 35 行代码：校验扇区地址，如果超出了最大物理内存，则写入失败，返回 1。

　　（6）第 37 至 98 行代码：校验当前页是否已被写入，如果页未被写入过，则可以直接写入。写入时先标记当前块已使用，然后调用 NandWritePage 函数写入数据。如果写入失败，表示产生了坏块，需要将保留区中的一个块替换当前块，且需要从当前块往后查找空闲块。找到空闲块后复制整个 Block 数据（包含空闲区域），复制成功后修改 LUT 表并标记当前块为坏块，如果复制失败，则表示这个 Block 为坏块。然后再次尝试写入数据。如果找不到空闲块，则直接结束，返回 1。如果写入成功，就更新读取扇区号、缓冲区指针及写入量计数。

　　（7）第 100 至 160 行代码：当前页有被写入过，则将数据复制到保留区中的 Block，复制的同时写入新的数据。如果复制失败则重复上一步骤，直到写入成功或者找不到空闲块，NAND Flash 内存已消耗完，返回写入失败。

程序清单 5-22

```
1.  u32 FTLWriteSectors(u8 *pBuffer, u32 sectorNo, u32 sectorSize, u32 sectorCount)
2.  {
```

```
3.      u32 logicBlock;              //逻辑块编号
4.      u32 phyBlock;                //物理块编号
5.      u32 writePage;               //当前 Page
6.      u32 writeColumn;             //当前列
7.      u32 ret;                     //返回值
8.      u32 emptyBlock;              //空闲块编号
9.      u32 copyLen;                 //块复制时复制长度
10.     u32 sectorCnt;               //写入量计数
11.
12.     //检查扇区大小
13.     if(FTL_SECTOR_SIZE != sectorSize)
14.     {
15.        return 1;
16.     }
17.
18.     //循环写入所有扇区
19.     sectorCnt = 0;
20.     while(sectorCnt < sectorCount)
21.     {
22.  RETRY1_MARK:
23.
24.        //计算得到位置 Block、Page 及 Column
25.        logicBlock  = (sectorNo / s_structFTLDev.sectorPerPage) / s_structFTLDev.blockPageNum;
26.        writePage   = (sectorNo / s_structFTLDev.sectorPerPage) % s_structFTLDev.blockPageNum;
27.        writeColumn = (sectorNo % s_structFTLDev.sectorPerPage) * sectorSize;
28.
29.        //逻辑块编号转物理块编号
30.        phyBlock = FTLLogicNumToPhysicalNum(logicBlock);
31.        if(INVALID_ADDR == phyBlock)
32.        {
33.           //超出了最大物理内存，写入失败
34.           return 1;
35.        }
36.
37.        //检查当前页是否已被写入
38.        ret = NandCheckPage(phyBlock, writePage, 0xFF, 0);
39.
40.        //页未被写入过，可以直接写入
41.        if(0 == ret)
42.        {
43.           //标记当前块已使用
44.           if(0 == writePage)
45.           {
46.               FTLSetBlockUseFlag(phyBlock);
47.           }
48.
49.           //写入数据
50.           ret = NandWritePage(phyBlock, writePage, writeColumn, pBuffer, sectorSize);
```

```
51.
52.      //写入失败，表示产生了坏块，需要将保留区中的一个块替换当前块
53.      if(0 != ret)
54.      {
55.          //从当前块往后查找空闲块
56.          emptyBlock = FTLFineUnuseBlock(phyBlock, (phyBlock % 2));
57.          if(INVALID_ADDR != emptyBlock)
58.          {
59.              //复制整个 Bolck 数据（包含空闲区域）
60.              ret = NandCopyBlockWithoutWrite(phyBlock, emptyBlock, 0, s_structFTLDev.blockPageNum);
61.
62.              //复制成功
63.              if(0 == ret)
64.              {
65.                  //修改 LUT 表
66.                  s_structFTLDev.lut[logicBlock] = emptyBlock;
67.
68.                  //标记当前块为坏块
69.                  FTLBadBlockMark(phyBlock);
70.              }
71.
72.              //复制失败，表示这个 Block 为坏块
73.              else
74.              {
75.                  FTLBadBlockMark(emptyBlock);
76.              }
77.
78.              //再次尝试写入数据
79.              goto RETRY1_MARK;
80.          }
81.          else
82.          {
83.              //标记当前块为坏块
84.              FTLBadBlockMark(phyBlock);
85.
86.              //找不到空闲块，写入结束
87.              return 1;
88.          }
89.      }
90.
91.      //写入成功，更新读取扇区号、缓冲区指针及写入量计数
92.      else
93.      {
94.          sectorNo = sectorNo + 1;
95.          pBuffer = pBuffer + sectorSize;
96.          sectorCnt = sectorCnt + 1;
97.      }
98.   }
```

```
99.
100.      //当前页已写入过，则将数据复制到保留区中的 Block，复制的同时写入新的数据
101.      else
102.      {
103. RETRY2_MARK:
104.
105.          //从当前块往后查找空闲块
106.          emptyBlock = FTLFineUnuseBlock(phyBlock, (phyBlock % 2));
107.          if(INVALID_ADDR != emptyBlock)
108.          {
109.              //计算最大可以写入的数据量
110.              copyLen = s_structFTLDev.blockPageNum * s_structFTLDev.pageMainSize - s_structFTLDev.pageMainSize *
writePage - writeColumn;
111.
112.              //需要复制的数据量小于最大写入数据量，则以实际写入的为准
113.              if(copyLen >= ((sectorCount - sectorCnt) * sectorSize))
114.              {
115.                  copyLen = (sectorCount - sectorCnt) * sectorSize;
116.              }
117.
118.              //将当前块数据复制到保留区块数据，并写入数据
119.              ret = NandCopyBlockWithWrite(phyBlock, emptyBlock, writePage, writeColumn, pBuffer, copyLen);
120.
121.              //复制成功
122.              if(0 == ret)
123.              {
124.                  //修改 LUT 表
125.                  s_structFTLDev.lut[logicBlock] = emptyBlock;
126.
127.                  //擦除当前块，使之变成保留区块
128.                  ret = NandEraseBlock(phyBlock);
129.                  if(0 != ret)
130.                  {
131.                      //擦除失败，标记为坏块
132.                      FTLBadBlockMark(phyBlock);
133.                  }
134.
135.                  //读取扇区号、缓冲区指针及写入量计数
136.                  sectorNo = sectorNo + copyLen / sectorSize;
137.                  pBuffer = pBuffer + copyLen;
138.                  sectorCnt = sectorCnt + copyLen / sectorSize;
139.              }
140.
141.              //复制失败，表示这个 Block 为坏块
142.              else
143.              {
144.                  //标记为坏块
145.                  FTLBadBlockMark(emptyBlock);
```

```
146.
147.         //再次尝试
148.            goto RETRY2_MARK;
149.         }
150.      }
151.      else
152.      {
153.         //找不到空闲块，NAND Flash 内存已消耗完，写入失败
154.         return 1;
155.      }
156.    }
157.  }
158.
159.  return 0;
160. }
```

在 FTLWriteSectors 函数实现区后为 FTLReadSectors 函数的实现代码，如程序清单 5-23 所示。下面按照顺序解释说明 FTLReadSectors 函数中的语句。

（1）第 9 至 13 行代码：检查扇区大小，如果扇区大小不正确则返回 1。

（2）第 15 至 49 行代码：在循环中以此读取所需扇区。

（3）第 17 至 20 行代码：计算得到逻辑地址的位置 Block、Page 及 Column。

（4）第 22 至 23 行代码：调用函数 FTLLogicNumToPhysicalNum，将逻辑块编号转物理块编号。

（5）第 24 至 28 行代码：检查扇区地址，如果超出了最大物理内存地址范围，则读取失败，返回 1。

（6）第 30 至 48 行代码：调用 NandReadPage 函数读取数据。如果读取失败，再次尝试读取，两次尝试都不成功，则读取失败，返回 1。如果读取成功，则更新读取扇区号和缓冲区指针。

程序清单 5-23

```
1.   u32 FTLReadSectors(u8 *pBuffer, u32 sectorNo, u32 sectorSize, u32 sectorCount)
2.   {
3.     u32 i;              //循环变量
4.     u32 readBlock;      //当前 Block
5.     u32 readPage;       //当前 Page
6.     u32 readColumn;     //当前列
7.     u32 ret;            //返回值
8.
9.     //检查扇区大小
10.    if(FTL_SECTOR_SIZE != sectorSize)
11.    {
12.       return 1;
13.    }
14.
15.    for(i = 0; i < sectorCount; i++)
```

```
16.     {
17.         //计算得到位置 Block、Page 及 Column
18.         readBlock   = (sectorNo / s_structFTLDev.sectorPerPage) / s_structFTLDev.blockPageNum;
19.         readPage    = (sectorNo / s_structFTLDev.sectorPerPage) % s_structFTLDev.blockPageNum;
20.         readColumn = (sectorNo % s_structFTLDev.sectorPerPage) * sectorSize;
21.
22.         //逻辑块编号转物理块编号
23.         readBlock = FTLLogicNumToPhysicalNum(readBlock);
24.         if(INVALID_ADDR == readBlock)
25.         {
26.             //超出了最大物理内存地址范围，读取失败
27.             return 1;
28.         }
29.
30.         //读取数据
31.         ret = NandReadPage(readBlock, readPage, readColumn, pBuffer, sectorSize);
32.         if(0 != ret)
33.         {
34.             //读取失败，再次尝试读取
35.             ret = NandReadPage(readBlock, readPage, readColumn, pBuffer, sectorSize);
36.             if(0 != ret)
37.             {
38.                 //尝试两次还不成功，读取失败
39.                 return 1;
40.             }
41.         }
42.
43.         //更新读取扇区号和缓冲区指针
44.         sectorNo = sectorNo + 1;
45.         pBuffer = pBuffer + sectorSize;
46.     }
47.
48.     return 0;
49. }
```

5.3.4　Main.c 文件

在 Proc2msTask 函数中调用 ReadWriteNandFlashTask 函数，如程序清单 5-24 所示。

程序清单 5-24

```
1.  static  void  Proc2msTask(void)
2.  {
3.      static u8 s_iCnt = 0;
4.      if(Get2msFlag())            //判断 2ms 标志位状态
5.      {
6.          LEDFlicker(250);        //调用闪烁函数
7.
8.          s_iCnt++;
```

```
9.        if(s_iCnt >= 20)
10.       {
11.          s_iCnt = 0;
12.          ReadWriteNandFlashTask();
13.       }
14.
15.       Clr2msFlag();              //清除 2ms 标志位
16.     }
17. }
```

5.3.5　实验结果

下载程序并进行复位，可以看到开发板上 LCD 的显示，如图 5-5 所示。

单击"写入地址"一栏并输入"00000000"，单击"写入数据"一栏并输入"F3"，单击 WRITE 按钮向指定地址写入指定数据，此时 LCD 显示如图 5-6 所示，串口助手输出与 LCD 显示相同，表示数据写入成功。

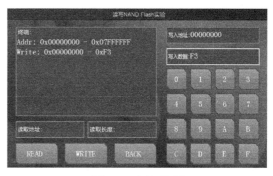

图 5-5　读写 NAND Flash 实验 GUI 界面　　　　　　　　　图 5-6　写入数据

单击"读取地址"一栏同样输入"00000000"，单击"读取长度"一栏并输入"1"，单击 READ 按钮从指定地址读取指定长度数据，此时 LCD 显示如图 5-7 所示，串口助手输出与 LCD 显示相同，表示数据读取成功。

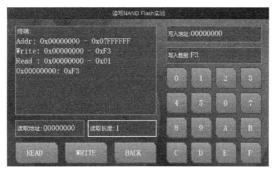

图 5-7　读取数据

本 章 任 务

基于 GD32F3 苹果派开发板，编写程序实现密码解锁功能，例如：设置微控制器初始密码为 0xF3，通过 WriteProc 函数将该密码写入 NAND Flash 中，按下 KEY$_1$ 按键模拟输入密码 0xF3，按下 KEY$_2$ 按键模拟输入密码 0x3F，按下 KEY$_3$ 按键进行密码匹配，如果密码正确，则在 LCD 上显示"Success！"，如果密码不正确，则显示"Failure！"。

本 章 习 题

1．HY27UF081G2A 芯片容量为 128MB，简述其内部组成。

2．简述 ECC 校验的原理，并查阅资料了解行校验和列校验的具体过程。

3．简述 NAND Flash 的读写过程。

第6章 内存管理实验

由于 GD32F303ZET6 微控制器内存资源有限，为提高内存的利用率，本章将介绍一种分块式内存管理方法，在需要时向内部或外部 SRAM 申请一定大小的内存，在不需要时可及时释放，防止内存泄漏。

6.1 实 验 内 容

本章的主要内容是介绍分块式内存管理的原理，包括内存池、内存管理表和内存的分配、释放原理，掌握动态内存管理方法。最后，基于 GD32F3 苹果派开发板设计一个内存管理实验，通过 LCD 屏上的 GUI 界面实现动态内存管理，并在屏幕上使用文字和波形图实时显示内存使用率。

6.2 实 验 原 理

6.2.1 分块式内存管理原理

内存管理是指，在软件运行时，对内存资源的分配和使用，以高效、快速地对内存进行分配，并且在适当的时候释放内存资源。在 GD32F3 苹果派开发板上，内存的分配与释放最终由两个函数实现：malloc 函数用于申请内存，free 函数用于释放内存。虽然 C 语言标准库中已经实现了这两个函数，但是 C 语言动态分配的内存堆区分配在内部 SRAM 中，为了充分利用外部 SRAM，本章编写了一种内存管理机制，使用"分块式内存管理"技术，在占用尽可能少的内存的情况下，实现内存动态管理。

如图 6-1 所示，分块式内存管理由内存池和内存管理表两部分组成。内存池被等分为 n 块，对应的内存管理表大小也被分为 n 项，每一项对应内存池的一块内存。

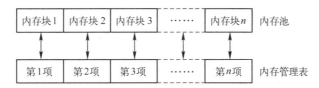

图 6-1 分块式内存管理原理图

内存管理表的项值的意义为：当项值为 0 时，代表对应的内存块未被占用；为非 0 时，代表该项对应的内存块已被占用，其数值代表被连续占用的内存块数。例如，某项值为 10，表示包括本项对应的内存块在内，总共分配了 10 个内存块给外部的某个指针。当内存管理初始化时，内存管理表全部清零，表示没有任何内存块被占用。

假设用指针 p 指向所申请的内存的首地址，内存分配与释放实现原理如下。

1．分配原理

当通过指针 p 调用 malloc 函数来申请内存时，首先要判断需要分配的内存块数 m，然后从内存管理表的最末端，即从第 n 项开始向下查找，直到找到 m 块连续的空内存块（即对应内存管理表项为 0），然后将这 m 个内存管理表项的值都设置为 m，即标记相应块已被占用。最后，把分配到内存块的首地址返回给指针，分配完成。若内存不足，无法分配连续的 m 块空闲内存，则返回 NULL 给指针，表示分配失败。

2．释放原理

当 malloc 申请的内存使用完毕时，需要调用 free 函数实现内存释放。free 函数先计算出 p 指向的内存地址所对应的内存块，然后找到对应的内存管理表项目，得到 p 所占用的内存块数目 m，将这 m 个内存管理表项目的值都清零，完成一次内存释放。注意，每分配一块内存时，需要及时对所分配的内存进行释放，否则会造成内存泄漏。内存释放并不清空内存中的数据，仅表示该内存块可以用于写入新的数据，写入时将覆盖原有数据。

3．内存泄漏

内存泄漏是指程序中已动态分配的内存由于某种原因，在程序结束退出后未释放或无法释放，这样就会失去对一段已分配内存空间的控制，造成系统内存的浪费，导致程序运行速度减慢，甚至引发系统崩溃等严重后果。在本章实验中，若在未调用 free 函数释放上次申请内存的情况下，继续调用 malloc 函数申请内存，指针 p 将会指向新申请内存的首地址，而此时上一块申请内存的首地址会丢失，无法对上一块内存进行释放，就会发生内存泄漏。

4．内存分配与释放操作界面

本章实验的 LCD 显示模块的 GUI 界面布局如图 6-2 所示。在界面上方分别以文字的形式显示内部和外部 SRAM 的内存使用情况。界面中部为内存占用情况的波形显示，界面底部有 3 个按钮，InSRAM 按钮用于在内部 SRAM 中申请内存，ExSRAM 按钮用于在外部 SRAM 中申请内存，Free 按钮用于释放当前指针指向的内存块。

6.2.2　内存分配与释放流程

本实验内存分配与释放的流程图如图 6-3 所示。首先初始化内外部 SRAM 和 GUI 界面，初始化相应的内存池。

图 6-2　内存管理实验 GUI 界面布局图

① 进入 GUI 界面后，当 InSRAM 按钮被按下时，程序将调用内部 SRAM 申请内存的函数 InSramMallcCallback。该函数首先标记当前指针指向内部 SRAM 区，并且将内部 SRAM 内存池的编号、所需要申请的内存大小作为参数传入 MyMalloc 函数中。MyMalloc 函数首先判断内存是否进行了初始化，如果未初始化，则返回初始化内外部 SRAM 内存池；如果已初始化，则开始在内存管理表中寻找是否有足够的连续内存块。如果有，则令当前指针指向所分配内存块的首地址，分配成功；否则，返回 NULL，分配失败。最后，调用 **updateMamInfoShow**

函数刷新在 GUI 上显示的信息。

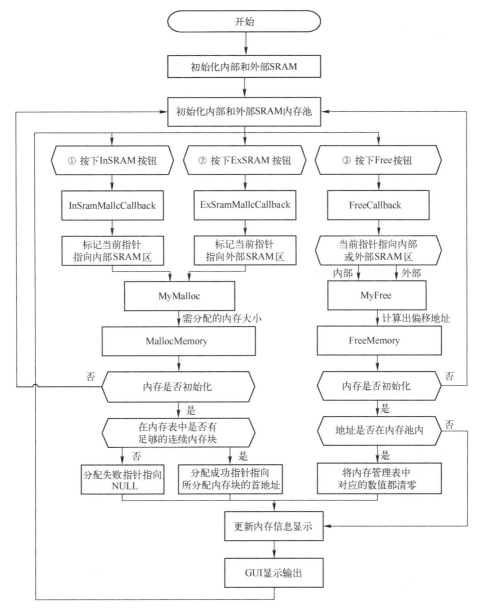

图 6-3　内存的分配与释放流程图

② 当 ExSRAM 按钮被按下时，程序将调用外部 SRAM 申请内存按钮回调函数 ExSramMallcCallback。该函数标记指针指向外部 SRAM 区，并且将外部 SRAM 内存池的编号、所需要申请的内存大小作为参数传入 MyMalloc 函数中，剩余步骤与①类似。

③ 当 Free 按钮被按下时，程序将调用内存释放按钮回调函数 FreeCallback。该函数首先判断当前指针是否指向内部或外部 SRAM 区，如果指针指向内部 SRAM 区，则将内部 SRAM 内存池编号和当前指针作为参数传入 MyFree 函数；如果指针指向外部 SRAM 区，则将外部 SRAM 内存池编号和当前指针作为参数传入 MyFree 函数。MyFree 函数根据当前指针位置计算出偏移地址，并作为参数传入 FreeMemory 函数。FreeMemory 函数首先判断内存是否进行

了初始化，如果未初始化，则返回初始化内外部 SRAM 内存池步骤。如果已初始化，则判断是否在内存池内：如果是，则将内存管理表中对应的数值都清零；否则，直接跳过清零步骤。最后调用 updateMamInfoShow 函数刷新显示在 GUI 上的信息。

6.3 实验代码解析

6.3.1 Malloc 文件对

1. Malloc.h 文件

在 Malloc.h 文件的"宏定义"区，首先定义了内存池及内存管理的相关参数，如程序清单 6-1 所示。下面按照顺序解释说明其中的语句。

（1）第 2 至 4 行代码：本实验需要管理的是内部和外部 SRAM，因此将内部 SRAM 内存池定义为 0，外部 SRAM 内存池定义为 1，总共支持的 SRAM 块数为 2。

（2）第 6 至 13 行代码：定义了内存管理的相关参数，其中 MEMx_BLOCK_SIZE 为内存块大小，是内存分配时的最小单元。MEMx_MAX_SIZE 为最大管理内存的大小，取值必须小于当前 SRAM 可用内存。MEMx_ALLOC_TABLE_SIZE 为内存管理表的大小，计算方式为管理内存的大小除以每个内存块的大小。

程序清单 6-1

```
1.  //定义两个内存池
2.  #define SRAMIN              0                                     //内部内存池
3.  #define SRAMEX              1                                     //外部内存池(SRAM)
4.  #define SRAMBANK            2                                     //定义支持的 SRAM 块数
5.  //mem1 内存参数设定。mem1 完全处于内部 SRAM 中
6.  #define MEM1_BLOCK_SIZE     32                                    //内存块大小为 32 字节
7.  #define MEM1_MAX_SIZE       20 * 1024                             //最大管理内存 20KB
8.  #define MEM1_ALLOC_TABLE_SIZE    MEM1_MAX_SIZE/MEM1_BLOCK_SIZE    //内存表大小
9.
10. //mem2 内存参数设定。mem2 的内存池处于外部 SRAM 里面
11. #define MEM2_BLOCK_SIZE     32                                    //内存块大小为 32 字节
12. #define MEM2_MAX_SIZE       928 * 1024                            //最大管理内存 928KB
13. #define MEM2_ALLOC_TABLE_SIZE    MEM2_MAX_SIZE/MEM2_BLOCK_SIZE    //内存表大小
```

在"枚举结构体"区，声明了内存管理器结构体 StructMallocDeviceDef，如程序清单 6-2 所示。下面按照顺序解释说明其中的语句。

（1）第 3 行代码：init 为指向内存初始化的函数指针，用于初始化内存管理，形参表示需要初始化的内存片。

（2）第 4 行代码：perused 为指向内存使用率函数的函数指针，用于获取内存使用率，形参表示要获取内存使用率的内存片。

（3）第 5 行代码：memoryBase 为指向内存池的指针，最多有 SRAMBANK 个内存池，本实验定义为 2。

（4）第 6 行代码：memoryMap 为指向内存管理表的指针。

（5）第 7 行代码：memoryRdy 为内存管理表就绪标志，用于表示内存管理表是否已经初始化。

程序清单 6-2

```
1.   typedef struct
2.   {
3.       void (*init)(u8);                        //初始化
4.       u16   (*perused)(u8);                    //内存使用率
5.       u8    *memoryBase[SRAMBANK];             //内存池，管理 SRAMBANK 个区域的内存
6.       u32   *memoryMap[SRAMBANK];              //内存管理状态表
7.       u8     memoryRdy[SRAMBANK];             //内存管理是否就绪
8.   }StructMallocDeviceDef;
```

在"API 函数声明"区，声明了 5 个函数，分别用于初始化内存管理模块、获得内存使用率、内存释放与分配，以及重新分配内存，如程序清单 6-3 所示。

程序清单 6-3

```
1.   void    InitMemory(u8 memx);                //初始化 Malloc 模块
2.   u16     MemoryPerused(u8 memx);             //获得内存使用率（外/内部调用）
3.   void    MyFree(u8 memx, void* ptr);         //内存释放
4.   void* MyMalloc(u8 memx, u32 size);          //内存分配
5.   void* MyRealloc(u8 memx, void* ptr, u32 size);   //重新分配内存
```

2. Malloc.c 文件

在 Malloc.c 文件的"内部变量定义"区，首先定义了内存池、内存管理表所在地址，以及内存管理的相关参数，如程序清单 6-4 所示。下面按照顺序解释说明其中的语句。

（1）第 2 至 7 行代码：内存池中使用了两部分内存池，一部分是开发板内部 SRAM 内存池，由编译器随机分配；另一部分则使用外部扩展的 SRAM 内存池，用_attribute_机制指定内存所在的地址，需要确保内存池与内存管理表均在外部 SRAM 中。两部分内存池均需要使用_align 关键字进行 32 字节对齐，以提高访问效率。

（2）第 10 至 12 行代码：写入内存管理的相关参数，包括每个内存表的大小，内存分块的大小及需要管理的总内存大小。相关参数的宏定义请参见程序清单 6-1。

（3）第 15 至 25 行代码：初始化 s_structMallocDev 结构体，并且按照结构体的顺序为结构体成员赋值。有关 StructMallocDeviceDef 类型定义请参见程序清单 6-2。

程序清单 6-4

```
1.   //内存池(32 字节对齐)
2.   _align(32) u8 Memory1Base[MEM1_MAX_SIZE];                          //内部 SRAM 内存池
3.   _align(32) u8 Memory2Base[MEM2_MAX_SIZE] _attribute_((at((u32)0x6C000000)));
                                                                        //外部 SRAM 内存池
4.
5.   //内存管理表
```

```
6.    u32 Memory1MapBase[MEM1_ALLOC_TABLE_SIZE];                        //内部 SRAM 内存池 MAP
7.    u32 Memory2MapBase[MEM2_ALLOC_TABLE_SIZE] _attribute_((at((u32)0x6C000000+MEM2_MAX_SIZE)));
                                                                        //外部 SRAM 内存池 MAP
8.
9.    //内存管理参数
10.   const u32 c_iMemoryTblSize[SRAMBANK] = {MEM1_ALLOC_TABLE_SIZE, MEM2_ALLOC_TABLE_SIZE};
                                                                        //内存表大小
11.   const u32 c_iMemoryBlkSize[SRAMBANK] = {MEM1_BLOCK_SIZE, MEM2_BLOCK_SIZE};
                                                                        //内存分块大小
12.   const u32 c_iMemorySize[SRAMBANK] = {MEM1_MAX_SIZE, MEM2_MAX_SIZE};
                                                                        //内存总大小
13.
14.   //内存管理控制器
15.   static StructMallocDeviceDef s_structMallocDev =
16.   {
17.       InitMemory,                                                   //内存初始化
18.       MemoryPerused,                                                //内存使用率
19.       Memory1Base,                                                  //内存池
20.       Memory2Base,                                                  //内存池
21.       Memory1MapBase,                                               //内存管理状态表
22.       Memory2MapBase,                                               //内存管理状态表
23.       0,                                                            //内存管理未就绪
24.       0,                                                            //内存管理未就绪
25.   };
```

在"内部函数声明"区，声明了 4 个内部函数，分别用于内存的设置、复制、分配和释放，如程序清单 6-5 所示。

程序清单 6-5

```
1.    static    void    SetMemory(void* s, u8 c, u32 count);           //设置内存
2.    static    void    CopyMemory(void* des, void* src, u32 n);       //复制内存
3.    static    u32     MallocMemory(u8 memx, u32 size);               //分配内存
4.    static    u8      FreeMemory(u8 memx, u32 offset);               //释放内存
```

在"内部函数实现"区，首先实现了 SetMemory 函数，如程序清单 6-6 所示。其中参数 *s 为内存首地址，c 为需要设置的值，count 为需要设置的内存字节长度，单位为字节。

程序清单 6-6

```
1.    static    void    SetMemory(void* s, u8 c, u32 count)
2.    {
3.        u8 *xs = s;
4.        while(count--)
5.        {
6.            *xs++ = c;
7.        }
8.    }
```

在 SetMemory 函数实现区后为 CopyMemory 函数的实现代码，如程序清单 6-7 所示。该函数用于复制内存，其中参数*des 为目的地址，*src 为源地址，n 为需要复制的内存长度，单位为字节。

程序清单 6-7

```
1.    static void   CopyMemory(void* des, void* src, u32 n)
2.    {
3.        u8 *xdes = des;
4.        u8 *xsrc = src;
5.        while(n--)
6.        {
7.            *xdes++ = *xsrc++;
8.        }
9.    }
```

在 CopyMemory 函数后的 MallocMemory 函数用于内存分配，如程序清单 6-8 所示。参数 memx 为所属内存池，size 为要分配的内存大小，单位为字节。下面按照顺序解释说明 MallocMemory 函数中的语句。

（1）第 3 至 6 行代码：初始化变量 offset 用于存储地址的偏移量，定义变量 nmemb 用于存储计算得出的所需要的内存块数，初始化变量 cmemb 用于存储连续的空内存块数，定义变量 i 用于循环计数。

（2）第 8 至 11 行代码：通过 memoryRdy 标志判断内存池是否被初始化，若未初始化，则先通过 s_structMallocDev 结构体调用 InitMemory 函数进行初始化。

（3）第 17 至 21 行代码：将需要分配的内存大小除以内存分块大小，得到需要分配的连续内存块数目，若有余数则再加 1。

（4）第 22 至 31 行代码：从内存管理表的最高项开始搜索，若当前内存管理表中被标为未使用，则连续空内存块数 cmemb 增加 1，遇到已经被占用的内存块则对其置 0。

（5）第 32 至 39 行代码：若找到所需的连续内存块个数，则将这些内存块在内存管理表中都标记为 nmemb，即被连续占用的内存块个数，最后返回被占用内存块的首个内存块偏移地址。

程序清单 6-8

```
1.    static   u32     MallocMemory(u8 memx, u32 size)
2.    {
3.        signed long offset = 0;
4.        u32 nmemb;                         //需要的内存块数
5.        u32 cmemb = 0;                     //连续空内存块数
6.        u32 i;
7.
8.        if(!s_structMallocDev.memoryRdy[memx])
9.        {
10.           s_structMallocDev.init(memx);         //未初始化，先执行初始化
11.       }
12.       if(size == 0)
```

```
13.     {
14.       return 0XFFFFFFFF;                              //不需要分配
15.     }
16.
17.     nmemb = size / c_iMemoryBlkSize[memx];            //获取需要分配的连续内存块个数
18.     if(size % c_iMemoryBlkSize[memx])
19.     {
20.       nmemb++;
21.     }
22.     for(offset = c_iMemoryTblSize[memx] - 1; offset >= 0; offset--)    //搜索整个内存控制区
23.     {
24.       if(!s_structMallocDev.memoryMap[memx][offset])
25.       {
26.         cmemb++;                                       //连续空内存块个数增加
27.       }
28.       else
29.       {
30.         cmemb = 0;                                     //连续内存块清零
31.       }
32.       if(cmemb == nmemb)                               //找到了连续 nmemb 个空内存块
33.       {
34.         for(i = 0; i < nmemb; i++)                     //标注内存块非空
35.         {
36.           s_structMallocDev.memoryMap[memx][offset + i] = nmemb;
37.         }
38.         return (offset * c_iMemoryBlkSize[memx]);      //返回偏移地址
39.       }
40.     }
41.     return 0XFFFFFFFF;                                 //未找到符合分配条件的内存块
42.   }
```

在 MallocMemory 函数实现区后为 FreeMemory 函数的实现代码，用于内存释放，如程序清单 6-9 所示。参数 memx 为所属内存池，offset 为内存偏移地址。注意，内存释放并不清除对应内存池中的内容，而是在内存管理表中标记该内存块为未使用，可以再次对该内存块写入数据，写入的数据将覆盖原内容。

（1）第 3 至 5 行代码：定义变量 i 用于循环计数，定义 index 变量用于存储偏移所在内存块号，定义 nmemb 变量用于存储计算得出的需要的内存块数。

（2）第 7 至 11 行代码：首先通过 memoryRdy 标志判断内存池是否已被初始化，若未初始化则先通过 s_structMallocDev 结构体调用 InitMemory 函数进行初始化，并返回数值 1，程序结束。

（3）第 13 至 16 行代码：如果偏移在内存池内，则计算偏移所在的内存块号，读取内存块个数所指的内存区域。

（4）第 17 至 21 行代码：将内存管理表中对应的数值都清零，以释放内存。释放完毕后，返回数值 0，程序结束。

（5）第 23 至 25 行代码：如果偏移在内存池外，则返回数值 2，程序结束。

程序清单 6-9

```
1.    static   u8       FreeMemory(u8 memx, u32 offset)
2.    {
3.      int i;
4.      int index;
5.      int nmemb;
6.
7.      if(!s_structMallocDev.memoryRdy[memx])              //未初始化，先执行初始化
8.        {
9.                s_structMallocDev.init(memx);
10.       return 1;                                         //未初始化
11.     }
12.
13.     if(offset < c_iMemorySize[memx])                    //偏移在内存池内
14.     {
15.       index = offset / c_iMemoryBlkSize[memx];          //偏移所在内存块号码
16.       nmemb = s_structMallocDev.memoryMap[memx][index]; //内存块数量
17.       for(i = 0; i < nmemb; i++)                        //内存块清零
18.       {
19.         s_structMallocDev.memoryMap[memx][index+i] = 0;
20.       }
21.       return 0;
22.     }
23.     else
24.     {
25.       return 2;                                         //偏移超区了
26.     }
27.   }
```

在"API 函数实现"区，首先实现了 InitMemory 函数，如程序清单 6-10 所示。该函数用于将参数 memx 所指定的内存池中的数据清零，并将 memoryRdy 标志置为 1。

程序清单 6-10

```
1.    void InitMemory(u8 memx)
2.    {
3.      SetMemory(s_structMallocDev.memoryMap[memx], 0, c_iMemoryTblSize[memx] * 4);
                                                           //内存状态表数据清零
4.      s_structMallocDev.memoryRdy[memx] = 1;             //内存管理初始化完成
5.    }
```

在 InitMemory 函数后的 MemoryPerused 函数，用于获得内存使用率，如程序清单 6-11 所示。MemoryPerused 函数通过统计其参数 memx 所指定的内存管理表上项值不为 0 的块来获得总使用率并除以内存块总数，在百分比的基础上再扩大 10 倍，最终返回的数值为 0～1000，代表使用率为 0.0%～100.0%。

程序清单 6-11

```
1.   u16 MemoryPerused(u8 memx)
2.   {
3.     u32 used = 0;
4.     u32 i;
5.
6.     for(i = 0; i < c_iMemoryTblSize[memx]; i++)
7.     {
8.       if(s_structMallocDev.memoryMap[memx][i])
9.       {
10.          used++;
11.      }
12.    }
13.    return (used * 1000) / (c_iMemoryTblSize[memx]);
14. }
```

在 MemoryPerused 函数实现区后为 MyFree 函数的实现代码，用于内存释放，如程序清单 6-12 所示。MyFree 函数使用其输入参数 ptr 指定的内存首地址减去输入参数 memx 指定的内存池的起始地址，以获得其偏移量，并调用 FreeMemory 函数进行内存释放。

程序清单 6-12

```
1.   void MyFree(u8 memx, void* ptr)
2.   {
3.     u32 offset;
4.     if(ptr == NULL)
5.     {
6.       return;                          //地址为 0
7.     }
8.     offset = (u32)ptr - (u32)s_structMallocDev.memoryBase[memx];
9.     FreeMemory(memx, offset);          //释放内存
10. }
```

在 MyFree 函数实现区后为 MyMalloc 函数的实现代码，用于内存分配，如程序清单 6-13 所示。MyMalloc 函数参数 memx 为所属内存池；size 为要分配的内存大小，单位为字节。该函数首先调用 MallocMemory 获得一个从首地址开始的偏移量，并返回分配到内存的首地址。

程序清单 6-13

```
1.   void* MyMalloc(u8 memx, u32 size)
2.   {
3.     u32 offset;
4.
5.     offset = MallocMemory(memx, size);
6.     if(offset == 0XFFFFFFFF)
7.     {
8.       return NULL;
```

```
9.      }
10.     else
11.     {
12.        return (void*)((u32)s_structMallocDev.memoryBase[memx] + offset);
13.     }
14.  }
```

　　MyMalloc 函数后的 MyRealloc 函数用于重新分配内存，如程序清单 6-14 所示。参数 memx 为所属内存块；ptr 为内存首地址；size 为内存大小，单位为字节。重新分配内存函数一般是对给定的指针所指向的内存空间进行扩大或缩小，在本实验中暂未使用。

程序清单 6-14

```
1.   void* MyRealloc(u8 memx, void* ptr, u32 size)
2.   {
3.      u32 offset;
4.      offset = MallocMemory(memx, size);
5.      if(offset == 0XFFFFFFFF)
6.      {
7.         return NULL;
8.      }
9.      else
10.     {
11.        //复制旧内存区内容到新内存区
12.        CopyMemory((void*)((u32)s_structMallocDev.memoryBase[memx] + offset), ptr, size);
13.
14.        //释放旧内存区
15.        MyFree(memx, ptr);
16.
17.        //返回新内存首地址
18.        return (void*)((u32)s_structMallocDev.memoryBase[memx] + offset);
19.     }
20.  }
```

6.3.2　MallocTop 文件对

1．MallocTop.h 文件

　　在 MallocTop.h 文件的"API 函数声明"区，声明了 2 个 API 函数，如程序清单 6-15 所示。InitMallocTop 函数的主要功能是初始化内存管理实验顶层模块；MallocTopTask 函数用于执行内存管理实验顶层模块任务。

程序清单 6-15

```
void InitMallocTop(void);              //初始化内存管理实验顶层模块
void MallocTopTask(void);              //内存管理实验顶层模块任务
```

2．MallocTop.c 文件

在 MallocTop.c 文件的"宏定义"区，首先定义了每次内存申请量，如程序清单 6-16 所示。按下屏幕上的 InSRAM 按钮，将申请 1KB 内存；按下 ExSRAM 按钮将申请 50KB 内存。

程序清单 6-16

```
#define IN_MALLOC_SIZE (1024 * 1)        //内部 SRAM 内存申请量
#define EX_MALLOC_SIZE (1024 * 50)       //外拓 SRAM 内存申请量
```

在"内部变量定义"区，定义了 GUI 设备结构体 s_structGUIDev、内存申请指针及内外部 SRAM 访问标志 s_iPointerPlace，如程序清单 6-17 所示。其中 GUI 设备结构体 StructGUIDev 在 GUITop.h 文件中声明，该结构体中的 4 个内部函数包括内存池大小、按钮回调函数、内存使用量波形显示及内存使用量等信息，如程序清单 6-18 所示。

程序清单 6-17

```
static StructGUIDev s_structGUIDev;          //GUI 设备结构体
static u8*           s_pMalloc = NULL;        //内存申请指针
static u8            s_iPointerPlace = 0;     //0-当前指针指向内部 SRAM 区；1-当前指针指向外部 SRAM
```

程序清单 6-18

```
1.    static void InSramMallcCallback(void);      //从内部 SRAM 申请内存按钮回调函数
2.    static void ExSramMallcCallback(void);      //从外部 SRAM 申请内存按钮回调函数
3.    static void FreeCallback(void);             //内存释放按钮回调函数
4.    static void updateMamInfoShow(u8 mem);      //更新内存信息显示函数
```

在"内部函数实现"区，首先实现了内部 SRAM 申请内存按键回调函数 InSramMallcCallback，以及外部 SRAM 申请内存按键回调函数 ExSramMallcCallback，如程序清单 6-19 所示。每次单击屏幕上的 InSRAM 按钮或 ExSRAM 按钮，都会调用 InSramMallcCallback 函数或 ExSramMallcCallback 函数来申请内存。下面按照顺序解释说明这两个函数中的语句。

（1）第 4 行代码：调用 MyMalloc 函数来申请内部 SRAM 中的内存，并将该内存的首地址赋值给指针 s_pMalloc。

（2）第 5 行代码：更新内外部 SRAM 访问标志 s_iPointerPlace，以 0 标识目前指针指向内部 SRAM。

（3）第 6 行代码：调用 printf 函数，通过串口输出指针数值。

（4）第 9 行代码：调用 updateMamInfoShow 函数更新内存显示信息。

（5）第 12 至 21 行代码：将相关参数替换为外部 SRAM。

程序清单 6-19

```
1.    static void InSramMallcCallback(void)
2.    {
3.      //内存申请
4.      s_pMalloc = MyMalloc(SRAMIN, IN_MALLOC_SIZE);
```

```
5.     s_iPointerPlace = 0;
6.     printf("指针数值：0x%08X\r\n", (u32)s_pMalloc);
7.
8.     //更新内存信息显示
9.     updateMamInfoShow(SRAMIN);
10.  }
11.
12.  static void ExSramMallcCallback(void)
13.  {
14.     //内存申请
15.     s_pMalloc = MyMalloc(SRAMEX, EX_MALLOC_SIZE);
16.     s_iPointerPlace = 1;
17.     printf("指针数值：0x%08X\r\n", (u32)s_pMalloc);
18.
19.     //更新内存信息显示
20.     updateMamInfoShow(SRAMEX);
21.  }
```

在"内部函数实现"区，实现了 FreeCallback 函数，如程序清单 6-20 所示。该函数为内存释放按钮回调函数，每次单击屏幕上的 Free 按钮，都会调用 FreeCallback 函数来释放内存。

（1）第 4 行代码：判断指针所处的位置是否处于内部 SRAM 中。

（2）第 7 行代码：调用 MyFree 函数对指针所指向的连续内存块进行释放。内存释放后，s_pMalloc 指针并不会更新，因此只能释放对应上一次申请的内存。

（3）第 10 行代码：调用 updateMamInfoShow 函数更新内存显示信息。

（4）第 14 至 21 行代码：将相关参数替换为外部 SRAM。

程序清单 6-20

```
1.     static void FreeCallback(void)
2.     {
3.        //内部 SRAM
4.        if(0 == s_iPointerPlace)
5.        {
6.           //释放内存
7.           MyFree(SRAMIN, s_pMalloc);
8.
9.           //更新内存信息显示
10.          updateMamInfoShow(SRAMIN);
11.       }
12.
13.       //外部 SRAM
14.       else if(1 == s_iPointerPlace)
15.       {
16.          //释放内存
17.          MyFree(SRAMEX, s_pMalloc);
18.
19.          //更新内存信息显示
```

```
20.        updateMamInfoShow(SRAMEX);
21.      }
22.  }
```

在 FreeCallback 函数后的 updateMamInfoShow 函数（如程序清单 6-21 所示）用于更新 GUI 上方的内存信息显示，包括内存用量、剩余内存等，参数 mem 为内部或外部 SRAM 标志。

（1）第 4 行代码：定义 usage 和 free 变量，分别用于存储内存使用量与剩余量。

（2）第 7 行代码：判断需要更新的内存块是否为内部 SRAM。

（3）第 10 行代码：调用 MemoryPerused 函数计算使用率，将其返回值赋值给 usage 变量。

（4）第 13 至 19 行代码：由于 MemoryPerused 计算结果在百分比的基础上扩大了 10 倍（0~1000，代表 0.0%~100.0%），因此令 usage 除以 1000 后再与 MEM1_MAX_SIZE 相乘，得到字节使用量，并对该运算结果向上取整。

（5）第 22 行代码：将所有内存的字节数减去已使用的字节数，得到剩余字节数。

（6）第 25 行代码：调用在 GUITop.c 文件中实现的 updateInSRAMInfo 函数，可计算得出内存用量及剩余内存，更新至 GUI 上方的文字信息显示区域。

程序清单 6-21

```
1.   static void updateMamInfoShow(u8 mem)
2.   {
3.       //内存使用量与剩余量
4.       u32 usage, free;
5.
6.       //内部 SRAM
7.       if(SRAMIN == mem)
8.       {
9.           //获取内存使用率
10.          usage = MemoryPerused(SRAMIN);
11.
12.          //计算字节使用量
13.          usage = MEM1_MAX_SIZE * usage / 1000;
14.
15.          //向上取整
16.          while(0 != (usage % IN_MALLOC_SIZE))
17.          {
18.              usage++;
19.          }
20.
21.          //计算剩余字节数
22.          free = MEM1_MAX_SIZE - usage;
23.
24.          //更新显示
25.          s_structGUIDev.updateInSRAMInfo(usage, free);
26.      }
27.
```

```
28.     //外部 SRAM
29.     else if(SRAMEX == mem)
30.     {
31.         //获取内存使用率
32.         usage = MemoryPerused(SRAMEX);
33.
34.         //计算字节使用量
35.         usage = MEM2_MAX_SIZE * usage / 1000;
36.
37.         //向上取整
38.         while(0 != (usage % EX_MALLOC_SIZE))
39.         {
40.             usage++;
41.         }
42.
43.         //计算剩余字节数
44.         free = MEM2_MAX_SIZE - usage;
45.
46.         //更新显示
47.         s_structGUIDev.updateExSRAMInfo(usage, free);
48.     }
49. }
```

在"API 函数实现"区，首先实现了 InitMallocTop 函数，如程序清单 6-22 所示。该函数用于初始化内存管理实验顶层模块，对 GUI 结构体 s_structGUIDev 成员传入相应的回调函数地址，并初始化 GUI 显示界面。

程序清单 6-22

```
1.  void InitMallocTop(void)
2.  {
3.      //内、外两个内存池显示大小
4.      s_structGUIDev.inMallocSize = MEM1_MAX_SIZE;
5.      s_structGUIDev.exMallocSize = MEM2_MAX_SIZE;
6.
7.      //回调函数
8.      s_structGUIDev.mallocInButtonCallback = InSramMallcCallback;
9.      s_structGUIDev.mallocExButtonCallback = ExSramMallcCallback;
10.     s_structGUIDev.freeButtonCallback = FreeCallback;
11.
12.     //初始化 GUI 显示界面
13.     InitGUI(&s_structGUIDev);
14. }
```

在 InitMallocTop 函数实现区后为 MallocTopTask 函数的实现代码，在该函数中执行内存管理实验顶层模块任务，如程序清单 6-23 所示。该函数每隔 250ms 获取一次内部 SRAM 和外部 SRAM 使用量，并调用 s_structGUIDev.addMemoryWave 指向的 GUIGraphAddrPoint 函数增加显示用数据点，其中 GUIGraphAddrPoint 函数在 GUIGraph.c 文件中实现。最后，调用

GUI 任务，执行按钮扫描和显示刷新操作。

程序清单 6-23

```
1.   void MallocTopTask(void)
2.   {
3.     //上次添加波形点
4.     static u64 s_iLastTime = 0;
5.
6.     //内部 SRAM 和外部 SRAM 使用量
7.     u16 inSramUse, exSramUse;
8.
9.     //每隔 250ms 添加一次内存使用量
10.    if((GetSysTime() - s_iLastTime) >= 250)
11.    {
12.      s_iLastTime = GetSysTime();
13.      inSramUse = MemoryPerused(SRAMIN);
14.      exSramUse = MemoryPerused(SRAMEX);
15.      s_structGUIDev.addMemoryWave(inSramUse / 10, exSramUse / 10);
16.    }
17.
18.    //GUI 任务
19.    GUITask();
20.  }
```

6.3.3　Main.c 文件

Proc2msTask 函数的实现代码如程序清单 6-24 所示，调用了 MallocTopTask 函数，该函数每 20ms 执行一次内存管理实验顶层模块任务。

程序清单 6-24

```
1.   static   void   Proc2msTask(void)
2.   {
3.     static u32 s_iCnt = 0;
4.
5.     if(Get2msFlag())          //判断 2ms 标志位状态
6.     {
7.       s_iCnt++;
8.       if(s_iCnt > 10)
9.       {
10.        s_iCnt = 0;
11.        MallocTopTask();
12.      }
13.      Clr2msFlag();           //清除 2ms 标志位
14.    }
15.  }
```

6.3.4 实验结果

下载程序并进行复位，可以观察到开发板上的 LCD 显示的内存管理实验 GUI 界面，如图 6-4 所示。按下 InSRAM 或 ExSRAM 按钮后，内存使用率增加。按下 Free 按钮后，释放上一次申请的内存。每次内存分配或释放操作后，内存占用信息用图形和文字形式显示。

图 6-4 内存管理实验 GUI 界面

本 章 任 务

基于本章实验，编写程序实现 GUI 界面显示内容及形式控制。具体要求如下：使用 KEY$_1$ 按键申请一块外部 SRAM 内存，保存一块区域的 GUI 背景图。按下 KEY$_2$ 按键在此区域内显示字符串"test"，如图 6-5 所示。按下 KEY$_3$ 按键取出保存在外部 SRAM 中的背景进行重绘，将 GUI 界面恢复至如图 6-4 所示的初始状态，并且释放已申请的内存。要求内存申请与释放操作时内存占用信息均能更新到 GUI 文字显示区域。

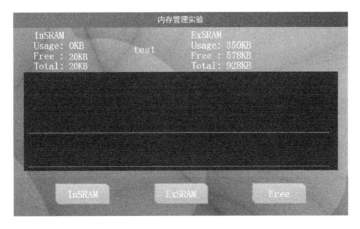

图 6-5 在 GUI 上显示"test"字符串

任务提示：

1. 添加 KeyOne 及 ProKeyOne 文件对。

2. 首先调用 GUISaveBackground 函数保存背景，然后调用 GUIDrawTextLine 函数在 GUI 上打印字符串，最后调用 GUIDrawBackground 函数重绘背景。

本 章 习 题

1. 简述分块式内存管理的原理。

2. 简述造成内存泄漏的原因。

3. 若需要同时申请并使用多块内存，如何避免内存泄漏？

第7章 读写SD卡实验

由于微控制器系统在完成某些功能时需要存储大量数据,如录像、LCD显示等,因此需要将存储设备作为外设来增加微控制器的存储空间,常见的存储设备有SRAM、Flash和SD卡等,其中SD卡具有容量大、多尺寸选择的优点,应用十分广泛。本章将学习微控制器与SD卡的通信方式及其SDIO接口。

7.1 实 验 内 容

本章的主要内容是学习SDIO结构、协议等内容,包括SD卡及其内部结构、SD卡与微控制器传输方面的内容、SD卡有关的状态位、SD卡的操作模式、SDIO接口传输数据的格式。最后基于GD32F3苹果派开发板设计一个读写SD卡实验,通过LCD显示屏上的GUI界面,实现读写SD卡。

7.2 实 验 原 理

7.2.1 SDIO 模块

SDIO是Secure Digital Input and Output的缩写,即安全的数字输入/输出接口。它是在SD卡协议基础上发展而来的一种I/O接口,该接口提供AHB系统总线与SD存储卡、SDIO卡、MMC卡等类型设备和CE-ATA设备之间的数据传输。

GD32F3苹果派开发板具有SDIO接口,通过该接口可实现微控制器与SD存储卡设备之间的数据传输。开发板上的TF卡座电路原理图如图7-1所示,与TF卡座适配的SD卡为

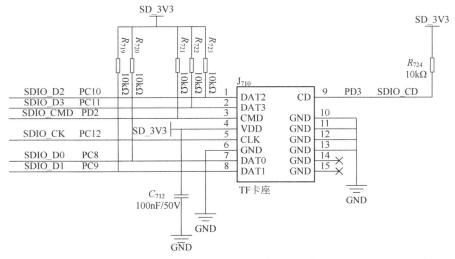

图7-1 TF卡座电路原理图

MicroSD 卡（TF 卡也称 MicroSD 卡）。在原理图中，SDIO_CK 对应 GD32F303ZET6 微控制器的 PC12 引脚，在本实验中该引脚被复用为 SDIO 接口的 CLK 线；SDIO_CMD 对应 PD2 引脚，该引脚被复用为 SDIO 接口的 CMD 线，SDIO_D0～SDIO_D3 对应 PC8～PC11 引脚，作为 SDIO 接口的数据线。另外，TF 卡座使用 SDIO_CD 作为片选引脚，通过检测该引脚的电平，可以判断 SD 卡是否正常插入。

7.2.2 SDIO 结构框图

SDIO 结构框图如图 7-2 所示，GD32F3 苹果派开发板的 SDIO 控制器由 AHB 接口和 SDIO 适配器组成，其中，AHB 接口包括数据 FIFO 单元、寄存器单元和中断及 DMA 逻辑，FIFO 单元通过数据缓冲区发送和接收数据，寄存器单元包含所有的 SDIO 寄存器，用于控制微控制器与 SD 卡之间的通信。SDIO 适配器由控制单元、命令单元和数据单元组成，控制单元向 SD 卡传输时钟信号，并控制 SD 卡的通电和关电状态；命令单元实现开发板与 SD 卡之间的命令发送和接收，通过命令状态机（CSM）控制命令传输；数据单元实现开发板与 SD 卡之间的数据发送和接收，通过数据状态机（DSM）控制数据传输。

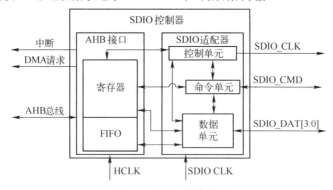

图 7-2　SDIO 结构框图

SDIO 与 SD 卡之间通过 6 条线进行通信，包括 1 条时钟线、1 条命令线和 4 条数据线，如图 7-2 的右侧部分所示。其中，时钟线上传输 SDIO 发出的时钟信号，根据传输协议，数据传输在 CLK 时钟线的上升沿有效。命令线上传输 SDIO 发送至 SD 卡的命令，以及 SD 卡发送至主机的响应。SDIO 协议可以选择 1 条、4 条或 8 条数据线来传输数据，本实验使用 4 条数据线。

7.2.3 SD 卡结构框图

SD 卡结构框图如图 7-3 所示，包括 5 个部分：存储单元用于存储数据，SD 卡读写以块为单位，一个块的大小为 512 字节，存储空间为 64MB 的 SD 卡共有 64×1024×1024/512=131072 块；存储单元接口是存储单元与卡控制单元进行数据传输的通道；电源检测用于保证 SD 卡在合

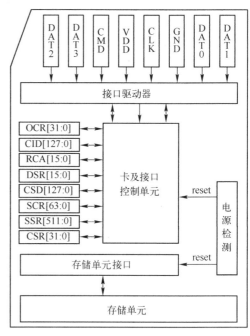

图 7-3　SD 卡结构框图

适的电压下工作，在加电时复位控制单元和存储单元接口；卡及接口控制单元通过 8 个寄存器控制并记录 SD 卡的运行状态；接口驱动器由接口控制单元控制，完成 SD 卡引脚的输入/输出。

卡及接口控制单元包含 8 个寄存器，对各个寄存器的描述如表 7-1 所示。寄存器各个位的具体描述可参见文档《SD2.0 协议标准完整版》（位于本书配套资料包"09.参考资料\07.读写 SD 卡实验参考资料"文件夹下）的第 5 章。

表 7-1　寄存器描述

寄存器名称	宽度/bit	描　　　述
OCR	32	存储卡的电压描述和存取模式指示（MMC）
CID	128	存储卡识别阶段使用的卡识别信息
RCA	16	存储相对卡地址寄存器存放的卡地址
DSR	16	可选寄存器，可用于在扩展操作条件中提高总线性能
CSD	128	存储访问卡中的内容信息
SCR	64	存储被配置到特定 SD 存储卡的特殊功能的信息
SSR	512	存储 SD 卡专有特征的信息，即 SD 状态
CSR	32	存储存放 SD 卡状态信息，即卡状态

7.2.4　SDIO 传输内容

SDIO 与 SD 卡传输的内容可分为命令和数据。命令在 CMD 线上串行传输，数据在 DAT[3:0]线上并行传输。其中，命令又可分为主机发送至 SD 卡的命令和 SD 卡发送至主机的响应。

1. 命令

SDIO 发送至 SD 卡的命令可根据发送范围及是否接收响应分为 4 种类型，如表 7-2 所示。

表 7-2　命令类型及描述

命　令　类　型	命　令　描　述
无响应广播命令（bc）	发送给所有从机（本处为 SD 卡），并且不接收响应
带响应广播命令（bcr）	发送给所有从机，并接收响应
寻址命令（ac）	发送至对应地址的从机，并且不接收数据
寻址数据传输命令（adtc）	发送至对应地址的从机，并且接收数据

命令可分为通用命令（CMD）和应用命令（ACMD），应用命令是 SD 卡制造商特定的命令，发送应用命令的方法为先通过 CMD 线发送 CMD55 命令，再发送 CMDx 命令，此时 SD 卡将其视为 SDIO 的 ACMDx 命令。

不同命令的具体描述可参见文档《SD2.0 协议标准完整版》的 4.7.4 节。

主机发送至 SD 卡的命令在 CMD 线上串行传输，传输格式如图 7-4 所示。起始位与终止位各包含一个数据位，起始位为 0，终止位为 1，分别表示命令传输的起始和结束。传输标志用于表示传输方向，主机传输到 SD 卡时为 1，SD 卡传输到主机时为 0，即传输命令时传输标志为 1，传输响应时传输标志为 0。命令号占 6 位，代表 2^6=64 个命令。参数大小为 32 位，用于传输命令有关的参数或地址数据。CRC 校验位占 7 位，用于检验传输数据的正确性，检验失败将导致 SD 卡不执行相应命令。

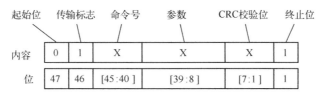

图 7-4　命令传输格式

2. 响应

SD 卡发送至主机的响应分为 7 种类型，如表 7-3 所示。

不同响应的具体描述可参见文档《SD2.0 协议标准完整版》中的 4.9.1～4.9.7 节。

响应为 SD 卡对主机命令的回应，当 SDIO 发送不同的命令时，SD 卡根据主机的要求，发送不同的响应。注意，有些命令不需要响应，如表 7-2 所示的无响应广播命令。响应同样在 CMD 线上串行传输，其传输格式与命令传输格式相同。

表 7-3　响应类型

响应类型	描　　述
R1	普通命令响应
R2	CID，CSD 寄存器
R3	OCR 寄存器
R4	Fast I/O
R5	中断请求
R6	RCA 响应
R7	卡接口条件

7.2.5　SD 卡状态信息

SD 卡支持两种状态信息：卡状态和 SD 状态。卡状态包含命令执行的错误和状态信息相关的状态位，该状态大小为 32 位，存储于 CSR 寄存器中。卡状态在响应 R1（普通命令响应）中标识，卡状态标志位存储于如图 7-4 所示的大小为 32 位的参数项中，当发送的命令要求 R1 响应时，卡状态标志位会随着响应发出。部分卡状态标志位如表 7-4 所示。卡状态标志位的完整描述可参见文档《SD2.0 协议标准完整版》的 4.10.1 节。

表 7-4　部分卡状态标志位

位	标　识	类　型	值	描　述	清除条件
31	OUT_OF_RANGE	ERX	0=no error；1=error	命令的参数超出卡的接收范围	C
30	ADDRESS_ERROR	ERX	0=no error；1=error	没对齐的地址，同命令中使用的块长度不匹配	C
⋮					
25	CARD_IS_LOCKED	SX	0=card unlocked；1=card locked	表明卡被主机加锁	A
24	LOCK_UNLOCK_FAILED	ERX	0=no error；1=error	加锁/解锁命令发生错误	C
23	COM_CRC_ERROR	ER	0=no error；1=error	前一个命令的 CRC 检查错误	B
⋮					
19	ERROR	ERX	0=no error；1=error	通用或未知错误	C
⋮					

其中，类型和清除条件的缩写说明如表 7-5 和表 7-6 所示。

表 7-5　类型缩写说明

缩　写	说　明
E	错误位
S	状态位
R	检测和设置实际的命令响应
X	在命令执行期间，检测和设置

表 7-6　清除条件缩写说明

缩　写	说　明
A	对应卡当前状态
B	与上一条命令相关
C	读之后就清除

SD 状态中包含与 SD 卡属性功能相关的状态位，该状态位大小为 512 字节，存储于 SSR 寄存器中。当主机发送 ACMD13 命令至 SD 卡后，SD 状态会通过 DAT[3:0] 线发送给主机。部分 SD 状态标志位如表 7-7 所示。SD 状态标志位的完整描述可参见文档《SD2.0 协议标准完整版》的 4.10.2 节。

表 7-7 部分 SD 状态标志位

位	标 识	类 型	值	描 述	清除条件
511:510	DAT_BUS_WIDTH	SR	00=1 默认；01=保留；10=4 位宽；11=保留	SET_BUS_WIDTH 定义的当前总线宽度	A
509	SECURED_MODE	SR	0=不是担保模式；1=担保模式	参考 SD Security Specification	A
508:496			保留		
495:480	SD_CARD_TYPE	SR	00xxh=V1.01-2.0；0000h=常规读写卡；0001h=SD Rom 卡	SD_CARD_TYPE 表明卡的类型	A
			......		

7.2.6 SD 卡操作模式

SD 卡从插入开发板上的卡槽到结束传输数据共经过两种模式：卡识别模式和数据传输模式。

卡识别模式包含卡从空闲状态到待机状态的过程。当 SD 卡插入主机并上电时，首先处于空闲状态，主机通过不同命令检测 SD 卡的相应参数，并根据参数使 SD 卡最终处于待机状态或无效状态。卡识别模式阶段的时钟频率用 FOD 表示，最高为 400kHz，其状态转换图如图 7-5 所示。

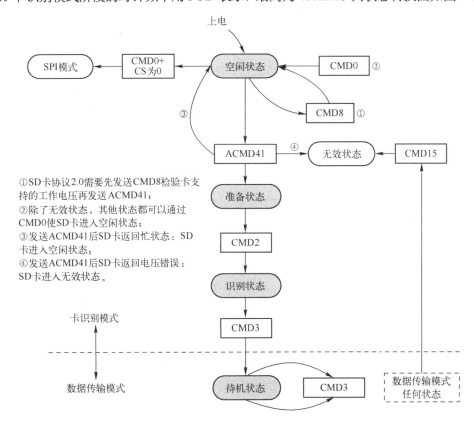

图 7-5 卡识别模式状态转换图

卡识别模式状态的说明如表 7-8 所示。

表 7-8 卡识别模式状态

状 态	说 明
空闲状态	上电后的初始状态,可通过 CMD0 跳转至该状态
准备状态	发送给所有从机(SD 卡),并接收响应
识别状态	发送至对应地址的从机,并且不接收数据
无效状态	发送至对应地址的从机,并且接收数据

数据传输模式包含卡从待机状态到断开连接状态的过程。当 SD 卡结束卡识别模式后,首先处于待机状态,主机可以通过 CMD7 命令使 SD 卡进入传输状态,并通过不同命令控制 SD 卡进入发送或接收数据状态。数据传输模式阶段的时钟频率用 FPP 表示,最高为 25～50MHz。数据传输模式的状态转换图如图 7-6 所示。

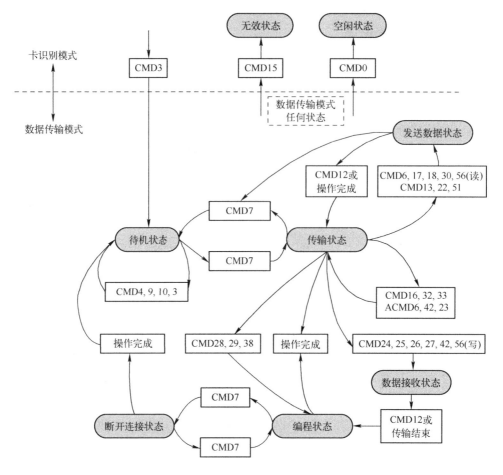

图 7-6 数据传输模式状态转换图

数据传输模式的状态说明如表 7-9 所示。

表 7-9　数据传输模式的状态

状　　态	说　　明
待机状态	结束识别后的初始状态，可通过 CMD7 跳转至传输状态，该状态可同时存在复数卡
传输状态	同一时间仅有一张卡处于传输状态
发送数据状态	主机发送相应命令后，SD 卡开始进行数据发送
数据接收状态	主机发送相应命令后，SD 卡开始接收相应数据
编程状态	数据接收完成后进入该状态，可通过命令进入传输状态或断开连接状态
断开连接状态	结束传输状态，将 SD 卡重新设置为待机状态

7.2.7　SDIO 总线协议

SDIO 总线协议如图 7-7 所示，SDIO 接口间的通信通常由主机发送命令，从机接收后执行相应动作并做出响应。数据传输是以"块"的形式传输的，数据块长度可格式化重新设置，通常为 512 字节。数据块传输伴随着 CRC 校验，CRC 校验位由 SD 卡系统硬件生成，用于检测数据传输的正确性。SD 卡写协议包含忙状态检测，该状态通过 SD 卡将 D0 拉低来表示。当数据传输即将结束时，主机将发送停止数据传输的命令，当 SD 卡接收到该命令后，会在接收完数据块后停止接收数据，从数据接收状态重新跳转至传输状态或待机状态。

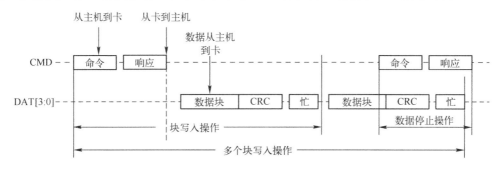

图 7-7　SDIO 总线协议

7.2.8　SDIO 数据包格式

SDIO 数据包有两种格式：常规数据包格式和宽位数据包格式。一般数据块的发送采用常规数据包格式，如图 7-8 所示，先发送高字节再发送低字节，先发高位字节再发低位字节，通过 4 条数据线，按照 DAT3～DAT0 的顺序同步传输。

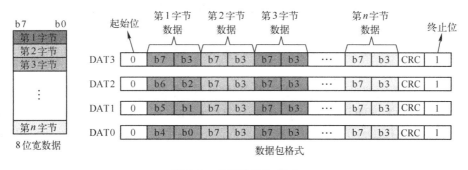

图 7-8　常规数据包格式

宽位数据包格式应用于发送 SD 卡的 SSR 寄存器（512bits）时，在接收 ACMD13 命令后，SD 卡将该寄存器的内容通过宽位数据包格式发送，如图 7-9 所示，4 条数据线按 DAT3～DAT0 的顺序将寄存器的 512bits 数据按从高位到低位的顺序发送。

图 7-9　宽位数据包格式

7.3　实验代码解析

7.3.1　ReadWriteSDCard 文件对

1．ReadWriteSDCard.h 文件

在 ReadWriteSDCard.h 文件的"API 函数声明"区，声明了 2 个 API 函数，如程序清单 7-1 所示。InitReadWriteSDCard 函数用于初始化 SD 卡读写模块，ReadWriteSDCardTask 函数用于读写 SD 卡模块任务。

程序清单 7-1

```
void InitReadWriteSDCard(void);        //初始化读写 SD 卡模块
void ReadWriteSDCardTask(void);        //读写 SD 卡模块任务
```

2．ReadWriteSDCard.c 文件

在 ReadWriteSDCard.c 文件的"包含头文件"区，包含了 SDCard.h 和 LCD.h 等头文件，SDCard.c 文件包含对 SD 卡的块进行读写的函数，ReadWriteSDCard.c 文件需要通过调用这些函数完成对 SD 卡的读写，因此需要包含 SDCard.h 头文件。由于地址、数据等信息都通过 LCD 屏显示，因此，还需要包含 LCD.h 头文件。

在"宏定义"区，定义了显示字符的最大长度 MAX_STRING_LEN 为 64，即 LCD 显示字符串的最大长度为 64 位。

在"内部变量定义"区，定义了内部变量 s_structGUIDev、s_arrSDBuffer[2048]、s_arrStringBuff [MAX_STRING_LEN]、s_structSDCardInfo 和 s_enumSDCardStatus，如程序清单 7-2 所示。s_structGUIDev 为 GUI 的结构体，包含读写地址和读写函数等数据，s_arrSDBuffer[2048] 为 SD 卡读写缓冲区，2048 表示该工程每次读写 SD 卡的最大数据为 2048 字节，s_arrStringBuff[MAX_STRING_LEN]为字符串转换缓冲区，最多转换 64 个字符，s_structSDCardInfo

为包含 SD 卡信息的结构体，s_enumSDCardStatus 为 SD 卡插入标志位。

程序清单 7-2

```
1.   static StructGUIDev s_structGUIDev;                    //GUI 设备结构体
2.   static u8     s_arrSDBuffer[2048];                     //SD 卡读写缓冲区
3.   static char s_arrStringBuff[MAX_STRING_LEN];           //字符串转换缓冲区
4.   static sd_card_info_struct s_structSDCardInfo;         //SD 卡信息
5.   static sd_error_enum              s_enumSDCardStatus;  //SD 卡在线检测
```

在"内部函数声明"区，声明了 6 个内部函数，如程序清单 7-3 所示。Read 函数用于根据参数读取 SD 卡对应位置相应长度的字节数；Write 函数用于根据参数向 SD 卡的相应位置写入 1 字节数据；ReadSDCard 函数用于检验环境、参数是否正确并调用 Read 函数读取数据，并将信息显示于 LCD 屏和串口助手上；WriteSDCard 函数用于检验环境、参数是否正确并调用 Write 函数写入数据，同样将信息显示于 LCD 屏和串口助手上；PrintSDInfo 函数用于根据输入的结构体参数，将 SD 卡信息发送至串口助手并显示；InitSDCard 函数用于初始化 SD 卡。

程序清单 7-3

```
1.   static u8*  Read(u32 addr, u32 len);                   //按字节读取 SD 卡
2.   static void Write(u32 addr, u8 data);                  //按字节写入 SD 卡
3.   static void ReadSDCard(u32 addr, u32 len);             //读取 SD 卡
4.   static void WriteSDCard(u32 addr, u8 data);            //写入 SD 卡
5.   static void PrintSDInfo(sd_card_info_struct *pcardinfo); //打印 SD 卡信息
6.   static void InitSDCard(void);                          //初始化 SD 卡
```

在"内部函数实现"区，首先实现了 Read 函数，如程序清单 7-4 所示。下面按照顺序解释说明 Read 函数中的语句。

（1）第 8 至 13 行代码：由于 SD 卡是通过块读写传输数据的，因此 Read 函数首先通过 while 语句获得读取地址相对应的数据块的首地址及相应的偏移地址。

（2）第 16 至 38 行代码：设置数据保存的缓冲区 buff，并根据偏移地址计算需要读取的长度 len，通过 while 语句，先计算剩余读取长度，再将当前读取地址对应的数据块通过 sd_block_read 函数读取至数据缓冲区 buff。

程序清单 7-4

```
1.   static u8* Read(u32 addr, u32 len)
2.   {
3.       u32 addrOffset;     //目标地址与实际写入地址偏移量
4.       u8* buff;           //读取缓冲区
5.       u8* result;         //返回地址
6.
7.       //查找数据块首地址
8.       addrOffset = 0;
9.       while(0 != (addr % s_structSDCardInfo.card_blocksize))
10.      {
11.          addr = addr-1;
12.          addrOffset = addrOffset + 1;
```

```
13.      }
14.
15.      //按数据块读入数据并保存到数据缓冲区
16.      buff = s_arrSDBuffer;
17.      len = len + addrOffset;
18.      while(len > 0)
19.      {
20.        //计算剩余读取数据量
21.        if(len >= s_structSDCardInfo.card_blocksize)
22.        {
23.          len = len - s_structSDCardInfo.card_blocksize;
24.        }
25.        else
26.        {
27.          len = 0;
28.        }
29.
30.        //读入整个数据块
31.        sd_block_read(buff, addr, s_structSDCardInfo.card_blocksize);
32.
33.        //设置读取地址为下一个数据块
34.        addr = addr + s_structSDCardInfo.card_blocksize;
35.
36.        //设置下一个读取缓冲区地址
37.        buff = buff + s_structSDCardInfo.card_blocksize;
38.      }
39.
40.      //计算返回地址
41.      result = s_arrSDBuffer + addrOffset;
42.
43.      return result;
44.  }
```

在 Read 函数实现区后为 Write 函数的实现代码，如程序清单 7-5 所示。下面按照顺序解释说明 Write 函数中的语句。

（1）第 7 至 11 行代码：通过 while 语句获得写入地址相应的数据块的首地址和偏移地址。

（2）第 14 至 20 行代码：调用 sd_block_read 函数将写入地址对应的数据块读出，并存入缓冲区，修改写入地址对应的数据后，将整个数据块重新写入。

程序清单 7-5

```
1.   static void Write(u32 addr, u8 data)
2.   {
3.     u32 addrOffset;      //目标地址与实际写入地址偏移量
4.
5.     //查找数据块首地址
6.     addrOffset = 0;
```

```
7.      while(0 != (addr % s_structSDCardInfo.card_blocksize))
8.      {
9.        addr = addr - 1;
10.       addrOffset = addrOffset + 1;
11.     }
12.
13.     //读取整个数据块
14.     sd_block_read(s_arrSDBuffer, addr, s_structSDCardInfo.card_blocksize);
15.
16.     //修改数据块，将要写入的数据存储到数据块指定位置中
17.     s_arrSDBuffer[addrOffset] = data;
18.
19.     //写入修改后的数据块
20.     sd_block_write(s_arrSDBuffer, addr, s_structSDCardInfo.card_blocksize);
21.   }
```

在 Write 函数实现区后为 ReadSDCard 函数的实现代码，该函数检验输入参数后，根据参数将对应的数据从 SD 卡相应的地址读出并打印。如程序清单 7-6 所示。下面按照顺序解释说明 ReadSDCard 函数中的语句。

（1）第 8 行代码：根据变量 s_enumSDCardStatus 检测 SD 卡是否插入。

（2）第 11 至 31 行代码：若 SD 卡已插入，则校验地址是否位于正常范围，若处于正常范围则显示读取信息后通过 Read 函数从 SD 卡中读取相应数据并输出，否则将地址错误的信息输出至 LCD 屏及串口助手。

（3）第 40 至 44 行代码：若 SD 卡未插入，则在 LCD 屏及串口助手输出 SD 卡未插入的提示。

程序清单 7-6

```
1.   static void ReadSDCard(u32 addr, u32 len)
2.   {
3.     u32 i;          //循环变量
4.     u8* buff;       //读取缓冲区
5.     u8   data;      //读取到的数据
6.
7.     //检查 SD 卡是否插入
8.     if(SD_OK == s_enumSDCardStatus)
9.     {
10.      //校验地址范围
11.      if((addr >= s_structGUIDev.beginAddr) && (addr <= s_structGUIDev.endAddr))
12.      {
13.        //输出读取信息到终端和串口
14.        sprintf(s_arrStringBuff, "Read : 0x%08X - 0x%02X\r\n", addr, len);
15.        s_structGUIDev.showLine(s_arrStringBuff);
16.        printf("%s", s_arrStringBuff);
17.
18.        //从 SD 卡中读取数据
19.        buff = Read(addr, len);
```

```
20.
21.        //打印到终端和串口上
22.        for(i = 0; i < len; i++)
23.        {
24.          //读取
25.          data = buff[i];
26.
27.          //输出
28.          sprintf(s_arrStringBuff, "0x%08X: 0x%02X\r\n", addr + i, data);
29.          s_structGUIDev.showLine(s_arrStringBuff);
30.          printf("%s", s_arrStringBuff);
31.        }
32.      }
33.      else
34.      {
35.        //无效地址
36.        s_structGUIDev.showLine("Read: Invalid address\r\n");
37.        printf("Read: Invalid address\r\n");
38.      }
39.    }
40.    else
41.    {
42.      s_structGUIDev.showLine("Read: SD card not inserted\r\n");
43.      printf("Read: SD card not inserted\r\n");
44.    }
45. }
```

在 ReadSDCard 函数实现区后为 WriteSDCard 函数的实现代码，WriteSDCard 函数通过输入参数，将对应的数据写入至 SD 卡相应的地址，其函数体与程序清单 7-6 中的 ReadSDCard 函数大致相同。

在 WriteSDCard 函数实现区后为 PrintSDInfo 函数的实现代码，该函数通过输入参数判断插入的 SD 卡类型后，将 SD 卡的相对地址、容量等信息发送至计算机的串口助手上显示。

在 PrintSDInfo 函数实现区后为 InitSDCard 函数的实现代码。如程序清单 7-7 所示。下面按照顺序解释说明 InitSDCard 函数中的语句。

（1）第 7 至 12 行代码：通过 sd_init 函数初始化 SD 卡，并根据返回值判断初始化结果，若初始化失败则执行相应函数体后重新初始化，直到初始化成功，输出初始化成功的信息至串口助手。

（2）第 15 至 18 行代码：获取并输出 SD 卡信息。

（3）第 21 至 34 行代码：选中准备读写的 SD 卡并检测其是否被锁死，若 SD 卡被锁死则输出"SD card is locked!"并执行相应函数。

（4）第 37 至 43 行代码：若未锁死则设置 SD 卡传输模式为 4 线模式及 DMA 传输模式，并使能 SDIO 的中断以保证 SD 卡正常的数据传输。

程序清单 7-7

```
1.   static void InitSDCard(void)
```

```
2.  {
3.      u8    firstShowFlag;
4.      u32 cardstate;
5.
6.      //初始化 SD 卡
7.      firstShowFlag = 1;
8.      while(SD_OK != sd_init())
9.      {
10.     ...
11.     }
12.     printf("Initialize SD card successfully\r\n");
13.
14.     //获取 SD 卡信息
15.     sd_card_information_get(&s_structSDCardInfo);
16.
17.     //打印输出 SD 卡信息
18.     PrintSDInfo(&s_structSDCardInfo);
19.
20.     //选中 SD 卡
21.     sd_card_select_deselect(s_structSDCardInfo.card_rca);
22.
23.     //查看 SD 卡是否锁死
24.     sd_cardstatus_get(&cardstate);
25.     if(cardstate & 0x02000000)
26.     {
27.         LCDClear(WHITE);
28.         LCDShowString(250, 200, 300, 30, 24, "SD card is locked!");
29.         printf("SD card is locked!\r\n");
30.         while(1)
31.         {
32.         ...
33.         }
34.     }
35.
36.     //切换 SD 卡到 4 线模式
37.     sd_bus_mode_config(SDIO_BUSMODE_4BIT);
38.
39.     //使用 DMA 传输
40.     sd_transfer_mode_config(SD_DMA_MODE);
41.
42.     //使能 SDIO 中断
43.     nvic_irq_enable(SDIO_IRQn, 0, 0);
44. }
```

在"API 函数实现"区，首先实现了 InitReadWriteSDCard 函数，该函数完成 SD 卡的初始化，并实现了 GUI 界面与底层读写函数的连接，如程序清单 7-8 所示。下面按照顺序解释说明 InitReadWriteSDCard 函数中的语句。

（1）第 4 至 13 行代码：调用内部函数 InitSDCard 初始化 SD 卡，并对 SD 卡首地址、结束地址等变量赋值。

（2）第 12 至 16 行代码：将 SD 卡读写函数的地址赋给 GUI 结构体 s_structGUIDev 中的成员变量 writeCallback 和 readCallback，此时，微控制器可根据 GUI 的操作，调用相应的回调函数完成 SD 卡的读写。

（3）第 18 至 27 行代码：通过 InitGUI 函数初始化 GUI 界面和相应的界面参数，并将 SD 卡读写地址范围显示在 LCD 屏及串口助手上。

程序清单 7-8

```
1.   void InitReadWriteSDCard(void)
2.   {
3.     //初始化 SD 卡
4.     InitSDCard();
5.
6.     //SD 卡首地址
7.     s_structGUIDev.beginAddr = 0;
8.
9.     //SD 卡结束地址
10.    s_structGUIDev.endAddr = s_structGUIDev.beginAddr + s_structSDCardInfo.card_capacity - 1;
11.
12.    //设置写入回调函数
13.    s_structGUIDev.writeCallback = WriteSDCard;
14.
15.    //设置读取回调函数
16.    s_structGUIDev.readCallback = ReadSDCard;
17.
18.    //初始化 GUI 界面设计
19.    InitGUI(&s_structGUIDev);//参数为对应的回调函数
20.
21.    //打印地址范围到终端和串口
22.    if(0 == s_structGUIDev.isShowAddr)
23.    {
24.      sprintf(s_arrStringBuff, "Addr: 0x%08X - 0x%08X\r\n", s_structGUIDev.beginAddr, s_structGUIDev.
endAddr);
25.      s_structGUIDev.showLine(s_arrStringBuff);
26.    }
27.    printf("%s", s_arrStringBuff);
28.  }
```

在 InitReadWriteSDCard 函数实现区后为 ReadWriteSDCardTask 函数的实现代码，该函数每隔 40ms 调用一次以完成读写 SD 卡任务，如程序清单 7-9 所示。下面按照顺序解释说明 ReadWriteSDCardTask 函数中的语句。

（1）第 8 至 14 行代码：每隔 1s 调用一次 sd_detect 函数检查卡是否正常插入。

（2）第 17 至 28 行代码：根据标志位 status 判断上一次检测到 SD 卡未正常插入，而此次检测为正常插入，即 SD 卡被重新插入的情况是否出现，若出现该情况则等待 SD 卡插入稳定后，再调用 InitSDCard 函数初始化 SD 卡。

（3）第 29 行代码：若检测失败，即 SD 卡未正常插入，则将失败标志位赋给变量 s_enumSDCardStatus 后继续执行读写 SD 卡任务，此时单击 LCD 屏上的 write 或 read 按钮，显示"Write: SD card not inserted"或"Read: SD card not inserted"等信息。

程序清单 7-9

```
1.  void ReadWriteSDCardTask(void)
2.  {
3.    static u8 s_iTimeCnt = 0;
4.    sd_error_enum status;
5.
6.    //每隔 1s 检查一遍 SD 卡是否存在
7.    s_iTimeCnt++;
8.    if(s_iTimeCnt >= 25)
9.    {
10.     //计时器清零
11.     s_iTimeCnt = 0;
12.
13.     //SD 卡插入检测
14.     status = sd_detect();
15.
16.     //检测到 SD 卡插入则重新初始化 SD 卡
17.     if((SD_ERROR == s_enumSDCardStatus) && (SD_OK == status))
18.     {
19.       //等待 SD 卡插入稳定
20.       DelayNms(1000);
21.
22.       //输出提示信息到串口和终端
23.       printf("Reinitialize the SD card\r\n");
24.       s_structGUIDev.showLine("Reinitialize the SD card\r\n");
25.
26.       //重新初始化
27.       InitSDCard();
28.     }
29.     s_enumSDCardStatus = status;
30.   }
31.
32.   GUITask(); //GUI 任务
33. }
```

7.3.2　SDCard.c 文件

由于底层读写文件 SDCard.c 代码量较大，因此仅介绍部分关键函数的作用。

sd_init 函数用于完成 SD 卡的卡识别模式。该函数首先配置时钟和相应引脚，然后调用 sd_power_on 函数以完成卡识别模式，再完成基本初始化，并通过 sd_card_init 函数获取卡的 CID 和 CSD 信息，最后将传输时钟设置为二分频以进入传输模式。

sd_card_init 函数用于获取卡信息和卡识别状态，即 CID 信息和 CSD 信息。该函数首先检测电源是否正常，若正常则在检测卡类型后发送 CMD2 命令，获取 CID 信息并存入相应数组，然后发送 CMD3 命令获取卡的相对地址，最后再次检测卡类型，发送 CMD9 命令获取 CSD 信息并存入相应数组。

sd_power_on 函数用于完成基本的 SD 卡识别，该函数首先设置了时钟、总线模式，然后使能电源、时钟，再发送 CMD0 命令将卡设置为空闲状态，发送 CMD8 命令获取并检验 SD 卡接口条件，即支持电压，最后通过 ACMD41 命令获取并检验 SD 卡的操作条件，即可操作的卡容量。此时微控制器已完成基本的卡匹配，进入卡识别模式。

sd_block_read 函数用于对 SD 卡读出一个块，即 512 字节的数据。该函数首先检验参数 preadbuffer 是否为空指针，然后失能数据状态机，检测卡状态并检测输入参数，将数据状态机重新使能，配置命令状态机，发送 CMD17 命令使 SD 卡发送一个块的数据，最后根据参数模式，即轮询模式或 DMA 模式读取数据。

sd_block_write 函数用于向 SD 卡写入一个块的数据。该函数首先检验参数 pwritebuffer 是否为空指针，然后失能数据状态机，检测卡状态并检测输入参数，发送 CMD13 命令设置相应标志位，并不断检测 SD 卡是否准备好接收数据，在此之后配置命令状态机，发送 CMD24 命令使 SD 卡准备接收一个块的数据，最后配置数据状态机，根据参数模式写入数据。当数据完成写入后，通过 sd_card_state_get 函数获取卡的状态，等待卡退出编程和接收状态。

sd_erase 函数用于擦除 SD 卡上相应区域。该函数首先根据 CSD 中的信息检验 SD 卡是否支持擦除操作，然后通过 CMD32 命令和 CMD33 命令设置擦除区域的首地址和末地址，再通过 CMD38 命令擦除选定的区域，最后通过 sd_card_state_get 函数获取卡的状态，等待卡退出编程和接收状态。

7.3.3　Main.c 文件

Proc2msTask 函数的实现代码如程序清单 7-10 所示，调用了 ReadWriteSDCardTask 函数，ReadWriteSDCardTask 函数每 40ms 检测一次 SD 卡和 GUI 界面，以实现读写 SD 卡。

程序清单 7-10

```
1.   static  void  Proc2msTask(void)
2.   {
3.     static u8 s_iCnt = 0;
4.     if(Get2msFlag())          //判断 2ms 标志位状态
5.     {
6.       LEDFlicker(250);        //调用闪烁函数
7.
8.       s_iCnt++;
9.       if(s_iCnt >= 20)
10.      {
11.        s_iCnt = 0;
12.        ReadWriteSDCardTask();
13.      }
14.
```

15.　　　　Clr2msFlag();　　//清除 2ms 标志位
16.　　}
17. }

7.3.4　实验结果

将 SD 卡插入 GD32F3 苹果派开发板的 TF 卡座，下载程序并进行复位。可以观察到开发板上的 LCD 屏显示如图 7-10 所示的 GUI 界面。

图 7-10　读写 SD 卡实验 GUI 界面

单击"写入地址"一栏并输入"15"，单击"写入数据"一栏并输入"02"，单击 WRITE 按钮，此时 LCD 屏显示如图 7-11 所示的界面，串口助手输出与 LCD 屏显示相同，表示数据写入成功。

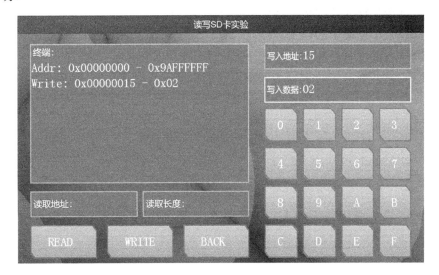

图 7-11　写入数据

单击"读取地址"栏并输入"15"，单击"读取长度"栏并输入"1"，单击 READ 按钮，此时 LCD 屏显示如图 7-12 所示的界面，串口助手输出与 LCD 屏显示相同，表示数据读取成功。

图 7-12　读取数据

本 章 任 务

本章实验将 SDIO 协议的传输模式配置为 DMA 传输，将数据线模式配置为 4 线传输模式，实现了与 SD 卡之间的数据通信。尝试在本章例程的基础上，将传输模式由 DMA 传输改为轮询模式，并将传输数据线的数目改为 1。

本 章 习 题

1．简述 SD 卡从插入数据传输结束的状态转换过程。

2．简述 SD 卡不同命令的作用。

3．简述 SD 卡的卡状态和 SD 状态中不同状态标识的含义。

4．将整型、浮点型、字符型等不同数据类型的变量写入 SD 卡，写入后进行读取并通过串口助手显示。

第 8 章 FatFs 与读写 SD 卡实验

存储空间的作用是存放数据，但如果仅对扇区进行简单的读写，不对数据加以管理，那么存储空间的作用将大大降低。文件系统是一种为了存储和管理数据而在存储介质上建立的组织结构。本章将介绍如何向 SD 卡移植文件系统，并通过不同的文件操作函数管理文件。

8.1 实 验 内 容

本章的主要内容是了解文件系统的概念及其内部的空间分布，掌握文件系统移植的步骤，学习与文件系统操作有关的一系列函数，最后基于 GD32F3 苹果派开发板设计一个 FatFs 与读写 SD 卡实验，实现向 SD 卡移植文件系统，并通过各种文件操作函数将电子书文件的内容显示在开发板的 LCD 屏上，并通过独立按键创建、保存和删除存放阅读进度的文件。

8.2 实 验 原 理

1. 文件系统

文件系统可以理解为一份用于管理数据的代码，其原理是在写入数据时，求解数据的写入地址和格式，并将这些信息随着数据写入相应的地址中，其最大的特点是可以对数据进行管理。使用文件系统时，数据以文件的形式存储。写入新文件时，将在目录创建一个文件索引，文件索引指示文件存放的物理地址，并将数据存储到该地址。当需要读取数据时，可以从目录找到该文件的索引，进而在相应的地址中读取出数据。

Windows 中常见的文件系统格式包括 FAT32、NTFS、exFAT 等。

2. FatFs 文件系统

FatFs 文件系统是一种面向小型嵌入式系统的通用 FAT 文件系统。该系统完全由 ANSIC 语言（即标准 C 语言）编写并且完全独立于底层的 I/O 介质，可以很容易地移植到其他处理器。FatFs 文件系统支持多个存储媒介，具有独立的缓冲区，可以读写多个文件，并且该系统特别根据 8 位和 16 位微控制器进行了优化。

FatFs 文件系统的关系网络如图 8-1 所示，其中物理设备为相应的存储介质，如 Flash、SD 卡等。底层设备输入/输出为用户实现的读/写物理设备的有关函数，即底层存储媒介接口。

FatFs 组件包含 ff.c、diskio.c 等文件，各个文件的描述如表 8-1 所示。最后是用户的应用程序，通过调用 ff.c 文件中的相应函数来实现文件管理。

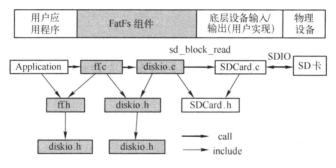

图 8-1　FatFs 文件系统关系网络

表 8-1　FatFs 组件文件描述

文　件　名	描　　述
integer.h	包含了一些数值类型定义
diskio.c	包含需要用户自己实现的底层存储介质操作函数
ff.c	FatFs 核心文件，包含文件管理的实现方法
cc936.c	包含了简体中文的 GBK 和 Unicode 相互转换功能函数
ffconf.h	包含了对 FatFs 功能配置的宏定义

3. 文件系统空间分布

　　文件系统是以"簇"为最小单位进行读写的，每个文件至少占用一个簇的空间。簇的大小在格式化时被确定，簇越大，读写速度越快，但对于小文件来说存在浪费空间的问题。FatFs文件系统通常使用的簇的大小为 4KB。

　　文件系统移植完成后，存储介质中的空间分布情况如图 8-2 所示，文件分配表用于记录各个文件的存储位置。目录用于记录文件系统中各个文件的开始簇和文件大小等文件信息。A.TXT、B.TXT 和 C.TXT 等为文本文件。下面具体介绍文件分配表和目录的内容。

图 8-2　存储介质中的空间分布图

　　文件分配表的内容如图 8-3 所示，其中第一行从 1 到 99 为相应的簇号，对应第二行的数据为该文件存储的下一簇的簇号，当数据为 FF 时，表示对应文件的数据已经结束。

图 8-3　文件分配表示意图

　　目录的内容及空间分布如图 8-4 所示，目录记录着每个文件的文件名、开始簇和读写属性等信息。

文件名 (50字节)	开始簇 (4字节)	文件大小 (10字节)	创建日期时间 (10字节)	修改日期时间 (10字节)	读写属性 (4字节)	保留 (12字节)
A.TXT	2	10	2000.8.25 10.55	2000.8.25 12.55	只读	
B.TXT	12	53.6	2018.6.1 13.55	2018.6.2 6.09	隐藏	
C.TXT	66	20.5	2021.11.25 10.38	2021.11.26 18.55	系统	
…						

图 8-4　目录示意图

4．FatFs 文件系统移植步骤

（1）添加 FatFs 文件夹至文件路径

在 Keil μVision5 中将 FatFs 文件夹中的文件添加至工程中，并将该文件夹添加至文件路径。

（2）修改 ffconf.h 文件的相关宏定义

在 ffconf.h 文件中，将程序清单 8-1 所示的 5 项宏定义进行修改，并添加头文件 diskio.h。

程序清单 8-1

```
#ifndef _FFCONF
...
#define   _USE_MKFS   1      /*设置 _USE_MKFS 为 1 以使能 f_mkfs()函数*/
...
#define _CODE_PAGE   936      /*设置_CODE_PAGE 为 936 以使用中文编码而不是 932 日文编码*/
...
#define _VOLUMES   3      /*支持 3 个盘符*/
...
#define _FS_LOCK   3      /*设置_FS_LOCK 为 3，支持同时打开 3 个文件*/
...
#define _WORD_ACCESS 1      /*设置_WORD_ACCESS 为 1，支持 WORD*/
...

#include "diskio.h"

#endif
```

（3）完善 diskio.c 文件中的底层设备驱动函数

需要完善的底层设备驱动函数包括设备状态获取函数（disk_status）、设备初始化函数（disk_initialize）、扇区读取函数（disk_read）、扇区写入函数（disk_write）和其他控制函数（disk_ioctl），具体代码将在 8.3 节的 diskio.c 文件中介绍。

此时，文件系统 FatFs 已移植完成，可通过 f_mount 函数为 SD 卡挂载文件系统，并通过 f_open、f_close 和 f_read 等函数操作文件。

5．文件系统操作函数

与文件系统操作有关的函数约有 40 个，下面仅介绍其中的部分函数：①挂载文件系统的

函数 f_mount；②打开及创建文件的函数 f_open；③关闭文件的函数 f_close；④从文件读取数据的函数 f_read；⑤将数据写入文件的函数 f_write；⑥获取文件大小的函数 f_size；⑦移动读写指针的函数 f_lseek；⑧获取文件信息的函数 f_stat。这些函数均在 ff.h 文件中声明，在 ff.c 文件中实现。更多其他函数的功能和用法可参见 FatFs 官网。

（1）函数 f_mount

f_mount 函数的功能是为存储介质挂载一个文件系统，文件系统的挂载是指将这个文件系统放在全局文件系统树的某个目录下，完成挂载后才能访问文件系统中的文件。f_mount 函数的描述如表 8-2 所示。

opt：指定文件系统的初始化选项，为 0 时表示现在不挂载，等到第一次访问卷时再挂载，为 1 时强制挂载卷以检查它是否可以工作。

例如，立即挂载文件系统对象为 fs 的文件系统的代码如下，其中，"0:"表示 SD 卡物理驱动器号：

```
f_mount(&fs, "0:", 1);
```

（2）函数 f_open

f_open 函数的功能是打开或创建一个文件，该函数的描述如表 8-3 所示。

表 8-2　f_mount 函数的描述

函数名	f_mount
函数原型	FRESULT f_mount (　FATFS* fs, 　const TCHAR* path, 　BYTE opt)
功能描述	在存储介质中创建文件系统
输入参数	fs：指向文件对象结构的指针
输入参数	path：指向要打开或创建的文件名的指针
输入参数	opt：指定初始化选项
输出参数	无
返回值	文件操作状态

表 8-3　f_open 函数的描述

函数名	f_open
函数原型	FRESULT f_open (　FIL* fp, 　const TCHAR* path, 　BYTE mode)
功能描述	打开或创建一个文件
输入参数	fp：指向文件对象结构的指针
输入参数	path：指向要打开或创建的文件名的指针
输入参数	mode：指定文件的访问类型和打开方法模式的标志
输出参数	无
返回值	文件操作状态

参数 mode 的部分可取值如表 8-4 所示。

表 8-4　参数 mode 的部分可取值

mode 可取值	实　际　值	描　　述
FA_READ	0x01	指定对文件的读取访问权限。可以从文件读取数据
FA_WRITE	0x02	指定对文件的写访问权限。数据可以写入文件
FA_OPEN_EXISTING	0x00	打开一个已存在的文件
FA_CREATE_NEW	0x04	创建一个不存在的文件
FA_CREATE_ALWAYS	0x08	创建一个新文件。如果文件存在，它将被截断并覆盖
FA_OPEN_ALWAYS	0x10	打开文件，如果文件不存在则创建

例如，创建一个文件名为 A.txt 且位于 SD 卡的文件 fdst_bin，并指定其写访问权限的代码如下：

```
f_open(&fdst_bin, "0:/A.txt", FA_CREATE_ALWAYS | FA_WRITE);
```

（3）函数 f_close

f_close 函数的功能是将打开的文件关闭，该函数的描述如表 8-5 所示。

例如，关闭文件 fdst_bin 的代码如下：

```
f_close(&fdst_bin);
```

（4）函数 f_read

f_read 函数的功能是从文件中读取相应长度的数据，该函数的描述如表 8-6 所示。

表 8-5　f_close 函数的描述

函数名	f_close
函数原型	FRESULT f_close (　　FIL *fp)
功能描述	关闭文件
输入参数	fp：指向文件对象结构的指针
输出参数	无
返回值	文件操作状态

表 8-6　f_read 函数的描述

函数名	f_read
函数原型	FRESULT f_read (　　FIL* fp, 　　void* buff, 　　UINT btr, 　　UINT* br)
功能描述	从文件中读取数据
输入参数	fp：指向文件对象结构的指针
输入参数	buff：指向读取数据缓冲区的指针
输入参数	btr：需要读取的字节数
输出参数	br：实际读取的字节数
返回值	文件操作状态

例如，从文件 fs 中读取 buff 数组大小的字节数到 buff 数组，并将实际读取到的字节数赋给 br 变量，代码如下：

```
f_read(&fs, &buff, sizeof(buff) , &br);
```

（5）f_write

f_write 函数的功能是写入相应长度的数据到文件，该函数的描述如表 8-7 所示。

例如，将文本"FatFS Write Demo"和文本"www.ly.com"写入文件 fs，并将实际写入的字节数赋给 bw 变量，代码如下：

```
f_write(&fs,"FatFS Write Demo \r\n www.ly.com \r\n",
30, &bw);
```

表 8-7　f_write 函数的描述

函数名	f_write
函数原型	FRESULT f_write (　　FIL* fp, 　　const void *buff, 　　UINT btw, 　　UINT* bw)
功能描述	从文件中读取数据
输入参数	fp：指向文件对象结构的指针
输入参数	buff：指向写入数据缓冲区的指针
输入参数	btw：需要写入的字节数
输出参数	bw：实际写入的字节数
返回值	文件操作状态

（6）f_size

f_size 函数的功能是获取文件的大小，通过宏定义实现，该函数的描述如表 8-8 所示。

例如，获取文件 fs 的大小并赋给变量 size，代码如下：

```
size=f_size(fs)
```

（7）f_lseek

f_lseek 函数的功能是移动打开文件对象的读/写指针，该函数的描述如表 8-9 所示。

表 8-8 f_size 函数的描述

函数名	f_size
函数原型	#define f_size(fp) ((fp)->fsize)
功能描述	获取文件的大小
输入参数	fp: 指向文件对象结构的指针
标识符含义	通过指向文件对象结构的指针得到文件的 fsize 参数

表 8-9 f_lseek 函数的描述

函数名	f_lseek
函数原型	FRESULT f_lseek (　　FIL* fp, 　　DWORD ofs)
功能描述	移动打开文件对象的读/写指针
输入参数	fp: 指向文件对象结构的指针
输入参数	ofs: 设置读/写指针的文件顶部的字节偏移量
输出参数	无
返回值	文件操作状态

表 8-10 f_stat 函数的描述

函数名	f_stat
函数原型	FRESULT f_stat (　　const TCHAR* path, 　　FILINFO* fno)
功能描述	获取文件信息
输入参数	path: 指向指定对象以获取其信息的指针
输入参数	fno: 指向用于存储对象信息的空白 FILINFO 结构的指针
输出参数	无
返回值	文件操作状态

例如，将读/写指针设置为文件 fs 末尾以追加数据，代码如下：

`f_lseek (fs, f_size(fs));`

（8）f_stat

f_stat 函数的功能是检查目录的文件或子目录是否存在，如果不存在，函数返回 FR_NO_FILE；如果存在，则函数返回 FR_OK，并将对象、大小、时间戳和属性等信息存储到文件信息结构中，该函数的描述如表 8-10 所示。

8.3 实验代码解析

8.3.1 ffconf.h 文件

ffconf.h 文件如表 8-1 所示，ffconf.h 文件中包含了对 FatFs 功能配置的宏定义，由于该文件中部分宏定义与本实验功能不相符，因此需要进行修改，另外，还需要添加 diskio.h 头文件，如程序清单 8-2 所示。下面对修改的宏定义逐一进行解释。

（1）第 3 行代码的宏定义_USE_MKFS，当其为 1 时，使能 f_mkfs()函数，使得该函数可被调用。因此将其从 0 修改为 1。

（2）第 5 行代码的宏定义_CODE_PAGE，其作用是设置文件系统的编码文字，936 为中文编码，932 为日文编码，因此将其从 932 修改为 936。

（3）第 7 行代码的宏定义_VOLUMES，其作用是设置盘符数目，由于本实验将 SD 卡、NAND Flash、USB 设置为盘符，因此将其从 0 修改为 3。

（4）第 9 行代码的宏定义_FS_LOCK，其作用是设置文件打开数目，将其修改为 3，可支持同时打开 3 个文件。

（5）第 11 行代码的宏定义_WORD_ACCESS，当其为 1 时，使能文件系统对 WORD 文档的操作。

程序清单 8-2

```
1.   #ifndef _FFCONF
2.   ...
3.   #define _USE_MKFS         1       /*设置_USE_MKFS 为 1 以使能 f_mkfs()函数*/
4.   ...
5.   #define _CODE_PAGE        936     /*设置_CODE_PAGE 为 936 以使用中文编码而不是 932 日文编码*/
6.   ...
7.   #define _VOLUMES          3       /*支持 3 个盘符*/
8.   ...
9.   #define _FS_LOCK          3       /*设置_FS_LOCK 为 3，支持同时打开 3 个文件*/
10.  ...
11.  #define _WORD_ACCESS  1           /*设置_WORD_ACCESS 为 1，支持 WORD*/
12.  ...
13.
14.  #include "diskio.h"
15.
16.  #endif
```

8.3.2　diskio.c 文件

diskio.c 文件包含了以下几种需要完善的底层设备驱动函数。

disk_status 函数用于获取存储设备的状态，这里直接返回正常状态。如程序清单 8-3 的第 9 至 10 行代码所示，当检测到参数为 FS_SD（SD 卡设备）时，返回 RES_OK 表示设备正常。

程序清单 8-3

```
1.   DSTATUS disk_status (
2.       BYTE pdrv /* Physical drive nmuber to identify the drive */
3.   )
4.   {
5.       switch (pdrv)
6.       {
7.
8.       //获取 SD 卡状态
9.       case FS_SD :
10.          return RES_OK;
11.
12.      //获取 NAND Flash 状态
13.      case FS_NAND :
14.          return STA_NODISK;
15.      }
16.
17.      return STA_NODISK;
18.  }
```

disk_initialize 函数用于初始化存储设备，如程序清单 8-4 的第 8 至 16 行代码所示，当检测到参数为 FS_SD 时，调用 sd_io_init 函数初始化 SD 卡，并根据初始化结果返回相应的返回值。

程序清单 8-4

```
1.   DSTATUS disk_initialize (
2.       BYTE pdrv /* Physical drive nmuber to identify the drive */
3.   )
4.   {
5.     switch (pdrv)
6.     {
7.       //初始化 SD 卡
8.       case FS_SD :
9.           if (sd_io_init() == SD_OK)
10.          {
11.            return RES_OK;
12.          }
13.          else
14.          {
15.            return RES_ERROR;
16.          }
17.
18.      //初始化 NAND Flash
19.      case FS_NAND :
20.          return RES_PARERR;
21.
22.      default :
23.          break;
24.    }
25.    return RES_PARERR;
26. }
```

disk_read 函数用于向存储设备读取数据，如程序清单 8-5 的第 20 至 41 行代码所示。当检测到参数为 FS_SD 时，根据需要读出扇区的数目，调用 sd_block_read 函数或 sd_multiblocks_read 函数读取数据，若读取失败，则将 RES_ERROR 作为返回值返回，否则等待传输完成后返回 RES_OK。

程序清单 8-5

```
1.   DRESULT disk_read (
2.       BYTE pdrv,      /* Physical drive nmuber to identify the drive */
3.       BYTE *buff,     /* Data buffer to store read data */
4.       DWORD sector,  /* Sector address in LBA */
5.       UINT count      /* Number of sectors to read */
6.   )
7.   {
8.     sd_error_enum status; //SD 卡操作返回值
```

```
9.
10.      //count 不能等于 0，否则返回参数错误
11.      if(0 == count)
12.      {
13.         return RES_PARERR;
14.      }
15.
16.      switch (pdrv)
17.      {
18.
19.      //读取 SD 卡数据
20.      case FS_SD :
21.         //单扇区传输
22.         if (1 == count)
23.         {
24.            status = sd_block_read(buff, sector << 9 , SECTOR_SIZE);
25.         }
26.
27.         //多扇区传输
28.         else
29.         {
30.            status = sd_multiblocks_read(buff, sector << 9 , SECTOR_SIZE, count);
31.         }
32.
33.         //检验传输结果
34.         if (status != SD_OK)
35.         {
36.            return RES_ERROR;
37.         }
38.
39.         //等待 SD 卡传输完成
40.         while(sd_transfer_state_get() != SD_NO_TRANSFER);
41.         return RES_OK;
42.
43.      //读取 NAND Flash 数据
44.      case FS_NAND :
45.         return RES_PARERR;
46.
47.      }
48.      return RES_PARERR;
49. }
```

　　disk_write 函数用于向存储设备写入数据，其函数体与 disk_read 函数体大致相同，仅将调用读取函数修改为调用写入函数 sd_block_write 或 sd_multiblocks_write。

　　disk_ioctl 函数称为"其他函数"，当存在 disk_read、disk_write 等底层驱动函数无法完成的功能时，可通过该函数完成。如程序清单 8-6 的第 12 至 40 行代码所示，当检测到参数为 FS_SD 时，根据参数 cmd 执行相应的语句，若为有效参数，则执行相应语句后返回 RES_OK，

否则返回 RES_PARERR 表示非法参数。

程序清单 8-6

```
1.   DRESULT disk_ioctl (
2.     BYTE pdrv,    /* Physical drive nmuber (0..) */
3.     BYTE cmd,       /* Control code */
4.     void *buff    /* Buffer to send/receive control data */
5.   )
6.   {
7.     sd_card_info_struct sdInfo; //SD 卡信息
8.
9.     switch (pdrv) {
10.
11.    //SD 卡控制
12.    case FS_SD :
13.
14.      //获取 SD 卡信息
15.      sd_card_information_get(&sdInfo);
16.      switch(cmd)
17.      {
18.        //同步操作
19.        case CTRL_SYNC:
20.          return RES_OK;
21.
22.        //获取扇区大小
23.        case GET_SECTOR_SIZE:
24.          *(WORD*)buff = 512;
25.          return RES_OK;
26.
27.        //获得块大小
28.        case GET_BLOCK_SIZE:
29.          *(WORD*)buff = sdInfo.card_blocksize;
30.          return RES_OK;
31.
32.        //获得扇区数量
33.        case GET_SECTOR_COUNT:
34.          *(DWORD*)buff = sdInfo.card_capacity / 512;
35.          return RES_OK;
36.
37.        //非法参数
38.        default:
39.          return RES_PARERR;
40.      }
41.
42.    //NAND Flash 控制
43.    case FS_NAND :
44.      return RES_PARERR;
```

```
45.
46.     }
47.     return RES_PARERR;
48. }
```

除了上述底层驱动函数，由于文件系统中的目录需要记录文件的创建时间和最终修改时间，因此获取时间戳的函数也是必需的，如程序清单 8-7 所示，get_fattime 函数将当前时间戳转换为 32 位数据后将其作为返回值返回。

程序清单 8-7

```
1.  DWORD get_fattime (void)
2.  {
3.          /*如果有全局时钟，可按下面的格式进行时钟转换。这个例子是 2014-07-02 00:00:00 */
4.
5.      return     ((DWORD)(2014 - 1980) << 25) /* Year = 2013 */
6.             | ((DWORD)7 << 21)                 /* Month = 1 */
7.             | ((DWORD)2 << 16)                 /* Day_m = 1*/
8.             | ((DWORD)0 << 11)                 /* Hour = 0 */
9.             | ((DWORD)0 << 5)                  /* Min = 0 */
10.            | ((DWORD)0 >> 1);                 /* Sec = 0 */
11. }
```

8.3.3　ReadBookByte 文件对

1．ReadBookByte.h 文件

在 ReadBookByte.h 文件的"API 函数声明"区，声明了 4 个 API 函数，如程序清单 8-8 所示。ReadBookByte 函数用于获取 1 字节数据，GetBytePosition 函数用于获取当前字节在文本文件中的位置，SetPosition 函数用于设置文件中的读取位置，GetBookSize 函数用于获取电子书文件的大小。

程序清单 8-8

```
1.  u32 ReadBookByte(char* byte, u32* visi);     //获取 1 字节数据
2.  u32 GetBytePosition(void);                    //获取当前字节在文本文件中的位置
3.  u32 SetPosition(u32 position);                //设置读取位置
4.  u32 GetBookSize(void);                        //获取电子书文件的大小
```

2．ReadBookByte.c 文件

在 ReadBookByte.c 文件的"包含头文件"区，包含了 ff.h 等头文件，ff.c 文件中包含创建、打开和关闭文件等的相关函数，在 ReadBookByte.c 文件中需要通过调用这些函数读写文件，因此需要包含 ff.h 头文件。

在"内部函数声明"区，声明了内部函数 ReadData，该函数用于向文件读出一段数据。

在"内部函数实现"区，实现了 ReadData 函数，如程序清单 8-9 所示，下面按照顺序解

释说明 ReadData 函数中的语句。

（1）第 10 至 23 行代码：打开固定路径的文件后，通过 f_lseek 函数设置文件的读取位置，并检查是否完成。

（2）第 26 至 37 行代码：将缓冲区清空后，通过 f_read 函数读取一批数据至缓冲区。

（3）第 40 至 54 行代码：通过 f_close 函数关闭文件后更新读取位置，并检测文件是否读取完毕。

程序清单 8-9

```
1.    static u32 ReadData(void)
2.    {
3.        //文件操作返回值
4.        FRESULT result;
5.
6.        //循环变量
7.        u32 i;
8.
9.        //打开文件
10.       result = f_open(&s_fileBook, "0:/book.txt", FA_OPEN_EXISTING | FA_READ);
11.       if (result !=  FR_OK)
12.       {
13.           printf("ReadBookByte: 打开指定文件失败\r\n");
14.           return 0;
15.       }
16.
17.       //设置读取位置（要确保读取位置为 4 的倍数，不然会卡死）
18.       result = f_lseek(&s_fileBook, s_iFilePos * BOOK_READ_BUF_SIZE);
19.       if (result !=  FR_OK)
20.       {
21.           printf("ReadBookByte: 设置读取位置失败\r\n");
22.           return 0;
23.       }
24.
25.       //清缓冲区
26.       for(i = 0; i < BOOK_READ_BUF_SIZE; i++)
27.       {
28.           s_arrReadBuf[i] = 0;
29.       }
30.
31.       //读取一批数据
32.       result = f_read(&s_fileBook, s_arrReadBuf, BOOK_READ_BUF_SIZE, &s_iByteRemain);
33.       if (result !=  FR_OK)
34.       {
35.           printf("ReadBookByte: 读取数据失败\r\n");
36.           return 0;
37.       }
38.
```

```
39.      //关闭文件
40.      result = f_close(&s_fileBook);
41.      if (result !=   FR_OK)
42.      {
43.        printf("ReadBookByte: 关闭指定文件失败\r\n");
44.        return 0;
45.      }
46.
47.      //更新读取位置
48.      s_iFilePos = s_iFilePos + 1;
49.
50.      //判断是不是文件中的最后一批数据
51.      if(s_fileBook.fptr >= s_fileBook.fsize)
52.      {
53.        s_iEndFlag = 1;
54.      }
55.
56.      return 1;
57.    }
```

在"API 函数实现"区，首先实现 ReadBookByte 函数，该函数用于获取相应区域 1 字节的数据并检测可视字节的数目，如程序清单 8-10 所示，下面按照顺序解释说明 ReadBookByte 函数中的语句。

（1）第 7 至 24 行代码：检测缓冲区是否为空以及文件是否读取完毕，若为空且未读取完毕，则继续读取；若为空且读取完毕，则直接返回 0。

（2）第 30 至 45 行代码：在缓冲区范围内，检测最近的非可视字符位置以获取连续可视字符的数目。

（3）第 49 至 50 行代码：更新已读取字节及剩余字节的计数。

程序清单 8-10

```
1.    u32 ReadBookByte(char* byte, u32* visi)
2.    {
3.      u32 result;      //文件操作返回值
4.      u32 visible;     //可视字符统计
5.
6.      //当前缓冲区中剩余字节数为 0，需要读取新一批数据
7.      if((0 == s_iByteRemain) && (0 == s_iEndFlag))
8.      {
9.        //读取一批数据
10.       result = ReadData();
11.       if(0 == result)
12.       {
13.         return 0;
14.       }
15.
16.       //读取字节计数清零
```

```
17.        s_iByteCnt = 0;
18.    }
19.
20.    //当前缓冲区中剩余字节数为 0，而且文件已全部读取完毕
21.    else if((0 == s_iByteRemain) && (1 == s_iEndFlag))
22.    {
23.        return 0;
24.    }
25.
26.    //输出字节数据
27.    *byte = s_arrReadBuf[s_iByteCnt];
28.
29.    //可视字符统计
30.    visible = 0;
31.    while(1)
32.    {
33.        //检查数组是否越界
34.        if((s_iByteCnt + visible + 1) >= BOOK_READ_BUF_SIZE)
35.        {
36.            break;
37.        }
38.
39.        //查找到了非可视字符
40.        if(s_arrReadBuf[s_iByteCnt + visible + 1] <= ' ')
41.        {
42.            break;
43.        }
44.        visible++;
45.    }
46.    *visi = visible;
47.
48.    //更新计数
49.    s_iByteCnt++;
50.    s_iByteRemain--;
51.
52.    //读取成功
53.    return 1;
54. }
```

在 ReadBookByte 函数实现区后为 GetBytePosition 函数的实现代码，GetBytePosition 函数首先判断变量 s_iFilePos 的值，为 0 表示读取数据，否则根据文件中的读取位置、读取数据量以及读取字节计数计算相应的位置。

在 GetBytePosition 函数实现区后为 SetPosition 函数的实现代码，SetPosition 函数用于设置文件中的读取位置，如程序清单 8-11 所示，首先检测读取位置是否超出文件范围，若未超出，则设置文件读取位置后通过 ReadData 函数获取一批数据，并更新读取字节计数及缓冲区剩余量。

程序清单 8-11

```
1.   u32 SetPosition(u32 position)
2.   {
3.      //读取位置超过文件大小
4.      if((position >= s_iBookSize) && (0 != s_iBookSize))
5.      {
6.        return 0;
7.      }
8.
9.      //设置读取位置
10.     s_iFilePos = position / BOOK_READ_BUF_SIZE;
11.     if(0 == ReadData())
12.     {
13.       return 0;
14.     }
15.
16.     //更新读取字节计数
17.     s_iByteCnt = position % BOOK_READ_BUF_SIZE;
18.
19.     //更新缓冲区剩余量
20.     s_iByteRemain = s_iByteRemain - s_iByteCnt;
21.
22.     return 1;
23.  }
```

在 SetPosition 函数实现区后为 GetBookSize 函数的实现代码，该函数用于获取文本大小，该函数直接将 ReadBookByte.c 文件中的内部变量 s_iBookSize 作为返回值返回。

8.3.4　FatFSTest 文件对

1. FatFSTest.h 文件

在 FatFSTest.h 文件的"API 函数声明"区，声明了 5 个 API 函数，如程序清单 8-12 所示。InitFatFSTest 函数用于初始化文件系统和 SD 卡读写模块，FatFSTask 函数用于文件系统的读写，CreatReadProgressFile 函数用于创建保存阅读进度的文件，SaveReadProgress 函数用于保存阅读进度，DeleteReadProgress 函数用于删除阅读进度。

程序清单 8-12

```
1.   void InitFatFSTest(void);                //初始化 FatFs 与读写 SD 卡实验模块
2.   void FatFSTask(void);                    //FatFs 与读写 SD 卡实验模块任务
3.   void CreatReadProgressFile(void);        //创建保存阅读进度文件
4.   void SaveReadProgress(void);             //保存阅读进度
5.   void DeleteReadProgress(void);           //删除阅读进度
```

2．FatFSTest.c 文件

在 FatFSTest.c 文件的"包含头文件"区，包含了 ReadBookByte.h、GUITop.h 等头文件，由于 FatFSTest.c 文件需要通过调用 ReadBookByte 和 GetBytePosition 等函数获取文件数据，因此需要包含 ReadBookByte.h 头文件。FatFSTest.c 文件的代码中还需要使用 InitGUI 等函数初始化 GUI 界面，该函数在 GUITop.h 文件中声明，因此，还需要包含 GUITop.h 头文件。

在"内部函数声明"区，声明了 3 个 API 函数，如程序清单 8-13 所示，NewPage 函数用于刷新新一页的显示，PreviousPage 函数用于显示上一页的内容，NextPage 函数用于显示下一页的内容。

程序清单 8-13

```
static void NewPage(void);          //显示新的一页
static void PreviousPage(void);     //显示上一页
static void NextPage(void);         //下一页
```

在"内部函数实现"区，首先实现了 NewPage 函数，如程序清单 8-14 所示。下面按照顺序解释说明 NewPage 函数中的语句。

（1）第 8 至 22 行代码：检测上一个未打印字符并设置显示行列数为 0，若未打印字符在显示范围内，则将其显示至 LCD 相应区域。

（2）第 28 至 101 行代码：通过 while 语句将整页内容显示于文本显示区域，每次循环完成一个字符的显示或操作，当行数大于每页最大行数，即本页全部内容显示完成时返回。

（3）第 31 至 35 行代码：获取 1 字节的数据并检测文本是否已完全显示，若完全显示则设置标志位后返回。

（4）第 38 至 79 行代码：检测获取到的数据，若为回车换行符，则更新行计数及列计数，若为需要显示的字符，则检测是否存在特殊情况，若当前行不足够显示整个单词则换行，若出现空格并且位置为非新段的行首则不显示，若不存在特殊情况，则通过 GUIDrawChar 函数显示该字符。

（5）第 82 至 97 行代码：更新列计数以显示下一字符，若本行完全显示则更新行计数。

程序清单 8-14

```
1.    static void NewPage(void)
2.    {
3.    …
4.
5.       //清除显示
6.       GUIFillColor(BOOK_X0, BOOK_Y0, BOOK_X1, BOOK_Y1, s_iBackColor);
7.
8.       //显示上一个未打印出来的字符
9.       if((s_iLastChar >= ' ') && (s_iLastChar <= '~'))
10.      {
11.         rowCnt = 0;
12.         lineCnt = 0;
13.         x = BOOK_X0 + FONT_WIDTH * rowCnt;
```

```
14.         y = BOOK_Y0 + FONT_HEIGHT * lineCnt;
15.         GUIDrawChar(x, y, s_iLastChar, GUI_FONT_ASCII_24, NULL, GUI_COLOR_BLACK, 1);
16.         rowCnt = 1;
17.       }
18.       else
19.       {
20.         rowCnt = 0;
21.         lineCnt = 0;
22.       }
23.
24.       //显示一整页内容
25.       newchar = 0;
26.       newParaFlag = 0;
27.       s_iLastChar = 0;
28.       while(1)
29.       {
30.         //从缓冲区中读取 1 字节数据
31.         if(0 == ReadBookByte(&newchar, &visibleLen))
32.         {
33.           s_iEndFlag = 1;
34.           return;
35.         }
36.
37.         //回车符号
38.         if('\r' == newchar)
39.         {
40.           rowCnt = 0;
41.         }
42.
43.         //换行
44.         else if('\n' == newchar)
45.         {
46.           rowCnt = 0;
47.           lineCnt = lineCnt + 1;
48.           if(lineCnt >= MAX_LINE_NUM)
49.           {
50.             return;
51.           }
52.           newParaFlag = 1;
53.         }
54.
55.         //正常显示
56.         if((newchar >= ' ') && (newchar <= '~'))
57.         {
58.           //检查当前行是否足够显示整个单词
59.           if((newchar != ' ') && ((BOOK_X0 + FONT_WIDTH * (rowCnt + visibleLen)) > (BOOK_X1 -
FONT_WIDTH)))
60.           {
```

```
61.            rowCnt = 0;
62.            lineCnt = lineCnt + 1;
63.            if(lineCnt >= MAX_LINE_NUM)
64.            {
65.              s_iLastChar = newchar;
66.              return;
67.            }
68.          }
69.
70.          //非新段行首空格不显示
71.          if((0 == rowCnt) && (0 == newParaFlag) && (' ' == newchar))
72.          {
73.            continue;
74.          }
75.
76.          x = BOOK_X0 + FONT_WIDTH * rowCnt;
77.          y = BOOK_Y0 + FONT_HEIGHT * lineCnt;
78.          GUIDrawChar(x, y, newchar, GUI_FONT_ASCII_24, NULL, GUI_COLOR_BLACK, 1);
79.        }
80.
81.        //更新列计数
82.        rowCnt = rowCnt + 1;
83.        x = BOOK_X0 + FONT_WIDTH * rowCnt;
84.        if(x > (BOOK_X1 - FONT_WIDTH))
85.        {
86.          rowCnt = 0;
87.        }
88.
89.        //更新行计数
90.        if(0 == rowCnt)
91.        {
92.          lineCnt = lineCnt + 1;
93.          if(lineCnt >= MAX_LINE_NUM)
94.          {
95.            return;
96.          }
97.        }
98.
99.        //清除新段标志位
100.       newParaFlag = 0;
101.     }
102. }
```

在 NewPage 函数实现区后为 PreviousPage 函数的实现代码，如程序清单 8-15 所示。下面按照顺序解释说明 PreviousPage 函数中的语句。

（1）第 6 至 13 行代码：通过 for 语句将 s_arrPrevPosition 数组中的元素位置进行偏移，并将记录中最前一页赋值为无意义，即赋值为 0xFFFFFFFF。其中，数组 s_arrPrevPosition 用于存放上一页的位置信息，下标和页码呈正相关，最后一个元素为上一页的位置。

（2）第 16 至 27 行代码：检测当前页是否有意义，若有意义，则将文件读写指针设置在当前位置。

程序清单 8-15

```
1.   static void PreviousPage(void)
2.   {
3.      u32   i; //循环变量
4.
5.      //刷新上一页位置数据
6.      if(0xFFFFFFFF != s_arrPrevPosition[MAX_PREV_PAGE - 2])
7.      {
8.         for(i = (MAX_PREV_PAGE - 1); i > 0; i--)
9.         {
10.           s_arrPrevPosition[i] = s_arrPrevPosition[i - 1];
11.        }
12.        s_arrPrevPosition[0] = 0xFFFFFFFF;
13.     }
14.
15.     //上一页有意义
16.     if(0xFFFFFFFF != s_arrPrevPosition[MAX_PREV_PAGE - 1])
17.     {
18.        //成功设置读写位置
19.        if(1 == SetPosition(s_arrPrevPosition[MAX_PREV_PAGE - 1]))
20.        {
21.           s_iEndFlag = 0;
22.           s_iLastChar = 0;
23.
24.           //刷新新的一页
25.           NewPage();
26.        }
27.     }
28.   }
```

在 PreviousPage 函数实现区后为 NextPage 函数的实现代码，如程序清单 8-16 所示。NextPage 函数的函数体与 PreviousPage 函数类似，下面按照顺序解释说明 NextPage 函数中的语句。

（1）第 6 至 9 行代码：首先检测文本是否已完全显示，若已完全显示则直接返回。

（2）第 11 至 24 行代码：检测上一页的位置是否有效，若无效，表示此时显示第一页，为了避免特殊情况，将当前字节的位置（即上一页的位置）保存两次；若有效，则进行数组的偏移及赋值。注意，由于文件指针在使用时会自增，因此此时不需要通过 SetPosition 函数设置文件指针位置。

程序清单 8-16

```
1.   static void NextPage(void)
```

```
2.   {
3.     u32   i; //循环变量
4.
5.     //文本已全部显示，直接退出
6.     if(1 == s_iEndFlag)
7.     {
8.       return;
9.     }
10.
11.    //保存上一页位置
12.    if(0xFFFFFFFF == s_arrPrevPosition[MAX_PREV_PAGE - 1])
13.    {
14.      s_arrPrevPosition[MAX_PREV_PAGE - 1] = GetBytePosition();
15.      s_arrPrevPosition[MAX_PREV_PAGE - 2] = GetBytePosition();
16.    }
17.    else
18.    {
19.      for(i = 0; i < (MAX_PREV_PAGE - 1); i++)
20.      {
21.        s_arrPrevPosition[i] = s_arrPrevPosition[i + 1];
22.      }
23.      s_arrPrevPosition[MAX_PREV_PAGE - 1] = GetBytePosition();
24.    }
25.
26.    //刷新新的一页
27.    NewPage();
28. }
```

在"API 函数实现"区，首先实现 InitFatFSTest 函数，其主要作用是向 SD 卡挂载文件系统，并实现 GUI 界面与底层读写函数的联系。

在 InitFatFSTest 函数实现区后为 FatFSTask 函数的实现代码，该函数每隔 20ms 调用一次，通过调用 GUITask 完成相应的 GUI 任务。

在 FatFSTask 函数实现区后为 CreatReadProgressFile 函数的实现代码，该函数的功能是创建用来保存阅读进度的文件，如程序清单 8-17 所示。CreatReadProgressFile 函数首先检测保存文件的路径"0:/book/progress"是否存在，若路径不存在，则通过 f_mkdir 函数创建该路径，最后通过 f_open 函数创建保存阅读进度的文件并检测函数返回值。

程序清单 8-17

```
1.    void CreatReadProgressFile(void)
2.    {
3.      static FIL s_fileProgressFile;      //进度缓存文件
4.      DIR         progressDir;             //目标路径
5.      FRESULT     result;                  //文件操作返回变量
6.
7.      //校验进度缓存路径是否存在，若不存在则创建该路径
8.      result = f_opendir(&progressDir,"0:/book/progress");
```

```
9.      if(FR_NO_PATH == result)
10.     {
11.         f_mkdir("0:/book/progress");
12.     }
13.     else
14.     {
15.         f_closedir(&progressDir);
16.     }
17.
18.     //检查文件是否存在，若不存在则创建
19.     result = f_open(&s_fileProgressFile, "0:/book/progress/progress.txt", FA_CREATE_NEW | FA_READ);
20.     if(FR_OK != result)
21.     {
22.         printf("CreatReadProgressFile：文件已存在\r\n");
23.     }
24.     else
25.     {
26.         printf("CreatReadProgressFile：创建文件成功\r\n");
27.         f_close(&s_fileProgressFile);
28.     }
29. }
```

在 CreatReadProgressFile 函数实现区后为 SaveReadProgress 函数的实现代码，该函数用于保存阅读进度，在获取当前字节在文本中的位置及文本的总大小后，将其写入保存阅读进度的文件中。

在 SaveReadProgress 函数实现区后为 DeleteReadProgress 函数的实现代码，该函数用于删除阅读进度，如程序清单 8-18 所示，通过调用 f_unlink 函数将保存阅读进度的文件删除。

程序清单 8-18

```
1.  void DeleteReadProgress(void)
2.  {
3.      f_unlink("0:/book/progress/progress.txt");
4.      printf("DeleteReadProgress：删除成功\r\n");
5.  }
```

8.3.5　ProcKeyOne.c 文件

在 ProcKeyOne.c 文件的"包含头文件"区包含代码#include "FatFSTest.h"。这样就可以在 ProcKeyOne.c 文件中调用 FatFSTest 模块相应的 API 函数，通过按键完成对阅读进度的保存及删除。

在 ProcKeyDownKey1、ProcKeyDownKey2 及 ProcKeyDownKey3 函数中分别加入了创建保存阅读进度文件、保存阅读进度及删除阅读进度的函数，如程序清单 8-19 所示。

程序清单 8-19

```
1.  void   ProcKeyDownKey1(void)
```

```
2.   {
3.      CreatReadProgressFile();
4.   }
5.
6.   void   ProcKeyDownKey2(void)
7.   {
8.      SaveReadProgress();
9.   }
10.
11.  void   ProcKeyDownKey3(void)
12.  {
13.     DeleteReadProgress();
14.  }
```

8.3.6　Main.c 文件

在 Proc2msTask 函数中调用 FatFSTask 函数和按键扫描函数，如程序清单 8-20 所示，即每 40ms 执行一次 GUI 任务，以实现文件系统的读写功能，每 2ms 进行一次独立按键扫描，以完成按键任务。

程序清单 8-20

```
1.   static   void   Proc2msTask(void)
2.   {
3.      static u8 s_iCnt = 0;
4.      if(Get2msFlag())   //判断 2ms 标志位状态
5.      {
6.         //调用闪烁函数
7.         LEDFlicker(250);
8.
9.         //文件系统任务
10.        s_iCnt++;
11.        if(s_iCnt >= 20)
12.        {
13.           s_iCnt = 0;
14.           FatFSTask();
15.        }
16.
17.        //独立按键扫描任务
18.        ScanKeyOne(KEY_NAME_KEY1, ProcKeyUpKey1, ProcKeyDownKey1);
19.        ScanKeyOne(KEY_NAME_KEY2, ProcKeyUpKey2, ProcKeyDownKey2);
20.        ScanKeyOne(KEY_NAME_KEY3, ProcKeyUpKey3, ProcKeyDownKey3);
21.
22.        Clr2msFlag();   //清除 2ms 标志位
23.     }
24.  }
```

8.3.7　实验结果

使用读卡器将 SD 卡在计算机上打开，将本书配套资料包中"08.软件资料\SD 卡文件"文件夹下的所有文件复制到 SD 卡根目录下，再将 SD 卡插入开发板，下载程序并进行复位。程序将打开位于 SD 卡根目录下的 book 文件夹中的 Holmes.txt 文件，可以观察到开发板上的 LCD 屏显示如图 8-5 所示的 GUI 界面。

此时，串口助手打印信息如图 8-6 所示。

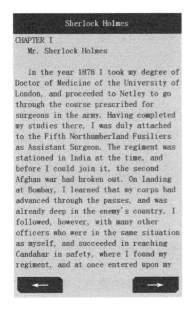

图 8-5　FatFs 与读写 SD 卡实验 GUI 界面　　　　　图 8-6　串口助手打印信息

本 章 任 务

本章实验中，以在 LCD 屏上显示电子书的形式实现 FatFs 文件系统与读写 SD 卡功能，并增加了通过独立按键创建、保存和删除阅读进度文件的功能。在本章实验的基础上，增加自动保存功能，即每隔一段时间自动保存阅读进度，并将存放进度的文件存入 SD 卡中。另外，在开发板上电或复位时，读取 SD 卡中的进度文件，并跳转进度至对应的页码。

本 章 习 题

1. 简述文件系统的移植步骤。
2. 简述文件系统移植成功后的存储空间分布情况。
3. f_open 函数的功能是什么？通过该函数实现打开一个文件名为 B.txt 且位于 SD 卡的文件 fdst_bin，并指定其读写访问权限，若文件不存在，则先创建该文件再打开。
4. 能否向 Flash 移植文件系统？若可以请尝试实现。
5. 调用 8.2.4 节中的各个文件操作函数，验证函数功能。

第9章　中文显示实验

LCD 屏作为显示设备，不仅可以显示图形和英文字符，还可以显示中文字符，但中文字符的编码方式和显示方式与英文字符不同。本章将通过 LCD 屏显示中文电子书，介绍中文字符编码方式以及在 LCD 屏上实现中文字符显示的方法。

9.1　实　验　内　容

本章的主要内容是学习字符编码、字库创建和字符索引的基本原理，掌握通过 LCD 屏显示中文字符的方法。最后基于 GD32F3 苹果派开发板在 LCD 屏上显示中文电子书，并实现通过 GUI 控件完成电子书的翻页功能。

9.2　实　验　原　理

9.2.1　字符编码

微控制器只能存储二进制数据，因此，在微控制器开发过程中涉及的数据只能先转换成二进制数后才能存储至相应的存储器单元。将对应的字符用二进制数表示的过程称为字符编码，如 ASCII 码中的字符"A"可以使用"0x41"保存。转换成不同二进制数的过程对应的就是不同的编码方式，常见的字符编码方式有 ASCII 编码方式、GB2312 编码方式和 GBK 编码方式等。其中 ASCII 码用于保存英文字符，GB2312 和 GBK 除了可以用于保存英文字符，还可以用于保存中文字符。ASCII 编码方式在《GD32F3 开发基础教程——基于 GD32F303ZET6》的"OLED 显示实验"中已介绍，下面主要介绍 GB2312 编码方式和 GBK 编码方式。

1. GB2312 编码方式

使用 ASCII 编码方式已经足以实现英文字符的保存，英文单词的数量虽然多，但都由 26 个英文字母组成，因此仅用 1 字节编码长度即可表示所有英文字符。但对于汉字，如果类似英文字母按照笔画的方式来保存，再将其组合成具体的文字，这样的编码方式将会极其复杂。因此，通常使用二进制数编码来保存单个汉字。但汉字的数量较多，仅常用字就多达 6000 个左右，此外，还有众多生僻字和繁体字。所以中文字符的编码需要使用 2 字节的编码长度。2 字节编码长度最多能表示 65535 个字符，但实际上字库的保存并不需要用到全部空间，因为常用汉字加上生僻字和繁体字也仅有 20000 多个，若参考 ASCII 码的方式按顺序来排列，不仅会浪费剩余的空间，而且不便于字符检索。因此，GB2312 编码方式使用区位码来查找字符，它将字符分为 94 个区，每个区含有 94 个字符，一共 8836 个编码，能够表示 8836 个字符。在使用过程中，字符编码的第一字节（高字节）为区号，第二字节（低字节）为位号，

根据对应的区号和位号即可查找到对应的字符。如图 9-1 所示
为区位码定位图，其中 16 代表的是区号。以"啊"字为例，"啊"
字对应的位为 01，因此"啊"字对应的区位码为"1601"。由
于 GB2312 编码向下兼容 ASCII 码，因此，在实际的 GB2312
编码中，将区号和位号同时加上"0xA0"来区别 ASCII 编码段。
最终"啊"字的 GB2312 编码为 0xB0A1。

16	0	1	2	3	4	5	6	7	8	9
0		啊	阿	埃	挨	哎	唉	哀	皑	癌
1	蔼	矮	艾	碍	爱	隘	鞍	氨	安	俺
2	按	暗	岸	胺	案	肮	昂	盎	凹	敖
3	熬	翱	袄	傲	奥	懊	澳	芭	捌	扒
4	叭	吧	笆	八	疤	巴	拔	跋	靶	把
5	耙	坝	霸	罢	爸	白	柏	百	摆	佰
6	败	拜	稗	斑	班	搬	扳	般	颁	板
7	版	扮	拌	伴	瓣	半	办	绊	邦	帮
8	梆	榜	膀	绑	棒	磅	蚌	镑	傍	谤
9	苞	胞	包	褒	剥					

图 9-1　区位码定位图

2．GBK 编码方式

　　由于 GB2312 可以表示的汉字个数只有 6000 多个（其余
2000 多个为汉字及日文等字符，不包含繁体字和生僻字），在
特殊情况下，GB2312 的字符量可能无法满足使用需求，而在 GB2312 基础上产生的 GBK 编
码方式能够很好地解决这一问题。GBK 编码方式能够保存 20000 多个汉字，包括生僻字和繁
体字，并同时兼容 GB2312 和 ASCII 编码方式。GBK 编码同样使用 1 字节或 2 字节来保存字
符，使用 1 字节时，保存的字符与 ASCII 码对应；使用 2 字节时，保存的字符为中文及其他
字符，在其编码区中，第一字节（区号）范围为 0x81～0xFE。由于 0x7F 不被使用，因此第
二字节（位号）分为两部分，分别为 0x40～0x7E 和 0x80～0xFE（以 0x7F 为界）。并且其中
与 GB2312 编码区重合的部分，字符相同，因此可以说 GB2312 码是 GBK 码的子集。本实验
使用的字库即为 GBK 字库。

9.2.2　字模和字库的概念

　　如图 9-2 所示，假设在 LCD 16×16 区域显示中文字符"啊"，可以按照一定顺序，如从
左往右、从上往下依次将像素点点亮或熄灭，遍历整个矩形
区域后，字符"啊"将显示在屏幕上。现在用一个比特表示
一个像素点，假设 0 代表熄灭，1 代表点亮，则可以按照从
左往右、从上往下的顺序依次将像素点数据保存到一个数组
中，这个数组即为汉字"啊"的点阵数据，即字模。将所有
汉字的点阵数据组合在一起并保存到一个文件中，就是一个
汉字字库。

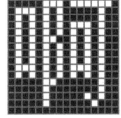

图 9-2　中文字符"啊"点阵示意图

9.2.3　LCD 显示字符的流程

　　由于本章实验需要显示一本中文电子书，需要使用的中文字符量较大，因此需要用到软
件自动生成的字库文件。在本章实验中，提前生成了一个 GBK 字库文件并保存在 SD 卡相应
目录下，供程序调用。另外，由于字库中的字符数量较多，而 GD32F303ZET6 微控制器的内
存容量有限，因此本实验将字库文件保存在 SPI Flash 中，当程序需要显示中文字符时，可以
访问 SPI Flash 获取对应字符的点阵数据。每个字符的点阵数据在 Flash 中都有相应的地址，
在调用的时候根据 GBK 码计算地址值，即可显示中文字符。

　　本实验配套的电子书为.txt 文件，保存在 SD 卡相应目录中。文件中的文本为中文字符，
当 FatFs 文件系统读取其中的数据时，所获取的数据为对应中文字符的 GBK 码。程序通过该
数据即可计算相应的地址，并根据该地址获取对应字符的点阵数据并传到 LCD 驱动中，即可
在 LCD 屏上显示对应的中文字符。

9.3　实验代码解析

9.3.1　FontLib 文件对

1. FontLib.h 文件

在 FontLib.h 文件的"API 函数声明"区，声明了 3 个 API 函数，如程序清单 9-1 所示。InitFontLib 函数用于初始化字库管理模块，UpdataFontLib 函数用于更新字库，GetCNFont24x24 函数用于获取 24×24 汉字点阵数据。

程序清单 9-1

```
void InitFontLib(void);                    //初始化字库管理模块
void UpdataFontLib(void);                  //更新字库
void GetCNFont24x24(u32 code, u8* buf);    //获取 24×24 汉字点阵数据
```

2. FontLib.c 文件

在 FontLib.c 文件的"宏定义"区，定义了一个 FONT_FIL_BUF_SIZE 常量，用于设置字库缓冲区大小为 4KB。如程序清单 9-2 所示。

程序清单 9-2

```
#define FONT_FIL_BUF_SIZE (1024 * 4)       //字库文件缓冲区大小（4KB）
```

在"内部函数声明"区，声明了 1 个内部函数，如程序清单 9-3 所示。CheckFontLib 函数用于校验字库。

程序清单 9-3

```
static u8 CheckFontLib(void);              //校验字库
```

在"内部函数实现"区，实现了 CheckFontLib 函数，如程序清单 9-4 所示。在本章实验中，可以使用保存在 SD 卡中的字库文件来更新 SPI Flash 内的字库。CheckFontLib 函数将 SD 卡中的字库与保存在 SPI Flash 内的字库进行对比，检查 SPI Flash 中的字库是否损坏。下面按照顺序解释说明 CheckFontLib 函数中的语句。

（1）第 3 至 10 行代码：定义 s_filFont 字库文件，用来保存文件的基本属性。两个字库缓冲区 fileBuf 和 flashBuf 分别保存 SD 卡中的字库和外部 Flash 中的字库，用以对比校验。

（2）第 12 至 24 行代码：使用内存管理模块来申请动态内存并检查是否申请成功，然后使用 f_open 函数来打开保存在 SD 卡中的"GBK24.FON"文件。

（3）第 40 至 93 行代码：通过 while 语句将 SD 卡中的字库文件与 SPI Flash 中的字库文件进行比对，以检验 SPI Flash 中的字库是否损坏。

（4）第 96 至 100 行代码：关闭文件并释放相应内存空间。

程序清单 9-4

```
1.    static u8 CheckFontLib(void)
2.    {
3.        static FIL s_filFont;            //字库文件（需是静态变量）
4.        FRESULT      result;            //文件操作返回变量
5.        u8*          fileBuf;           //字库缓冲区，文件系统中的字库文件，由动态内存分配
6.        u8*          flashBuf;          //字库缓冲区，Flash 中的字库文件，由动态内存分配
7.        u32          readNum;           //实际读取的文件数量
8.        u32          ReadAddr;          //读入 SPI Flash 地址
9.        u32          i;                 //循环变量
10.       u32          progress;          //进度
11.
12.       //申请动态内存
13.       fileBuf   = MyMalloc(SRAMIN, FONT_FIL_BUF_SIZE);
14.       flashBuf = MyMalloc(SRAMIN, FONT_FIL_BUF_SIZE);
15.       if((NULL == fileBuf) || (NULL == flashBuf))
16.       {
17.           MyFree(SRAMEX, fileBuf);
18.           MyFree(SRAMEX, flashBuf);
19.           printf("CheckFontLib：申请动态内存失败\r\n");
20.           return 0;
21.       }
22.
23.       //打开文件
24.       result = f_open(&s_filFont, "0:/font/GBK24.FON", FA_OPEN_EXISTING | FA_READ);
25.       if (result !=  FR_OK)
26.       {
27.           //释放内存
28.           MyFree(SRAMEX, fileBuf);
29.           MyFree(SRAMEX, flashBuf);
30.
31.           //打印错误信息
32.           printf("CheckFontLib：打开字库文件失败\r\n");
33.           return 0;
34.       }
35.
36.       //读取数据并逐一比较整个字库，若有一个不同则表示字库损坏
37.       printf("CheckFontLib：开始校验字库\r\n");
38.       ReadAddr = 0;
39.       progress = 0;
40.       while(1)
41.       {
42.           //进度输出
43.           if((100 * s_filFont.fptr / s_filFont.fsize) >= (progress + 15))
44.           {
45.               progress = 100 * s_filFont.fptr / s_filFont.fsize;
46.               printf("CheckFontLib：校验进度：%%%d\r\n", progress);
```

```
47.        }
48.
49.      //从文件中读取数据到缓冲区
50.      result = f_read(&s_filFont, fileBuf, FONT_FIL_BUF_SIZE, &readNum);
51.      if (result !=   FR_OK)
52.      {
53.         //关闭文件
54.         f_close(&s_filFont);
55.
56.         //释放内存
57.         MyFree(SRAMEX, fileBuf);
58.         MyFree(SRAMEX, flashBuf);
59.
60.         //打印错误信息
61.         printf("CheckFontLib：读取数据失败\r\n");
62.         return 0;
63.      }
64.
65.      //从 SPI Flash 中读取数据
66.      GD25Q16Read(flashBuf, readNum, ReadAddr);
67.
68.      //逐一比较
69.      for(i = 0; i < readNum; i++)
70.      {
71.         //发现字库损坏
72.         if(flashBuf[i] != fileBuf[i])
73.         {
74.            //关闭文件
75.            f_close(&s_filFont);
76.
77.            //释放内存
78.            MyFree(SRAMEX, fileBuf);
79.            MyFree(SRAMEX, flashBuf);
80.            return 1;
81.         }
82.      }
83.
84.      //更新读取地址
85.      ReadAddr = ReadAddr + readNum;
86.
87.      //判断文件是否读写完成
88.      if((s_filFont.fptr >= s_filFont.fsize) || (FONT_FIL_BUF_SIZE != readNum))
89.      {
90.         printf("CheckFontLib：校验进度：%%100\r\n");
91.         break;
92.      }
93.   }
94.
```

```
95.     //关闭文件
96.     f_close(&s_filFont);
97.
98.     //释放内存
99.     MyFree(SRAMEX, fileBuf);
100.    MyFree(SRAMEX, flashBuf);
101.
102.    return 0;
103. }
```

　　在"API 函数实现"区，首先实现的是 InitFontLib 函数，如程序清单 9-5 所示。下面按照顺序解释说明 InitFontLib 函数中的语句。

　　（1）第 4 行代码：本实验中的字库文件保存在 SPI Flash 中，首先通过 InitGD25QXX 函数初始化 SPI Flash 芯片。

　　（2）第 7 至 15 行代码：使用 CheckFontLib 函数校验字库，校验成功则不需要更新字库，否则使用 UpdataFontLib 函数从 SD 卡中更新 SPI Flash 内的字库文件。

程序清单 9-5

```
1.   void InitFontLib(void)
2.   {
3.     //初始化 SPI Flash
4.     InitGD25QXX();
5.
6.     //更新字库
7.     if(0 != CheckFontLib())
8.     {
9.       printf("FontLib：字库损坏，需要更新字库!!!\r\n");
10.      UpdataFontLib();
11.    }
12.    else
13.    {
14.      printf("FontLib：字库校验成功\r\n");
15.    }
16.  }
```

　　在 InitFontLib 函数实现区后为 UpdataFontLib 函数的实现代码，如程序清单 9-6 所示。下面按照顺序解释说明 UpdataFontLib 函数中的语句。

　　（1）第 3 至 8 行代码：与字库校验函数类似，通过文件系统使用 SD 卡中的字库文件，首先创建字库文件对象，字库缓冲区 fontBuf 用来暂存字库数据。

　　（2）第 11 至 16 行代码：使用内存管理模块创建暂存字库的动态内存。

　　（3）第 34 至 71 行代码：通过 while 语句，读取 SD 卡中的字库文件至缓冲区，并将该文件存储到 SPI Flash 中。

程序清单 9-6

```
1.   void UpdataFontLib(void)
```

```
2.   {
3.       static FIL s_filFont;              //字库文件（需是静态变量）
4.       FRESULT      result;               //文件操作返回变量
5.       u8*          fontBuf;              //字库缓冲区，由动态内存分配
6.       u32          readNum;              //实际读取的文件数量
7.       u32          writeAddr;            //写入 SPI Flash 地址
8.       u32          progress;             //进度
9.
10.      //申请 4KB 内存
11.      fontBuf = MyMalloc(SRAMIN, FONT_FIL_BUF_SIZE);
12.      if(NULL == fontBuf)
13.      {
14.        printf("UpdataFontLib：申请动态内存失败\r\n");
15.        return;
16.      }
17.
18.      //打开文件
19.      result = f_open(&s_filFont, "0:/font/GBK24.FON", FA_OPEN_EXISTING | FA_READ);
20.      if (result !=   FR_OK)
21.      {
22.        //释放内存
23.        MyFree(SRAMEX, fontBuf);
24.
25.        //打印错误信息
26.        printf("UpdataFontLib：打开字库文件失败\r\n");
27.        return;
28.      }
29.
30.      //分批次读取数据并写到 SPI Flash 中
31.      printf("UpdataFontLib：开始更新字库\r\n");
32.      writeAddr = 0;
33.      progress = 0;
34.      while(1)
35.      {
36.        //进度输出
37.        if((100 * s_filFont.fptr / s_filFont.fsize) >= (progress + 15))
38.        {
39.          progress = 100 * s_filFont.fptr / s_filFont.fsize;
40.          printf("UpdataFontLib：更新进度：%%%d\r\n", progress);
41.        }
42.
43.        //从文件中读取数据到缓冲区
44.        result = f_read(&s_filFont, fontBuf, FONT_FIL_BUF_SIZE, &readNum);
45.        if (result !=   FR_OK)
46.        {
47.          //关闭文件
48.          f_close(&s_filFont);
49.
```

```
50.        //释放内存
51.        MyFree(SRAMEX, fontBuf);
52.
53.        //打印错误信息
54.        printf("UpdataFontLib：读取数据失败\r\n");
55.        return;
56.      }
57.
58.      //将字库数据写入 SPI Flash
59.      GD25Q16Write(fontBuf, readNum, writeAddr);
60.
61.      //更新写入地址
62.      writeAddr = writeAddr + readNum;
63.
64.      //判断文件是否读写完成
65.      if((s_filFont.fptr >= s_filFont.fsize) || (FONT_FIL_BUF_SIZE != readNum))
66.      {
67.        printf("UpdataFontLib：更新进度：%%100\r\n");
68.        printf("UpdataFontLib：更新字库完毕\r\n");
69.        break;
70.      }
71.    }
72.
73.    //关闭文件
74.    f_close(&s_filFont);
75.
76.    //释放内存
77.    MyFree(SRAMEX, fontBuf);
78.
79.    //更新成功提示
80.    printf("UpdataFontLib：更新字库成功\r\n");
81.  }
```

在 UpdataFontLib 函数实现区后为 GetCNFont24x24 函数的实现代码，如程序清单 9-7 所示。该函数有两个输入参数 code 和 buf，分别代表汉字的 GBK 码和汉字的点阵数据缓冲区。下面按照顺序解释说明 GetCNFont24x24 函数中的语句。

（1）第 8 至 9 行代码：将 GBK 码拆分为高 8 位和低 8 位分别保存在 gbkH 和 gbkL 变量中，用于判断区号和位号。

（2）第 21 至 33 行代码：在 GBK 编码方式中，由于低位 0x7F 没有使用，因此地址查询分为两段。当 $0x40 \leqslant gbkL \leqslant 0x7E$ 时，addr=((gbkH−0x81)×190+(gbkL−0x40))×72；当 $0x80 \leqslant gbkL \leqslant 0xFE$ 时，addr=((gbkH−0x81)×190+(gbkL−0x41))×72。

程序清单 9-7

```
1.  void GetCNFont24x24(u32 code, u8* buf)
2.  {
3.    u8  gbkH, gbkL; //GBK 码高位、低位
4.    u32 addr;        //点阵数据在 SPI Flash 中的地址
```

```
5.      u32 i;              //循环变量
6.
7.      //拆分 GBK 码高位、低位
8.      gbkH = code >> 8;
9.      gbkL = code & 0xFF;
10.
11.     //校验高位
12.     if((gbkH < 0x81) || (gbkH > 0xFE))
13.     {
14.       for(i = 0; i < 72; i++)
15.       {
16.         buf[i] = 0;
17.       }
18.       return;
19.     }
20.
21.     //低位处在 0x40～0x7E 范围
22.     if((gbkL >= 0x40) && (gbkL <= 0x7E))
23.     {
24.       addr = ((gbkH - 0x81) * 190 + (gbkL - 0x40)) * 72;
25.       GD25Q16Read(buf, 72, addr);
26.     }
27.
28.     //低位处在 0x80～0xFE 范围
29.     else if((gbkL >= 0x80) && (gbkL <= 0xFE))
30.     {
31.       addr = ((gbkH - 0x81) * 190 + (gbkL - 0x41)) * 72;
32.       GD25Q16Read(buf, 72, addr);
33.     }
34.
35.     //出错
36.     else
37.     {
38.       for(i = 0; i < 72; i++)
39.       {
40.         buf[i] = 0;
41.       }
42.     }
43.  }
```

9.3.2　LCD 文件对

1. LCD.h 文件

本章实验使用 LCD 显示中文字符，由于原 LCD 驱动代码中没有中文显示函数，因此在
LCD.h 文件的"API 函数声明区"，添加了如程序清单 9-8 所示的代码，ShowCNChar 函数用
于显示中文字符。

程序清单 9-8

```
void ShowCNChar(u16 x, u16 y, u16 code, u16 textColor, u16 backColor, u16 size, u16 mode); //显示汉字
```

2．LCD.c 文件

在 LCD.c 文件的"包含头文件"区的最后，添加代码#include "FontLib.h"。

在"API 函数实现"区的 LCDShowString 函数后添加 ShowCNChar 函数的实现代码，如程序清单 9-9 所示。该函数有 7 个输入参数，x、y 为起点坐标，code 为汉字内码，textColor 为文本颜色，backColor 为文字底色，size 为字体大小，mode 为 0 表示非叠加显示，为 1 表示叠加显示。下面按照顺序解释说明 ShowCNChar 函数中的语句。

（1）第 18 行代码：通过 GetCNFont24x24 函数获取汉字点阵数据，并保存在 gbk 数组中。

（2）第 21 至 49 行代码：通过 LCDFastDrawPoint 函数使 LCD 根据点阵数据显示相应的中文字符。

程序清单 9-9

```
1.   void ShowCNChar(u16 x, u16 y, u16 code, u16 textColor, u16 backColor, u16 size, u16 mode)
2.   {
3.       u8   byte, i, j;          //临时变量和循环变量
4.       u16 y0;                   //用于保存起始纵坐标
5.       u8   gbk[72];             //汉字点阵数据
6.       u8   len;                 //单个点阵数据字节总数
7.
8.       //保存起始纵坐标
9.       y0 = y;
10.
11.      //24x24 汉字点阵固定为 72 字节
12.      if(24 == size)
13.      {
14.          len = 72;
15.      }
16.
17.      //获得汉字点阵数据
18.      GetCNFont24x24(code, gbk);
19.
20.      //显示汉字
21.      for(i = 0; i < len; i++)
22.      {
23.          //获取 1 字节点阵数据
24.          byte = gbk[i];
25.
26.          //显示这 1 字节内容
27.          for(j = 0; j < 8; j++)
28.          {
```

```
29.          if(byte & 0x80)
30.          {
31.            LCDFastDrawPoint(x, y, textColor);
32.          }
33.          else if(0 == mode)
34.          {
35.            LCDFastDrawPoint(x, y, backColor);
36.          }
37.
38.          //左移一位
39.          byte = byte << 1;
40.
41.          //更新坐标
42.          y++;
43.          if((y - y0) >= size)
44.          {
45.            y = y0;
46.            x++;
47.          }
48.        }
49.      }
50. }
```

9.3.3　FatFSTest.c 文件

在"FatFs 与读写 SD 卡实验"中实现了在 GD32F3 苹果派开发板上显示英文电子书，本实验将使用同样的 GUI 框架显示中文电子书，因此需要修改 FatFSTest.c 文件中相应的函数。如程序清单 9-10 所示，在"内部函数实现"区的 NewPage 函数中添加了相应的代码，用于显示中文字符。下面按照顺序解释说明 NewPage 函数中添加的语句。

（1）第 4 行代码：定义 cnChar 用于保存汉字的 GBK 码。

（2）第 8 行代码：将 cnChar 初始化为 0。

（3）第 14 至 33 行代码：添加中文显示的部分代码。其中第 14 行代码用于判断第一字节是否大于或等于 0x81，如果满足条件，则使用 GBK 编码方式进行解码。在第 32 行代码中，通过调用 ShowCNChar 函数进行中文字符显示。

（4）第 36 至 48 行代码：由于中文字符的列空间比英文字符多一倍，需要重新计算列计数。

程序清单 9-10

```
1.  static void NewPage(void)
2.  {
3.  ......
4.    u16 cnChar;                    //中文符号
5.  ......
6.    while(1)
7.    {
```

```
8.         cnChar = 0;
9.
10.    //从缓冲区中读取 1 字节数据
11.    ……
12.
13.      //中文
14.      else if(newchar >= 0x81)
15.      {
16.          //保存高字节
17.          cnChar = newchar << 8;
18.
19.          //从缓冲区中读取 1 字节数据
20.          if(0 == ReadBookByte((char*)&newchar, &visibleLen))
21.          {
22.            s_iEndFlag = 1;
23.            return;
24.          }
25.
26.          //组合成一个完整的汉字内码
27.          cnChar = cnChar | newchar;
28.
29.          //显示
30.          x = BOOK_X0 + FONT_WIDTH * rowCnt;
31.          y = BOOK_Y0 + FONT_HEIGHT * lineCnt;
32.          ShowCNChar(x, y, cnChar, GUI_COLOR_BLACK, NULL, 24, 1);
33.      }
34.
35.      //更新列计数（中文占 2 列）
36.      if(0 == cnChar)
37.      {
38.          rowCnt = rowCnt + 1;
39.      }
40.      else
41.      {
42.          rowCnt = rowCnt + 2;
43.      }
44.      x = BOOK_X0 + FONT_WIDTH * rowCnt;
45.      if(x > (BOOK_X1 - 2 * FONT_WIDTH))
46.      {
47.          rowCnt = 0;
48.      }
49.
50.   //更新行计数
51.   ……
52.  }
53.  }
```

9.3.4　GUIPlatform.c 文件

在本章实验中，使用 GUI 控件来显示电子书的标题，由于标题中含有中文字符，因此需要在 GUIDrawChar 函数中添加支持显示中文字符的部分代码，如程序清单 9-11 中的第 5 至 8 行代码所示。

程序清单 9-11

```
1.  void GUIDrawChar(u32 x, u32 y, u32 code, EnumGUIFont font, u32 backColor,u32 textColor, u32 mode)
2.  {
3.  ······
4.    //汉字
5.    else
6.    {
7.      ShowCNChar(x, y, code, textColor, backColor, size, mode);
8.    }
9.  }
```

9.3.5　实验结果

将 SD 卡插入开发板，下载程序并进行复位。程序将打开位于 SD 卡根目录下的 book 文件夹中的"西游记.txt"文件，可以看到开发板的 LCD 屏上显示如图 9-3 所示的电子书界面，单击屏幕上的按钮可以实现左右翻页的功能，表示实验成功。

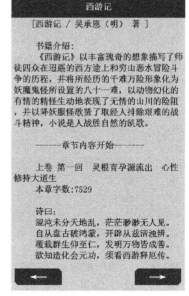

本　章　任　务

本章实验介绍了中文编码的基本方式以及字库的生成和调用方法，最终实现了中文电子书功能。请尝试使用本章实验提供的字库，在 OLED 上显示中文字符"乐育科技"。

本　章　习　题

1．中文字符"你"对应的 GBK 编码是什么？
2．什么是 Unicode 编码？其存在的意义和作用是什么？
3．如何使用字模生成软件生成 GB2132 字库？

图 9-3　中文显示实验 GUI 界面

第 10 章　CAN 通信实验

CAN 是 Controller Area Network 的缩写，即控制器局域网络，它由德国 BOSCH 公司开发，是国际上应用最广泛的现场总线之一。由于具有高可靠性和良好的错误检测能力，它被广泛应用于汽车计算机控制系统和环境温度恶劣、电磁辐射强及震动大的工业环境中。

10.1　实 验 内 容

本章的主要内容是学习 CAN 总线的基本原理，包括 CAN 的物理层和协议层，了解 GD32F30x 系列微控制器上的 CAN 控制器和相关固件库函数。最后基于 GD32F3 苹果派开发板设计一个 CAN 通信实验，将 CAN 控制器配置为正常工作模式，采用 CAN 转 USB 模块连接开发板与计算机，通过操作 LCD 屏上的 GUI，实现开发板与计算机之间的数据通信。

10.2　实 验 原 理

10.2.1　CAN 模块

CAN 模块电路原理图如图 10-1 所示，GD32F3 苹果派开发板上的 J_{708} 为 CAN 总线端口，端口连接至 CAN 总线收发芯片 TJA1050T 的 CANH、CANL 引脚上。TJA1050T 芯片的 RS 引脚接地，芯片工作在高速模式。芯片的 R、D 引脚通过 CAN_RX 和 CAN_TX 网络分别连接到双排排针座 J_{709} 的 1、2 号引脚上，同时 J_{709} 的 3、4 号引脚分别与 GD32F303ZET6 微控制器的 PA11、PA12 引脚相连。使用 CAN 总线通信时，需要用跳线帽将 CAN_RX、CAN_TX 分别与 PA11、PA12 短接。

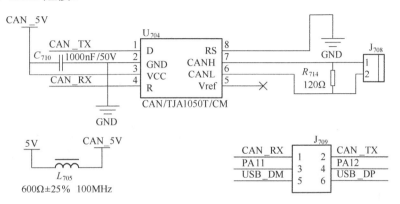

图 10-1　CAN 模块电路原理图

10.2.2　CAN 协议简介

1．CAN 物理层

与 I^2C 和 SPI 等具有时钟信号的同步通信方式不同，CAN 为异步通信，不需要通过时钟信号进行同步，且不使用地址来区分不同节点。CAN 只具有 CAN_High 和 CAN_Low 两条信号线，共同构成一组差分信号线，以差分信号的形式进行通信。

（1）总线网络

CAN 物理层的形式主要有两种：闭环总线通信网络和开环总线通信网络。

CAN 闭环总线通信网络如图 10-2 所示，它是一种遵循 ISO11898-2 标准的高速、短距离"闭环网络"，总线最大长度为 40m，通信速度最高为 1Mbps，总线的两端各要求有一个 120Ω 的电阻，用于避免信号的反射和回波。

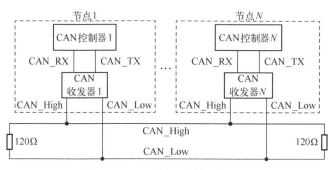

图 10-2　CAN 闭环总线通信网络

CAN 开环总线通信网络如图 10-3 所示，它是遵循 ISO11898-3 标准的低速、远距离"开环网络"，它的最大传输距离为 1km，最高通信速度为 125kbps，两条总线是独立的，不形成闭环，并且要求每条总线上各串联一个 2.2kΩ 的电阻。

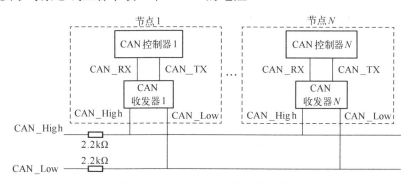

图 10-3　CAN 开环总线通信网络

（2）通信节点

CAN 总线上可以挂载多个通信节点，节点之间的信号都通过总线传输。由于 CAN 通信协议不对节点进行地址编码，而是对数据内容进行编码，因此只要总线的负载足够，理论上网络中的节点个数不受限制。

（3）差分信号

与使用单条信号线的电压表示逻辑的方式不同，差分信号传输时需要两条信号线，通过这两条信号线的电压差值来表示逻辑 0 和 1。相较于单信号线的传输方式，使用差分信号传输具有抗干扰能力强和时序定位精确的优点。在 USB 协议、RS-485 协议、以太网协议及 CAN 协议的物理层中，都使用了差分信号传输。由于 CAN 总线协议的物理层只有一对差分线，总线在同一时刻只能表示一个信号，因此对通信节点而言，CAN 通信是半双工的，收发数据需要分时进行，同一时刻只能有一个通信节点发送信号，其余的节点只能接收信号。

CAN 协议中对其使用的差分信号线 CAN_High 和 CAN_Low 做了规定，如表 10-1 所示。在 CAN 协议中，逻辑 0 称为显性电平，逻辑 1 称为隐性电平。以高速 CAN 协议的典型值为例，表示逻辑 1（隐性电平）时，CAN_High 和 CAN_Low 线上的电压均为 2.5V，电压差为 0V；表示逻辑 0（显性电平）时，CAN_High 线上的电压为 3.5V，CAN_Low 线上的电压为 1.5V，电压差为 2V。

表 10-1 CAN 协议标准表示的信号逻辑

信　号	高　速						低　速					
	隐性电平（逻辑 1）			显性电平（逻辑 0）			隐性电平（逻辑 1）			显性电平（逻辑 0）		
	最小值	典型值	最大值	最小值	典型值	最大值	最小值	典型值	最大值	最小值	典型值	最大值
CAN_High/V	2.0	2.5	3.0	2.75	3.5	4.5	1.6	1.75	1.9	3.85	4.0	5
CAN_Low/V	2.0	2.5	3.0	0.5	1.5	2.25	3.1	3.25	3.4	0	1.0	1.15
电压差/V	−0.5	0	0.05	1.5	2.0	3.0	−0.3	−1.5	—	0.3	3.0	—

假如有两个 CAN 通信节点，在同一时刻，其中一个节点输出隐性电平，另一个节点输出显性电平，CAN 总线的"线与"特性将使其处于显性电平状态。

2. CAN 协议层

（1）时序与同步

CAN 协议属于异步通信协议，没有时钟信号线，连接在同一个总线网络上的各个节点使用约定的波特率进行通信。CAN 还会使用"位同步"的方式来抗干扰、吸收误差，实现对总线电平信号的正确采样，确保通信时序正常。

为了实现位同步，CAN 协议把每一个数据位的时序分解成如图 10-4 所示的 SS 段、PTS 段、PBS1 段和 PBS2 段，这 4 段的长度相加即为 CAN 协议中一位数据的长度。分解后最小的时间单位为 Tq，一个完整的位通常由 8～25Tq 组成。为便于表示，图 10-4 中所示的高电平或低电平分别代表信号逻辑 1 或逻辑 0。

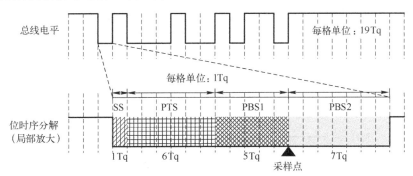

图 10-4 CAN 位时序分解

在图 10-4 中，CAN 通信信号的一个数据位的长度为 19Tq，其中 SS 段占 1Tq，PTS 段占 6Tq，PBS1 段占 5Tq，PBS2 段占 7Tq。信号的采样点位于 PBS1 段与 PBS2 段之间，通过控制各段的长度，可以实现采样点位置的偏移，以便准确采样。各段的作用如表 10-2 所示。

表 10-2 各段作用

段 名 称	作 用	Tq 数
同步段 （SS: Synchronization Segment）	若通信节点检测到总线上信号的跳变沿被包含在 SS 段的范围之内，则表示节点与总线的时序是同步的	1Tq
传播时间段 （PTS: Propagation Time Segment）	用于补偿网络的物理延时时间 （注：在 GD32 中，PTS 段包含在 PBS1 段）	1～8Tq
相位缓冲段 1 （PBS1: Phase Buffer Segment 1）	用于吸收累计误差。当信号边沿不在 SS 段中时，可在此段进行补偿。PBS1 加长或 PBS2 缩短的最大限度由 SJW 决定	1～8Tq
相位缓冲段 2 （PBS2: Phase Buffer Segment 2）		2～8Tq
再同步补偿宽度 （SJW: reSynchronization Jump Width）	因时钟频率偏差、传送延时等，各单元有同步误差。SJW 为补偿此误差的最大值。SJW 加大后允许误差加大，但通信速度下降	1～4Tq

CAN 实现位同步的方式可以分为硬同步和重新同步。

① 硬同步

当总线出现从隐性电平到显性电平的跳变时，节点将其视为位的起始段（SS），以获得同步，如图 10-5 所示。

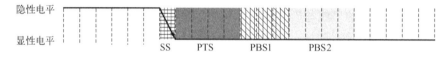

图 10-5 硬同步示意图

硬同步仅当存在"帧起始信号"时起作用，而在连续发送一帧数据时，无法确保后续数据的位时序都是同步的。但重新同步可解决该问题。

② 重新同步

在一帧很长的数据内，如果节点信号与总线信号的相位存在偏移，则需要重新同步。每当节点检测出电平跳变存在滞后或提前时，节点上的控制器会根据 SJW 值，通过加长 PBS1 段或缩短 PBS2 段的方式以调整同步，但最大调整量不能超过 SJW 值。当控制器设置的 SJW 极限值较大时，可以吸收的误差加大，但会导致通信速度下降。

当节点检测出跳变沿有 2Tq 的滞后时，PSB1 段末尾将会插入相应的长度（即 2Tq）以调整同步，如图 10-6 所示。

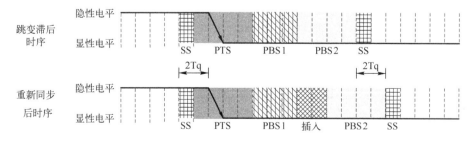

图 10-6 跳变滞后情况下的重新同步

当节点检测出跳变沿有 2Tq 的提前时，PSB2 段末尾将会减小相应的长度（即 2Tq）以调整同步，如图 10-7 所示。

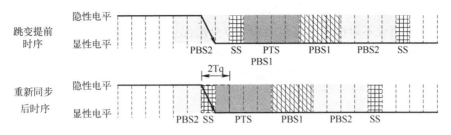

图 10-7　跳变提前情况下的重新同步

（2）帧结构

前面介绍了 CAN 协议中 1 位数据的传输方式，下面介绍 CAN 的帧结构。当数据包被传输到其他设备时，只要设备按规定的格式解读，就能还原出原始数据，这样的报文（Message）就被称为 CAN 的数据帧（Frame）。CAN 一共规定了 5 种类型的帧，本章仅对最主要的数据帧做简要介绍。

表 10-3　帧的种类及用途

帧	帧 用 途
数据帧	用于发送单元向接收单元传送数据的帧
遥控帧	用于接收单元向具有相同 ID 的发送单元请求数据的帧
错误帧	用于当检测出错误时向其他单元通知错误的帧
过载帧	用于接收单元通知其尚未做好接收准备的帧
帧间隔	用于将数据帧及遥控帧与前面的帧分离开来的帧

数据帧构成如图 10-8 所示，数据帧以 1 个显性位开始，7 个连续的隐性位结束，在它们之间还包含仲裁段、控制段、数据段、CRC 段和 ACK 段。

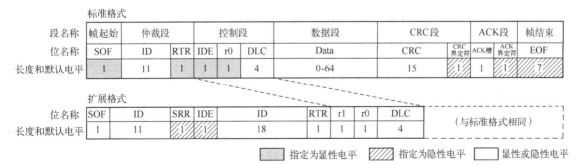

图 10-8　数据帧构成

① 帧起始

表示数据帧的开始，以一个显性位开始。只有总线空闲时，才允许发送此信号。

② 仲裁段

当同时有两个报文被发送时，总线会根据仲裁段的内容决定哪个数据包能被传输。

仲裁段的内容主要为本数据帧的 ID 信息（标识符），数据帧具有标准格式和扩展格式两种，区别在于 ID 信息的长度，标准格式的 ID 为 11 位，扩展格式的 ID 为 29 位。在 CAN 协议中，ID 起着重要的作用，它决定着数据帧发送的优先级，也决定着其他节点是否会接收这个数据帧。CAN 协议不对挂载在它之上的节点分配优先级和地址，也不区分主从节点，对总线的占有权是由信息的重要性决定的。对于重要的信息，需要打包上一个优先级高的 ID，使它能够及时地发送出去。优先级分配原则使 CAN 的扩展性大大加强，在总线上增加或减少节点并不影响其他设备。

报文的优先级是通过对 ID 的仲裁来确定的。根据前面对物理层的分析，如果总线上同时出现显性电平和隐性电平，总线的状态会被置为显性电平，CAN 正是利用总线的线与特性进行仲裁的。如果两个节点同时竞争 CAN 总线的占有权，当它们发送报文时，若首先出现隐性电平，则会失去对总线的占有权，进入接收状态。仲裁过程如图 10-9 所示，在开始阶段，两个设备发送的电平一致，所以它们持续发送数据，到达阴影处时，节点 1 发送隐性电平，而此时节点 2 发送显性电平，由于总线的线与特性，总线上的电平信号将与节点 2 保持一致，报文继续发送，而此时节点 1 仲裁失利，将会停止发送并转为接收状态，待总线空闲时再继续重传报文。

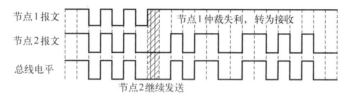

图 10-9　仲裁过程

仲裁段 ID 的优先级也影响着接收设备对报文的回应。因为在 CAN 总线上，数据以广播的形式发送，所有连接在 CAN 总线的节点都会收到其他节点发出的有效数据，因而 CAN 控制器具有根据 ID 过滤报文的功能，它可以控制节点只接收某些 ID 的报文。

仲裁段除了报文 ID，还有 RTR、IDE 和 SRR 位。

RTR 位（Remote Transmission Request Bit），远程传输请求位，用于区分数据帧和遥控帧。当 RTR 位为显性电平时表示数据帧，为隐性电平时表示遥控帧。

IDE 位（Identifier Extension Bit），为标识符扩展位，用于区分标准格式与扩展格式。当 IDE 位为显性电平时表示标准格式，隐性电平时表示扩展格式。

SRR 位（Substitute Remote Request Bit），只存在于扩展格式，用于替代标准格式中的 RTR 位。由于扩展帧中的 SRR 位为隐性位，RTR 在数据帧为显性位，因此在两个 ID 相同的标准格式报文与扩展格式报文中，标准格式的优先级较高。

③ 控制段

控制段中的 r1 和 r0 为保留位，默认设置为显性位。控制段最主要的是 DLC 段（Data Length Code），即数据长度码，由 4 个数据位组成，用于表示本报文中的数据段含有的字节数，可取值为 0～8。

④ 数据段

数据段可包含 0～8 字节的数据。

⑤ CRC 段

CRC 段是检查帧传输错误的帧。由根据多项式生成的 15 位 CRC 值和 1 位的 CRC 界定符构成。CRC 的计算范围包括帧起始、仲裁段、控制段和数据段。

⑥ ACK 段

发送节点在 ACK 槽（ACK Slot）发送的是隐性位，而接收节点在这一位中发送显性位以示应答，在 ACK 槽和帧结束之间由 ACK 界定符间隔开。

⑦ 帧结束

帧结束 EOF（End Of Frame）表示该帧的结束，由 7 个连续的隐性位构成。为了避免总线在帧结束标志之外出现 7 个连续的隐性位，CAN 协议引入位重填机制，当总线出现 5 个相同的隐性位时插入 1 位显性位，或当总线出现 5 个相同的显性位时插入 1 位隐性位，确保总线上不会连续出现 6 个相同的位。在接收节点上做相应的逆向处理，即可保证数据传输的准确性。

10.2.3　GD32F30x 系列微控制器的 CAN 外设简介

GD32F30x 系列微控制器所搭载的 CAN 总线控制器遵循 CAN 总线协议 2.0A 和 2.0B，可以处理总线上的数据收发，具有 14 个过滤器用于筛选并接收用户需要的消息。用户可以通过 3 个发送邮箱将待发送数据传输至总线，邮箱发送的顺序由发送调度器决定，并通过 2 个深度为 3 的接收 FIFO 获取总线上的数据，接收 FIFO 的管理完全由硬件控制。同时 CAN 总线控制器硬件支持时间触发通信（Time-trigger communication）功能，但由于时间触发通信模式使用得较少，本章暂不涉及。

1. 通信模式

CAN 总线控制器有 4 种通信模式，如图 10-10 所示。

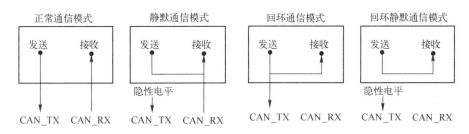

图 10-10　4 种通信模式示意图

在静默通信模式下，可以从 CAN 总线接收数据，但不向总线发送任何数据。该模式可以用来监控 CAN 网络上的数据传输。

回环通信模式通常用于 CAN 通信自测。在该模式下，由 CAN 总线控制器发送的数据可以被自己接收并存入接收 FIFO，同时这些发送数据也送至 CAN 网络。但接收端只接收本节点发送端的内容，不接收来自总线上的内容。

回环静默通信模式是以上两种模式的结合。在该模式下，节点既不从总线上接收数据，也不向总线发送数据，其发送的数据仅可以被自己接收。与回环通信模式类似，回环静默通信模式通常用于 CAN 通信自测，但又不对总线产生任何干扰。

正常（Normal）通信模式指节点既可以从 CAN 总线接收数据，也可以向 CAN 总线发送数据。

2．位时序与同步

与 CAN 通信协议不同，GD32F30x 系列微控制器的 CAN 总线控制器将位时间分为 3 部分。

- 同步段（Synchronization Segment），记为 SS，该段占用 1 个时间单元（1Tq）。
- 位段 1（Bit Segment 1），记为 BS1，该段占用 1 到 16 个时间单元。相对于 CAN 协议而言，BS1 相当于 PDS 和 PBS1。
- 位段 2（Bit Segment 2），记为 BS2，该段占用 1 到 8 个时间单元。相对于 CAN 协议而言，BS2 相当于相位缓冲段 2（Phase Buffer Segment 2）。

采样点位于 BS1 与 BS2 的交界处，设置各段的最终目的，是为了能在正确的时间内采集总线电平信号。

再同步补偿宽度 SJW 对 CAN 网络节点同步误差进行补偿，占用 1 到 4 个时间单元。配置 CAN 控制器时仅需要写入 SJW 值，剩余工作将由硬件来完成。SJW 值越大，CAN 总线的通信速度越慢。

对比标准 CAN 协议，GD32CAN 控制器的位时序如图 10-11 所示。

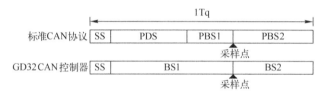

图 10-11　CAN 控制器与 CAN 标准协议位时序对比

3．波特率

波特率指每秒传输码元的数目，而比特率为每秒传输的比特（bit）数。由于 CAN 传输协议使用 NRZ 编码（即高电平表示 1，低电平表示 0），此时比特率与波特率相等。

波特率的计算公式为：$BaudRate = \dfrac{1}{T_{Tq} \cdot T_{1bit}}$

其中，单个时间单元的时长为：$T_{Tq} = \dfrac{1}{\dfrac{f_{APB1}}{\Pr escaler}} = \dfrac{\Pr escaler}{f_{APB1}}$

一个数据位所包含的时间单元数：

$$T_{1bit} = T_{SYNC} + T_{BS1} + T_{BS2} = N \cdot Tq$$

注意，在实际通信中采用的波特率不能超过 CAN 总线规定的通信最高速率 1Mbps。

4．过滤器

I^2C 总线协议采用地址来区分节点，而在 CAN 协议中，消息的标识符与节点地址无关，但与消息内容有关。因此，发送节点将报文广播给所有接收器时，接收节点会根据报文标识符的值来确定软件是否需要该消息。为了简化软件的工作，GD32F30x 系列微控制器的 CAN 外设接收报文前会先使用验收过滤器检查，只接收需要的报文到 FIFO 中。如果使能过滤器，且报文的 ID 与所有过滤器的配置都不匹配，CAN 控制器会丢弃该报文，不存入接收 FIFO。每个 FIFO 至少使能一个过滤器，否则所有报文均视为无效。在同一个 FIFO 中使用多个过滤器时，只要报文能通过任意一个激活的过滤器，则该帧均视为有效报文。

根据过滤 ID 长度分类，CAN 过滤器的工作模式有以下两种：

（1）一个 32 位过滤器，检查 SFID[10:0]、EFID[17:0]、IDE 和 RTR 位。

（2）两个 16 位过滤器，检查 SFID[10:0]、RTR、IDE 和 EFID[17:15]。

根据过滤模式分类，有以下两种模式：

（1）标识符列表模式：把要接收报文的 ID 列成表，要求报文 ID 与列表中的某一个标识符完全一致才可以接收。

（2）掩码模式：把可接收报文 ID 的某几位作为列表，这几位被称为掩码。当掩码位为 1 时，表示该位需要与预设 ID 值一致；为 0 时，表示该位可以不一致。可以把它理解成关键字搜索，只要掩码（关键字）相同，就符合要求。如表 10-4 所示，在掩码模式下，第一个寄存器存储要筛选的 ID，第二个寄存器存储掩码，掩码为 1 的部分表示该位必须与 ID 中的内容一致，筛选的结果为表中第三行的 ID 值，它是一组包含多个 ID 的值，其中 x 表示该位可以为 1 或 0。

表 10-4　掩码模式工作示意图

ID	1	0	0	1
掩码	1	1	0	0
筛选的 ID	1	0	x	x

综合上述筛选 ID 长度与过滤模式，过滤器的 4 种工作模式及对应的寄存器配置如图 10-12 所示。其中，表格内为寄存器名称及所处的位段。

在实际配置过程中，需要根据所采用的过滤器工作模式和长度，利用固件库函数配置相对应的过滤器单元。过滤序号将自动编号并存储到接收 FIFO 邮箱属性寄存器（CAN_RFIFOMPx）中。如果一个帧通过了 FIFO0 中过滤序号 10（Filter Number=10）的过滤单元，那么该帧的过滤索引为 10，这时 CAN_RFIFOMPx 中 FI 的值为 10。

10.2.4　CAN 数据接收和数据发送路径

CAN 数据接收过程如图 10-13 所示，具体为：①CAN 控制器检测到总线上有数据传送，将通过过滤器判断是否接收该数据帧；②如果数据帧通过过滤器，则被保存至 CAN 接收邮箱，并产生中断，将数据复制到接收结构体中，最后通过 EnQueue 函数将数据保存到数据接收缓冲区；③通过 CAN 顶层应用中每隔一段时间调用 ReadCAN0 函数，将数据从接收缓冲区取出，并且显示在 GUI 上。

CAN 数据发送过程如图 10-14 所示，具体为：①用户在 GUI 中输入 ID 并发送数据，单击 Send 按钮后 CAN 顶层调用 WriteCAN0 函数；②WriteCAN0 函数为发送管理结构体各成员赋值，最后调用 can_message_transmit 函数，将数据传送至 CAN 发送邮箱，最终由硬件发送到 CAN 总线上。

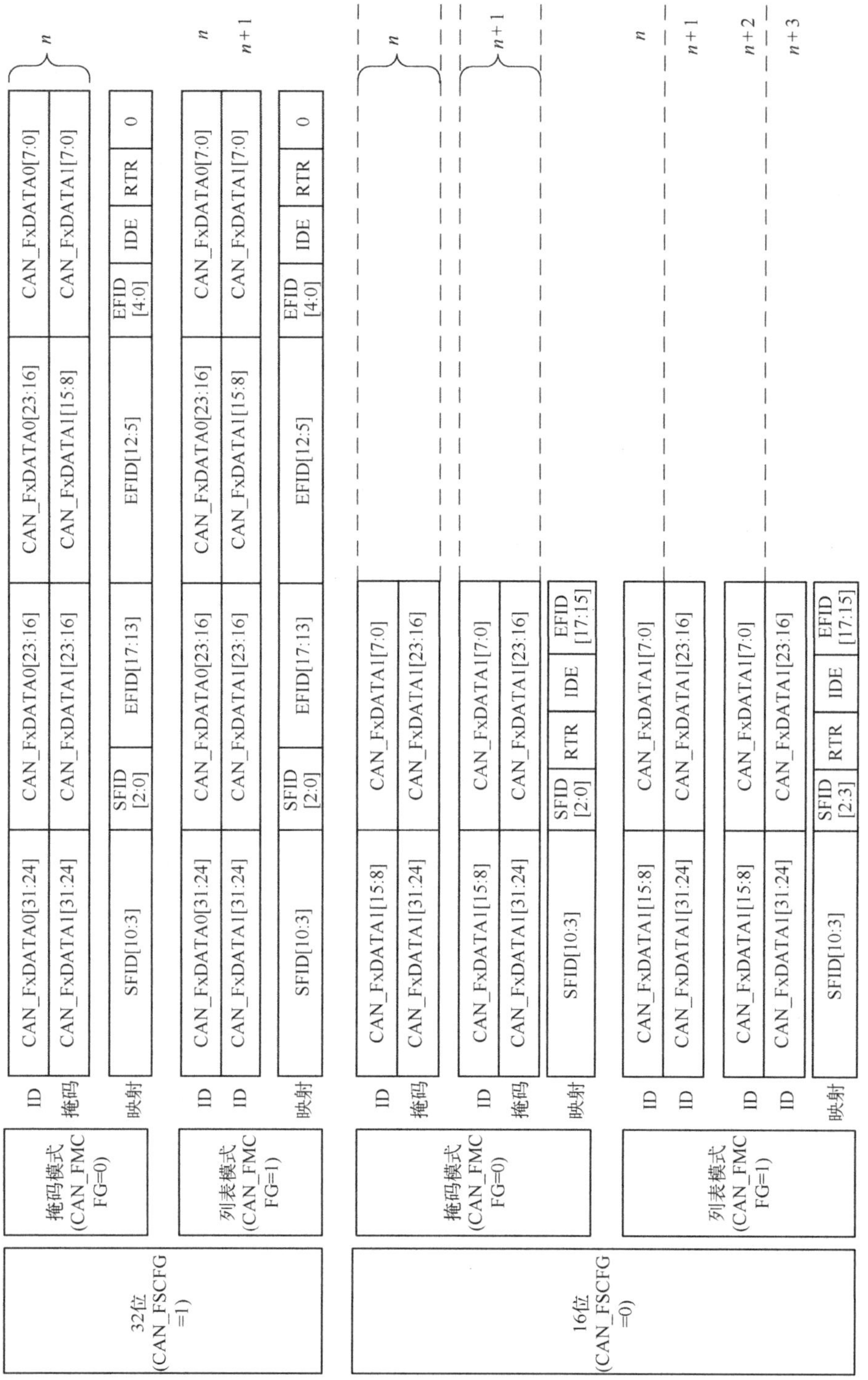

图 10-12　过滤器的 4 种工作模式及对应的寄存器配置

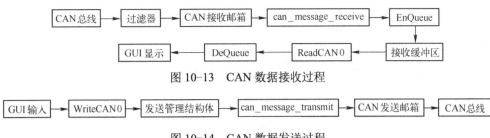

图 10-13　CAN 数据接收过程

图 10-14　CAN 数据发送过程

10.2.5　CAN 部分固件库函数

下面简要介绍本章实验中用到的部分固件库函数，这些函数均在 gd32f30x_can.h 文件中声明，在 gd32f30x_can.c 文件中实现。

1. can_init

can_init 函数的功能是初始化 CAN 外设，具体描述如表 10-5 所示。

表 10-5　can_init 函数的描述

函数名	can_init
函数原型	ErrStatus can_init(uint32_t can_periph, can_parameter_struct* can_parameter_init)
功能描述	初始化 CAN 外设
输入参数 1	CANx(x=0，1)：CAN 外设选择
输入参数 2	can_parameter_init：初始化结构体，结构体成员参考表
输出参数	无
返回值	ErrStatus：SUCCESS 或 ERROR，配置成功或失败

can_parameter_struct 结构体成员变量定义如表 10-6 所示。

表 10-6　can_parameter_struct 结构体成员变量定义

成 员 名 称	功 能 描 述
working_mode	工作模式（CAN_NORMAL_MODE，CAN_LOOPBACK_MODE，CAN_SILENT_MODE，CAN_SILENT_LOOPBACK_MODE）
resync_jump_width	再同步补偿宽度（CAN_BT_SJW_xTQ）(x=1, 2, 3, 4)
time_segment_1	位段 1（CAN_BT_BS1_xTQ）(x=1, 2, 3, …, 16)
time_segment_2	位段 2（CAN_BT_BS2_xTQ）(x=1, 2, 3, …, 16)
time_triggered	时间触发通信模式（ENABLE，DISABLE）
auto_bus_off_recovery	自动离线恢复（ENABLE，DISABLE）
auto_wake_up	自动唤醒（ENABLE，DISABLE）
no_auto_retrans	禁用自动重传（ENABLE，DISABLE）
rec_fifo_overwrite	接收 FIFO 满时覆盖（ENABLE，DISABLE）
trans_fifo_order	发送 FIFO 顺序（ENABLE，DISABLE） （为 ENABLE 时按照存入发送邮箱的先后顺序发送）
prescaler	波特率分频系数（整数）

2. can_filter_init

can_filter_init 函数的功能是初始化 CAN 过滤器，具体描述如表 10-7 所示。

表 10-7　can_filter_init 函数的描述

函数名	can_filter_init
函数原型	void can_filter_init（can_filter_parameter_struct* can_filter_parameter_init）;
功能描述	CAN 过滤器初始化
输入参数	can_filter_parameter_init：过滤器初始化结构体
输出参数	无
返回值	void

can_filter_parameter_struct 结构体成员变量定义如表 10-8 所示。

表 10-8　can_filter_parameter_struct 结构体成员变量的定义

成 员 名 称	功 能 描 述
filter_list_high	过滤器列表数高位（4 位十六进制整数）
filter_list_low	过滤器列表数低位（4 位十六进制整数）
filter_mask_high	过滤器掩码数高位（4 位十六进制整数）
filter_mask_low	过滤器掩码数低位（4 位十六进制整数）
filter_fifo_number	接收 FIFO 编号(0,1)
filter_number	过滤单元(0, 1, 2, …, 13)
filter_mode	过滤模式：列表模式/掩码模式 （CAN_FILTERMODE_LIST，CAN_FILTERMODE_MASK）
filter_bits	过滤器位宽（CAN_FILTERBITS_xBIT）(x=16, 32)
filter_enable	过滤器是否工作（ENABLE，DISABLE）

其中，filter_list_high、filter_list_low、filter_mask_high 和 filter_mask_low 结构体成员的内容会在不同的过滤模式、过滤器位宽下对应不同的内容，如表 10-9 所示。假设现在有 4 个各不相同的 ID，其命名为 IDx（x=1,2,3,4）。

表 10-9　不同模式下各结构体成员的内容

模　式	filter_list_high	filter_list_low	filter_mask_high	filter_mask_low
32 位列表模式	ID1 的高 16 位	ID1 的低 16 位	ID2 的高 16 位	ID1 的低 16 位
16 位列表模式	ID1 的完整值	ID2 的完整值	ID3 的完整值	ID4 的完整值
32 位掩码模式	ID1 的高 16 位	ID1 的低 16 位	ID1 高 16 位掩码	ID1 低 16 位掩码
16 位掩码模式	ID1 的完整值	ID2 的完整值	ID1 的完整掩码	ID2 的完整掩码

3. can_message_transmit

can_message_transmit 函数的功能是传输 CAN 报文，具体描述如表 10-10 所示。

表 10-10　can_message_transmit 函数的描述

函数名	can_message_transmit
函数原型	uint8_t can_message_transmit(uint32_t can_periph, can_trasnmit_message_struct* transmit_message)
功能描述	CAN 传输报文
输入参数 1	CANx(x=0, 1)：CAN 外设选择
输入参数 2	transmit_message：报文发送结构体
输出参数	无
返回值	0x00～0x03：发送邮箱序号

can_trasnmit_message_struct 结构体定义如表 10-11 所示。

表 10-11　can_trasnmit_message_struct 结构体的定义

成员名称	功能描述
tx_sfid	标准格式帧标识符（0～0x7FF）
tx_efid	扩展格式帧标识符（0～0x1FFFFFFF）
tx_ff	帧格式：标准格式/扩展格式（CAN_FF_STANDARD，CAN_FF_EXTENDED）
tx_ft	帧类型：数据帧/远程帧（CAN_FT_DATA，CAN_FT_REMOTE）
tx_dlen	数据长度（0～8）
tx_data[8]	数据值

每当需要发送数据时，先为 tx_data 成员赋值，再调用 can_message_transmit 函数。

```
transmit_message.tx_data[0] =10;
can_message_transmit(CAN0, &transmit_message);
```

4．can_message_receive

can_message_receive 函数的功能是接收 CAN 报文，具体描述如表 10-12 所示。

表 10-12　can_message_receive 函数的描述

函数名	can_message_receive
函数原型	void can_message_receive(uint32_t can_periph, uint8_t fifo_number, can_receive_message_struct* receive_message);
功能描述	CAN 接收报文
输入参数 1	CANx(x=0,1)：CAN 外设选择
输入参数 2	CAN_FIFOx：FIFO 编号（x=0,1)
输入参数 3	receive_message：接收报文结构体
输出参数	无
返回值	void

can_receive_message_struct 结构体成员变量定义如表 10-13 所示。

表 10-13　can_receive_message_struct 结构体成员变量的定义

成员名称	功能描述
rx_sfid	标准格式帧标识符(0～0x7FF)
rx_efid	扩展格式帧标识符(0～0x1FFFFFFF)
rx_ff	帧格式：标准格式/扩展格式(CAN_FF_STANDARD, CAN_FF_EXTENDED)
rx_ft	帧类型：数据帧/远程帧(CAN_FT_DATA, CAN_FT_REMOTE)
rx_dlen	数据长度(0～8)
rx_data[8]	数据值
rx_fi	过滤器

在本章实验中，首先初始化接收结构体：

```
can_receive_message_struct receive_message;          //初始化结构体
```

在中断服务函数中，调用 can_message_receive 函数将报文从 FIFO 复制到报文接收结构体，并将对应的值赋给相应的结构体成员：

```
can_message_receive(CAN0, CAN_FIFO0, &receive_message);
```

取出接收数据操作如下：

```
uint8_t can0_val_rx=0;
can0_val_rx = receive_message.rx_data[0];
```

10.3　实验代码解析

10.3.1　CAN 文件对

1．CAN.h 文件

在 CAN.h 文件的"宏定义"区，首先定义了 CAN 的波特率，如程序清单 10-1 所示。在本实验中仅保留#define CAN_BAUDRATE 1000，将波特率设置为 1Mbps。注释处给出了不同波特率下的宏定义，可根据实际需求进行选择。

程序清单 10-1

```
1.  //CAN 速度配置
2.  //1Mbps
3.  #define CAN_BAUDRATE    1000
4.  //500kbps
5.  //#define CAN_BAUDRATE    500
6.  //250kbps
7.  //#define CAN_BAUDRATE    250
8.  //125kbps
9.  //#define CAN_BAUDRATE    125
10. //100kbps
11. //#define CAN_BAUDRATE    100
12. //50kbps
13. //#define CAN_BAUDRATE    50
14. //20kbps
15. //#define CAN_BAUDRATE    20
```

在"API 函数声明"区，声明了 3 个 API 函数，如程序清单 10-2 所示。InitCAN 函数用于初始化 CAN 模块，WriteCAN0 函数用于发送数据，ReadCAN0 函数用于接收数据。

程序清单 10-2

```
void InitCAN(void);                     //初始化 CAN 模块
void WriteCAN0(u32 id, u8* buf, u32 len);      //CAN0 发送数据
u32   ReadCAN0(u8* buf, u32 len);              //接收 CAN0 数据
```

2．CAN.c 文件

在 CAN.c 文件的"内部变量定义"区，首先定义了 s_structCANRecCirQue 变量用于存放

CAN 接收的数据，并定义了 s_arrRecBuf 数组作为 CAN 接收循环队列缓冲区，如程序清单 10-3 所示。

程序清单 10-3

```
static StructCirQue   s_structCANRecCirQue;     //CAN 接收循环队列
static unsigned char s_arrRecBuf[1024];          //CAN 接收循环队列缓冲区
```

在"内部函数声明"区，声明了 ConfigCAN0 函数，用于配置 CAN0，如程序清单 10-4 所示。

程序清单 10-4

```
static   void   ConfigCAN0(void);                //配置 CAN0
```

在"内部函数实现"区，首先实现了 ConfigCAN0 函数，如程序清单 10-5 所示。下面按照顺序解释说明 ConfigCAN0 函数中的语句。

（1）第 3 至 4 行代码：定义 CAN 初始化结构体和 CAN 过滤器结构体。

（2）第 6 至 11 行代码：使能 CAN0 时钟及相关 GPIO 口的时钟。CAN 通信采用的是 CAN0_RX 和 CAN_TX 两个引脚，分别连接到 PA11 和 PA12 引脚，因此通过 gpio_init 函数初始化这两个引脚，并将 PA11 引脚配置为上拉输入模式，PA12 引脚配置为复用推挽输出模式。

（3）第 13 至 16 行代码：调用相关初始化函数，将所有相关寄存器恢复为初始值。

（4）第 18 至 55 行代码：can_init 函数用于初始化 GD32F303 苹果派开发板上的 CAN0 外设。首先将 CAN 配置为回环通信模式，BS1 长度设置为 5Tq，BS2 长度设置为 4Tq，分频系数设置为 6。由于 APB1 时钟总线速度为 60MHz，故此时的通信波特率为

$$\text{BaudRate} = \cfrac{1}{\cfrac{6}{60} \times (1+5+4)} = 1\text{Mbps}$$

（5）第 58 行至 69 行代码：can_filter_init 函数用于初始化 CAN 过滤器。配置过滤器为 32bit 长度的掩码模式，序号为 0。本实验中，需要接收数据的 ID 为 0x05A5，设置过滤器列表寄存器过程如下：

根据图 10-12 可知，在其标准 ID 区域后面仍有 21 位数据，将其左移 21 位后，与 0xFFFF0000 相与（取高 16 位），最后得出高位设置为

```
can_filter_parameter.filter_list_high = (((uint32_t)0x5A5<<21)&0xffff0000)>>16;
```

关于低 16 位，只需与 0xFFFF 相与（取低 16 位），最后得出低位设置为

```
(((uint32_t)0x5A5<<21)&0xffff)
```

设置过滤器掩码高低位均为 0xFFFF，即 ID 所有位均与 ID 一致才能通过过滤。此处的过滤器取值仅为示例，在实际应用中很少将掩码配置为全部筛选。

（6）第 72 至 73 行代码：通过 can_interrupt_enable 函数使能 FIFO0 非空中断，并通过 nvic_irq_enable 函数使能 CAN 中断。

程序清单 10-5

```
1.   static   void   ConfigCAN0(void)
2.   {
```

```
3.      can_parameter_struct          can_init_parameter;        //CAN 初始化参数
4.      can_filter_parameter_struct can_filter_parameter;        //CAN 过滤器初始化参数
5.    //使能 RCU 相关时钟
6.      rcu_periph_clock_enable(RCU_CAN0);                        //使能 CAN 时钟
7.      rcu_periph_clock_enable(RCU_GPIOA);                       //使能 GPIOA 的时钟
8.    rcu_periph_clock_enable(RCU_AF);                            //使能 GPIO 复用功能时钟
9.      //配置 CAN0 GPIO
10.     gpio_init(GPIOA, GPIO_MODE_IPU, GPIO_OSPEED_50MHZ, GPIO_PIN_11);
11.     gpio_init(GPIOA, GPIO_MODE_AF_PP, GPIO_OSPEED_50MHZ, GPIO_PIN_12);
12.     //初始化参数结构体
13.     can_struct_para_init(CAN_INIT_STRUCT, &can_init_parameter);        //CAN 参数设为默认值
14.     can_struct_para_init(CAN_FILTER_STRUCT, &can_filter_parameter);    //过滤器参数设为默认值
15.     //初始化 CAN0 寄存器
16.     can_deinit(CAN0);
17.     //初始化 CAN0 参数
18.     can_init_parameter.time_triggered = DISABLE;              //禁用时间触发通信
19.     can_init_parameter.auto_bus_off_recovery = DISABLE;       //通过软件手动从离线状态恢复
20.     can_init_parameter.auto_wake_up = DISABLE;                //通过软件手动从睡眠工作模式唤醒
21.     can_init_parameter.no_auto_retrans = DISABLE;             //使能自动重发
22.     can_init_parameter.rec_fifo_overwrite = DISABLE;          //使能接收 FIFO 满时覆盖
23.     can_init_parameter.trans_fifo_order = DISABLE;            //标识符（Identifier）较小的帧先发送
24.     can_init_parameter.working_mode = CAN_LOOPBACK_MODE;      //回环模式
25.     can_init_parameter.resync_jump_width = CAN_BT_SJW_1TQ;    //再同步补偿宽度
26.     can_init_parameter.time_segment_1 = CAN_BT_BS1_5TQ;       //位段 1
27.     can_init_parameter.time_segment_2 = CAN_BT_BS2_4TQ;       //位段 2
28.
29.     //1Mbps
30.  #if CAN_BAUDRATE == 1000
31.     can_init_parameter.prescaler = 6;
32.     //500kbps
33.  #elif CAN_BAUDRATE == 500
34.     can_init_parameter.prescaler = 12;
35.     //250kbps
36.  #elif CAN_BAUDRATE == 250
37.     can_init_parameter.prescaler = 24;
38.     //125kbps
39.  #elif CAN_BAUDRATE == 125
40.     can_init_parameter.prescaler = 48;
41.     //100kbps
42.  #elif   CAN_BAUDRATE == 100
43.     can_init_parameter.prescaler = 60;
44.     //50kbps
45.  #elif   CAN_BAUDRATE == 50
46.     can_init_parameter.prescaler = 120;
47.     //20kbps
48.  #elif   CAN_BAUDRATE == 20
49.     can_init_parameter.prescaler = 300;
50.  #else
```

```
51.    #error "please select list can baudrate in private defines in main.c "
52.  #endif
53.
54.    //初始化 CAN0
55.    can_init(CAN0, &can_init_parameter);
56.
57.    //初始化过滤器参数
58.    can_filter_parameter.filter_number = 0;                                    //过滤器单元编号
59.    can_filter_parameter.filter_mode = CAN_FILTERMODE_MASK;                    //掩码模式
60.    can_filter_parameter.filter_bits = CAN_FILTERBITS_32BIT;                   //32 位过滤器
61.    can_filter_parameter.filter_list_high = (((uint32_t)0x5A5<<21)&0xffff0000)>>16;  //标识符高位
62.    can_filter_parameter.filter_list_low = (((uint32_t)0x5A5<<21)&0xffff);     //标识符低位
63.    can_filter_parameter.filter_mask_high = 0xffff;                           //掩码高位
64.    can_filter_parameter.filter_mask_low = 0xffff;                            //掩码低位
65.  can_filter_parameter.filter_fifo_number = CAN_FIFO0;                        //关联 FIFO
66.    can_filter_parameter.filter_enable = ENABLE;                              //使能过滤器
67.
68.    //初始化过滤器
69.    can_filter_init(&can_filter_parameter);
70.
71.    //配置 CAN0 中断
72.    can_interrupt_enable(CAN0, CAN_INT_RFNE0);            //使能 FIFO0 非空中断 CAN0_RX1_IRQn
73.    nvic_irq_enable(USBD_LP_CAN0_RX0_IRQn, 0, 0);        //使能 CAN 中断
74.  }
```

在 ConfigCAN0 函数实现区后为 USBD_LP_CAN0_RX0_IRQHandler 中断服务函数的实现代码，如程序清单 10-6 所示。下面按照顺序解释说明 USBD_LP_CAN0_RX0_IRQHandler 函数中的语句。

（1）第 1 至 6 行代码：当 CAN0 接收到数据时，调用 can_message_receive 函数把报文从 FIFO 复制到接收结构体。

（2）第 8 至 13 行代码：报文成功通过 CAN 过滤器，接收结构体存储相关的信息后，对其再次进行简单的检查，检查其校验是否为标准格式。若是，则将数据保存到数据缓冲区。

程序清单 10-6

```
1.   void USBD_LP_CAN0_RX0_IRQHandler(void)
2.   {
3.     //接收管理结构体
4.     static can_receive_message_struct s_structReceiveMessage;
5.     //获取 CAN 邮箱中的数据
6.     can_message_receive(CAN0, CAN_FIFO0, &s_structReceiveMessage);
7.     //校验是否为标准格式
8.     if(CAN_FF_STANDARD == s_structReceiveMessage.rx_ff)
9.     {
10.      //将数据保存到数据缓冲区
11.      EnQueue(&s_structCANRecCirQue, s_structReceiveMessage.rx_data, s_structReceiveMessage.rx_dlen);
12.    }
13.  }
```

在"API 函数实现"区，首先实现了 InitCAN 函数，如程序清单 10-7 所示。该函数的作用为初始化用于存放 CAN 接收和发送数据的队列，并且调用 ConfigCAN0 函数初始化 CAN0 外设。下面按照顺序解释说明 InitCAN 函数中的语句。

（1）第 5 行代码：初始化接收循环队列，其长度与接收循环队列缓冲区 s_arrRecBuf 相等。

（2）第 6 至 9 行代码：将接收缓冲区 s_arrRecBuf 全部清零。

（3）第 11 行代码：调用 ClearQueue 函数，清空接收循环队列。

（4）第 12 行代码：调用 ConfigCAN0 函数，配置 CAN 的 GPIO。

程序清单 10-7

```
1.    void InitCAN(void)
2.    {
3.      u32 i;
4.      //初始化队列
5.      InitQueue(&s_structCANRecCirQue, s_arrRecBuf, sizeof(s_arrRecBuf) / sizeof(unsigned char));
6.      for(i = 0; i < sizeof(s_arrRecBuf) / sizeof(unsigned char); i++)
7.      {
8.        s_arrRecBuf[i] = 0;
9.      }
10.     //清空队列
11.     ClearQueue(&s_structCANRecCirQue);
12.     ConfigCAN0();   //配置 CAN 的 GPIO
13.   }
```

在 InitCAN 函数实现区后为 WriteCAN0 函数的实现代码，如程序清单 10-8 所示。下面按照顺序解释说明 WriteCAN0 函数中的语句。

（1）第 3 至 13 行代码：初始化发送管理结构体，其中 id 为用户在 GUI 中输入的 ID，为标准标识符，帧类型为数据帧。

（2）第 17 至 29 行代码：dataRemain 变量表示剩余的字符数量，并且在 while 循环中作为执行判断条件。初始时，dataRemain 变量的值与数组长度相等，当需要发送的字符数量小于 8 时，dataRemain 变量将会被清零，此时循环只会执行一次。而当需要发送的字符数量大于或等于 8 时，由于 CAN 每次最多只能发送 8 个字符，此时 dataRemain 将被减去 8，表示在本次循环中将发送 8 个字符，余下字符将在下一次循环中发送。

（3）第 31 至 35 行代码：依次将缓冲区中的数据赋值给 CAN 发送结构体的 tx_data 成员，并由 sendCnt 变量记录已发送数据的数量，以便程序能够准确地从缓冲区读取剩余的字符。

（4）第 37 行代码：将发送数据的长度复制给 tx_dlen，设置发送数据量。

（5）第 39 至 51 行代码：调用 can_transmit_states 函数查询 CAN_TSTAT 寄存器的 MTFx、MTFNERx 及 TMEx 位。为保证数据发送顺序正确，等待 3 个发送邮箱都跳出 pending 状态时，程序方可继续执行，最终调用 can_message_transmit 函数发送数据。

程序清单 10-8

```
1.    void WriteCAN0(u32 id, u8* buf, u32 len)
2.    {
3.      //发送管理结构体
```

```
4.      static can_trasnmit_message_struct s_structTransmitMessage;
5.      u32 sendCnt, sendLen, dataRemain, i;
6.
7.      //初始化发送管理结构体
8.      s_structTransmitMessage.tx_sfid = id;
9.      s_structTransmitMessage.tx_efid = 0x00;
10.     s_structTransmitMessage.tx_ft   = CAN_FT_DATA;
11.     s_structTransmitMessage.tx_ff   = CAN_FF_STANDARD;
12.     s_structTransmitMessage.tx_dlen = 1;
13.     s_structTransmitMessage.tx_data[0] = buf[0];
14.     //发送数据
15.     sendCnt = 0;
16.     dataRemain = len;
17.     while(dataRemain)
18.     {
19.         //一次最多发送 8 字节
20.         if(dataRemain >= 8)
21.         {
22.             sendLen = 8;
23.             dataRemain = dataRemain - 8;
24.         }
25.         else
26.         {
27.             sendLen = dataRemain;
28.             dataRemain = 0;
29.         }
30.         //从缓冲区中获取数据并保存到 s_structTransmitMessage 中
31.         for(i = 0; i < sendLen; i++)
32.         {
33.             s_structTransmitMessage.tx_data[i] = buf[sendCnt];
34.             sendCnt++;
35.         }
36.         //设置发送数据量
37.         s_structTransmitMessage.tx_dlen = sendLen;
38.         //等待 3 个邮箱均为空
39.         while(1)
40.         {
41.             if((CAN_TRANSMIT_PENDING != can_transmit_states(CAN0, 0)) &&
42.                 (CAN_TRANSMIT_PENDING != can_transmit_states(CAN0, 1)) &&
43.                 (CAN_TRANSMIT_PENDING != can_transmit_states(CAN0, 2)))
44.             {
45.                 break;
46.             }
47.         }
48.         //发送
49.         can_message_transmit(CAN0, &s_structTransmitMessage);
50.     }
51.  }
```

在 WriteCAN0 函数实现区后为 ReadCAN0 函数的实现代码，如程序清单 10-9 所示。该函数在 CANTop.c 文件中被调用，将 CAN0 接收的数据存放入接收缓存器。首先调用 QueueLength 函数获取队列中的数据长度，再在队列中逐个读出，将数据返回至 CAN 应用层中，最终显示在 GUI 上。

程序清单 10-9

```
1.    u32 ReadCAN0(u8* buf, u32 len)
2.    {
3.      u32 rLen, size;
4.
5.      //获取队列中数据量
6.      size = QueueLength(&s_structCANRecCirQue);
7.
8.      if(0 != size)
9.      {
10.       //从队列中读出数据
11.       rLen = DeQueue(&s_structCANRecCirQue, buf, len);
12.       return rLen;
13.     }
14.     else
15.     {
16.       //读取失败
17.       return 0;
18.     }
19.  }
```

10.3.2　Main.c 文件

在 Proc2msTask 函数中调用 CANTopTask 函数，每 40ms 执行一次 CAN 实验应用层模块任务，如程序清单 10-10 所示。

程序清单 10-10

```
1.    static  void  Proc2msTask(void)
2.    {
3.      static u8 s_iCnt = 0;
4.      if(Get2msFlag())                    //判断 2ms 标志位状态
5.      {
6.        LEDFlicker(250);                  //调用闪烁函数
7.        s_iCnt++;
8.        if(s_iCnt >= 20)
9.        {
10.         s_iCnt = 0;
11.         CANTopTask();
12.       }
13.       Clr2msFlag();                     //清除 2ms 标志位
14.     }
```

15. }

10.3.3 实验结果

下载程序并进行复位，可以观察到开发板上的 LCD 屏幕显示 CAN 通信实验的 GUI 界面。检查 J_{709} 跳线帽是否接至 CAN 一侧。将 CAN 转 USB 模块的 USB 端接入计算机，模块将会亮起黄灯，打开设备管理器查看模块对应的串口号（这里为 COM9）。使用公对母头杜邦线将模块的 TX 引脚接到开发板 J_{708} 上的 CANH 接口，将 RX 引脚接到 CANL 接口，如图 10-15 所示。

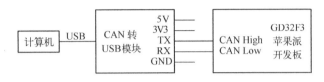

图 10-15 模块连接示意图

1. 将数据从计算机发送到开发板

打开配套资料包 "\02.相关软件" 文件夹下的 "UART 转 CAN 配置软件.exe"，单击 "串口设置" 按钮，弹出如图 10-16 所示的对话框，设置端口和波特率，单击 "打开" 按钮。若未能检测到串口，则检查模块的黄色 LED 灯是否点亮，以及端口号是否与模块对应。

当配置软件显示如图 10-17 右侧所示内容时，说明模块连接成功且正常工作。然后参考图 10-17 左侧内容进行配置。

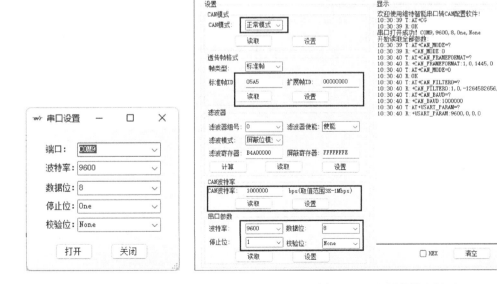

图 10-16 配置软件串口设置　　　　图 10-17 配置软件主界面

单击 "滤波器" 栏中的 "计算" 按钮设置滤波器（过滤器），进入如图 10-18 所示的滤波器计算界面。在 "可通过 ID 栏" 中输入 5A5，"帧格式" 选择 "标准帧"，"帧类型" 选择 "数据帧”，并单击“添加”按钮。

FiltConfig
过滤模式：
屏蔽模式
标识码：
B4A00000
屏蔽码：
FFFFFFFE
屏蔽模式设置
帧格式：
只允许标准帧
帧类型：
只允许数据帧
自由设定
stdID
extID
过滤ID：
自动计算：
5A5|数据帧|标准帧
可通过ID：
5A5
帧格式：
标准帧
帧类型：
数据帧
清空
添加
删除
确定
取消

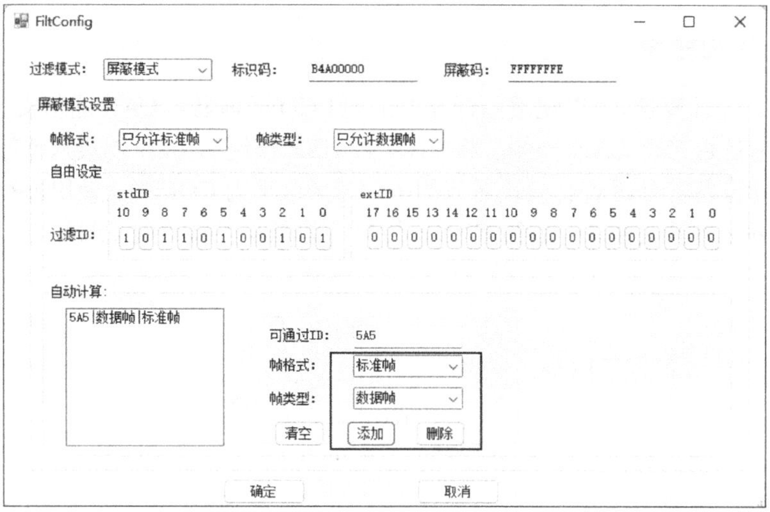

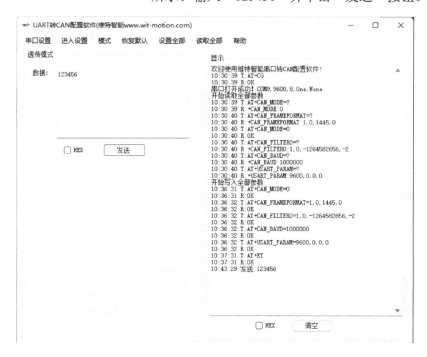

图 10-18　计算机端软件滤波器设置

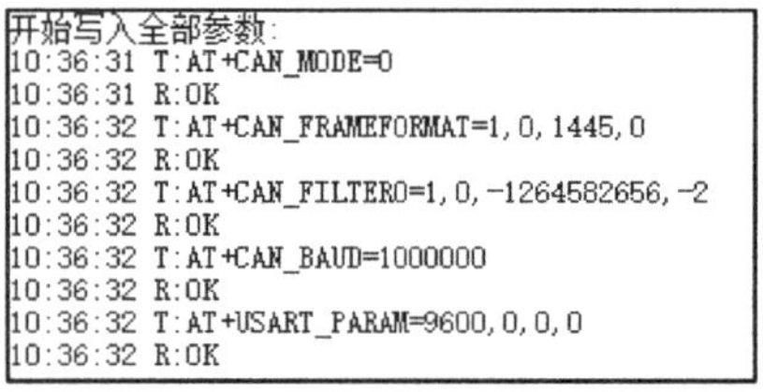

开始写入全部参数：
10:36:31 T:AT+CAN_MODE=0
10:36:31 R:OK
10:36:32 T:AT+CAN_FRAMEFORMAT=1,0,1445,0
10:36:32 R:OK
10:36:32 T:AT+CAN_FILTER0=1,0,-1264582656,-2
10:36:32 R:OK
10:36:32 T:AT+CAN_BAUD=1000000
10:36:32 R:OK
10:36:32 T:AT+USART_PARAM=9600,0,0,0
10:36:32 R:OK

图 10-19　配置完成提示信息

单击“确定”按钮，返回配置软件主界面。如果滤波器设置与图 10-17 中“滤波器”栏一致，则配置完成。完成上述设置后，单击菜单栏中的“设置全部”按钮，若右侧“显示”区域出现如图 10-19 所示的提示信息，则表示模块配置完成。

单击“退出设置”按钮，进入发送界面，如图 10-20 所示。输入“123456”并单击“发送”按钮。

UART转CAN配置软件(维特智能www.wit-motion.com)
串口设置
进入设置
模式
恢复默认
设置全部
读取全部
帮助
透传模式
数据：
123456
HEX
发送
显示
欢迎使用维特智能串口转CAN配置软件！
10:30:39 T:AT+CG
10:30:39 R:OK
串口打开成功！COM9,9600,8,One,None
开始读取全部参数：
10:30:39 T:AT+CAN_MODE=?
10:30:39 R:+CAN_MODE:0
10:30:40 T:AT+CAN_FRAMEFORMAT=?
10:30:40 R:+CAN_FRAMEFORMAT:1,0,1445,0
10:30:40 T:AT+CAN_MODE=0
10:30:40 R:OK
10:30:40 T:AT+CAN_FILTER0=?
10:30:40 R:+CAN_FILTER0:1,0,-1264582656,-2
10:30:40 T:AT+CAN_BAUD=?
10:30:40 R:+CAN_BAUD:1000000
10:30:40 T:AT+USART_PARAM=?
10:30:40 R:+USART_PARAM:9600,0,0,0
开始写入全部参数：
10:36:31 T:AT+CAN_MODE=0
10:36:31 R:OK
10:36:32 T:AT+CAN_FRAMEFORMAT=1,0,1445,0
10:36:32 R:OK
10:36:32 T:AT+CAN_FILTER0=1,0,-1264582656,-2
10:36:32 R:OK
10:36:32 T:AT+CAN_BAUD=1000000
10:36:32 R:OK
10:36:32 T:AT+USART_PARAM=9600,0,0,0
10:36:32 R:OK
10:37:31 T:AT+ET
10:37:31 R:OK
10:43:29 发送:123456
HEX
清空

图 10-20　配置软件发送界面

数据发送成功后，开发板 LCD 屏上的终端将显示收到的数据，如图 10-21 所示。

2．将数据从开发板发送到计算机

单击开发板屏幕上的 ID 框，输入"5A5"，并在 DATA 框中输入需要发送的数据"654321"，单击 SEND 按钮发送数据，如图 10-21 所示。

数据发送成功后，计算机端 UART 转 CAN 配置软件的显示区域将会显示收到的数据，如图 10-22 所示。

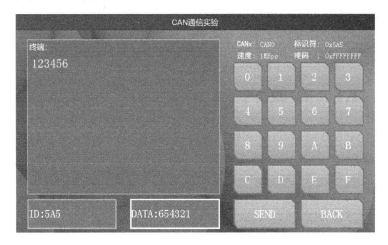

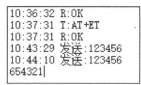

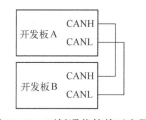

图 10-21　CAN 通信实验 GUI 界面　　　　　　图 10-22　计算机成功接收数据

至此，计算机成功与开发板通信，表明 CAN 通信实验成功。

本 章 任 务

在实际应用中，CAN 将挂载多个不同的节点，以完成多个模块间的通信需求。在 GD32F3 苹果派开发板中，CAN_High 和 CAN_Low 两条信号线间并联了一个 120Ω 的终端电阻，便于两个设备之间形成闭环总线网络。在本章实验的基础上，尝试将两块开发板按照图 10-23 所示的接线方式相连接，实现两块开发板之间的相互通信。

图 10-23　两板通信接线示意图

本 章 习 题

1．CAN 协议如何实现位同步？

2．CAN 协议中的数据帧分为哪几段？简述各段的作用。

3．若 APB1 时钟总线的频率为 60MHz，且 BS1 与 BS2 均占用 4Tq，SJW 设置为 2Tq，预分频系数为 12，计算当前参数下的波特率。

4．简述过滤器的 4 种不同工作模式，以及其对应的配置方式。

第11章 以太网通信实验

以太网是当前应用最普遍的局域网技术，其特点是原理简单、易于实现，同时成本又低，已逐渐发展成为业界主流的局域网技术。随着物联网通信时代的到来，基于嵌入式技术的系统开发在物联网中得到了广泛应用，因此，如何针对嵌入式系统扩展以太网通信功能，对于实现数据互通和实时共享具有重要的现实意义。

11.1 实 验 内 容

本章的主要内容是简要介绍 DM9000 模块、LwIP 软件协议栈和 TCP/IP 协议，重点解释说明 DM9000 驱动代码。最后通过 LwIP 的 RAW API 编制接口，基于 GD32F3 苹果派开发板将其配置为 TCP 服务器，并将开发板与计算机连接，使用计算机端的网络调试助手作为 TCP客户端与开发板进行通信。

11.2 实 验 原 理

11.2.1 以太网模块

GD32F3 苹果派开发板带有以太网 RJ45 端口（HR911105A），其他设备通过该端口连接至以太网控制器 DM9000 可实现以太网通信，以太网模块的电路原理图如图 11-1 所示。其中与 EEDCS 引脚相连的 R_{606} 上拉电阻默认不焊接，该引脚悬空。EEDCK 引脚连接到 R_{607} 上拉电阻，芯片使能信号 CS 引脚连接到 EXMC_NE2（PG10）引脚，处理器写命令 WR 和处理器读命令 RD 分别连接到 EXMC_NWE（PD5）和 EXMC_NOE（PD4）引脚，命令/数据标志CMD 连接到 EXMC_A7（PF13）引脚，16 位双向数据线 SD0～SD15 分别连接至 EXMCD0～D15 引脚。

11.2.2 DM9000 简介

DM9000 是一款集成度高、性价比高、引脚数少、带有通用处理器接口的单芯片快速以太网控制器。DM9000 内部含有 4K 双字 SRAM 和 16KB 大小的 FIFO，可以将接收到的数据存放到 FIFO 中。该芯片支持 10Mbps 和 100Mbps 自适应以太网接口，支持全双工工作，并且具有自动协商功能，可以自动完成 DM9000 的配置以使其发挥最佳性能。

1．中断引脚

DM9000 的 INT 为中断输出引脚，默认情况下高电平有效。通过 EEDCK 引脚可以改变INT 引脚的有效电平。当 EEDCK 引脚上拉时，INT 引脚为低电平有效，否则为高电平有效。在 GD32F3 苹果派开发板上 EEDCK 引脚接上拉电阻 R_{607}，因此 INT 引脚低电平有效。

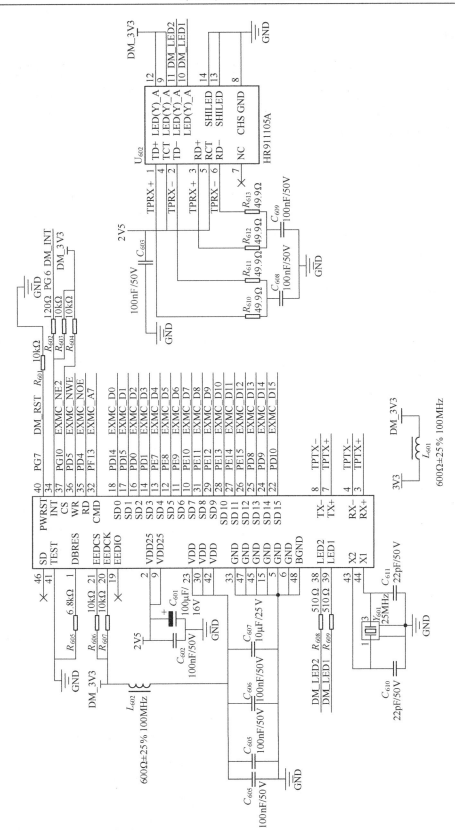

图 11-1　以太网模块电路原理图

2．数据位宽

为适应各种处理器，DM9000 提供了 8 位、16 位数据接口，供其访问内部存储器。通过 EEDCS 引脚可以设置 DM9000 的数据位宽。当 EEDCS 引脚上拉时选择 8 位数据位宽，否则为 16 位数据位宽。在 GD32F3 苹果派开发板上，由于电阻 R_{606} 默认不焊接，EEDCS 引脚悬空，因此 DM9000 配置为 16 位数据接口。

3．DM9000 内部存储器（FIFO）

DM9000 内部存储器大小为 16KB，其中前 3KB 为发送包的缓冲区，剩余 13KB 为接收包的缓冲区。在读写 DM9000 内部存储空间时，如果发送包缓冲区地址超出 3KB 或接收包缓冲区地址超出 16KB，则在中断屏蔽寄存器（IMR）的 Bit7 置位的情况下，地址指针将会返回到存储器 0x0000 地址或接收缓冲区的起始地址 0x0C00。

4．DM9000 直接内存访问控制（DMAC）

DM9000 支持 DMA 方式简化对内部存储器的访问。编程写好内部存储器地址后，即可采用读/写命令伪指令将当前数据加载到内部数据缓冲区，内部存储器指定位置就可以被读/写命令寄存器访问。存储器地址将会自动增加，增加的大小与当前总线操作模式相同（8 位或 16 位），接着下一个地址数据将会自动加载到内部数据缓冲区。

11.2.3　LwIP 简介

LwIP 是 Light weight IP 的缩写，即轻量化的 TCP/IP 协议，是瑞典计算机科学院（SICS）Adam Dunkels 开发的一个小型开源的 TCP/IP 协议栈。LwIP 消耗少量的资源就可以实现一个较为完整的 TCP/IP 协议栈，在保持主要功能的基础上减少对 RAM 的占用，提供对 ARP 协议、TCP 协议、UDP 协议、IP 协议和 DHCP 协议等常用互联网协议的支持。另外 LwIP 既可以移植到操作系统上运行，也可以在无操作系统的情况下独立运行，但只能使用编程较为复杂的 RAWAPI 编程接口。在本章实验中采用的 LwIP 版本为 1.4.1。更多有关 LwIP 的详细信息，可前往 LwIP 官方网站查询。

11.2.4　网络协议简介

在计算机网络中要做到有条不紊地交换数据，就必须遵守一些约定。目前，国际上应用最广泛的是 TCP/IP 协议。TCP/IP 是一个庞大的协议族，IP 协议和 TCP 协议是其中非常重要的两个协议，因此用 TCP/IP 来表示整个协议大家族。

TCP/IP 协议栈是一系列网络协议的总和，是构成网络通信的核心骨架，它定义了电子设备如何连入因特网，以及数据如何在它们之间进行传输。标准的 TCP/IP 协议采用 4 层结构，分别为应用层、传输层、网络层和网络接口层。但是在介绍原理时，通常把网络接口层区分为物理层和数据链路层，如图 11-2 所示。

其中，位于顶层的应用层通过应用进程间的交互来完成特定网络应用，定义应用进程间通信和交互的规则。互

应用层	各种应用层协议 （HTTP、FTP、SMTP 等）		
传输层	TCP、UDP		
网络层	ICMP	IGMP	
	IP		
			ARP
数据链路层	MAC		
物理层	物理传输介质		

图 11-2　TCP/IP 协议栈分层

联网中使用的应用层协议非常多，如域名系统 DNS、HTTP 协议、支持电子邮件的 SMTP 协议等。运输层负责向两台主机中进程之间的通信提供通用的数据传输服务，应用进程利用该服务传送应用层报文，主要使用 TCP 协议和 UDP 协议。网络层使用 IP 协议，负责为分组交换网上的不同主机提供通信服务。在发送数据时，网络层把运输产生的报文段或用户数据报封装成分组或包进行传输。网络层的另一个任务就是要选择合适的路由，使源主机运输层传下来的分组，能够通过网络中的路由器找到目的主机。数据链路层（MAC）将源计算机网络层的数据可靠地传输到相邻节点的目标计算机的网络层。在两个相邻节点之间传送数据时，数据链路层将网络层交下来的 IP 数据包组装成帧，每一帧包括数据和一些控制信息（如同步信息、地址信息、差错控制等）。物理层（PHY）则规定了传输信号所需要的物理电平、介质特征。

1．IP 协议

IP 协议（Internet Protocol）是整个 TCP/IP 协议栈的核心协议，也是最重要的互联网协议之一。由于 IP 协议在发送数据时不需要先建立连接，每一个分组（IP 数据报）独立发送，所传送的分组可能出错、丢失、重复和失序，同时也不能保证数据交付的时限。

为了标识互联网中每台主机的身份，每个接入网络中的主机都会被分配一个 IP 地址。IP 协议负责将数据报从源主机发送到目标主机，通过 IP 地址进行唯一识别。目前 IPv4 网络使用 32 位地址，以点分十进制表示，如 192.168.0.1。IPv4 的地址已经在 2011 年被耗尽，为解决该问题，目前正逐步切换至采用 128 位地址的 IPv6。

在发送 IP 数据报的过程中，IP 协议还可能对数据报进行分片处理，同时在接收数据报时还可能需要对分片的数据报进行重装等。一个 IP 数据报由首部和数据两部分组成。首部共 20 字节，描述 IP 数据报的一些信息，是所有 IP 数据报必须有的。在 LwIP 协议栈的 ip.h 文件中定义了 ip_hdr 结构体作为 IP 数据报的首部，代码如下。

```
PACK_STRUCT_BEGIN
struct ip_hdr {
  /* 版本 / 首部长度 */
  PACK_STRUCT_FIELD(u8_t _v_hl);
  /* 服务类型 */
  PACK_STRUCT_FIELD(u8_t _tos);
  /* 数据总长度 */
  PACK_STRUCT_FIELD(u16_t _len);
  /* 标识字段 */
  PACK_STRUCT_FIELD(u16_t _id);
  /* 标志与偏移 */
  PACK_STRUCT_FIELD(u16_t _offset);
#define IP_RF 0x8000U          /* 保留的标志位 */
#define IP_DF 0x4000U          /* 不分片标志位 */
#define IP_MF 0x2000U          /* 更多分片标志 */
#define IP_OFFMASK 0x1fffU     /* 用于分片的掩码 */
  /* 生存时间 */
  PACK_STRUCT_FIELD(u8_t _ttl);
  /* 上层协议*/
  PACK_STRUCT_FIELD(u8_t _proto);
```

```
/* 校验和 */
PACK_STRUCT_FIELD(u16_t _chksum);
/* 源 IP 地址和目的 IP 地址 */
PACK_STRUCT_FIELD(ip_addr_p_t src);
PACK_STRUCT_FIELD(ip_addr_p_t dest);
} PACK_STRUCT_STRUCT;
PACK_STRUCT_END
```

2．TCP 协议

TCP 是 Transmission Control Protocol 的缩写，即传输控制协议，是一种面向连接的、可靠的、基于字节流的运输层通信协议，也是最常用的传输层协议。在使用 TCP 协议之前，必须先通过双方的 IP 地址建立 TCP 连接，数据传送完毕后，必须释放已经建立的连接。每一条 TCP 连接之间只能是点对点的。与 IP 协议不提供可靠传输服务不同，TCP 提供可靠交付的服务，传送的数据无差错、不丢失、不重复，并能按序到达。TCP 提供全双工通信，在建立连接后，允许通信双方的应用进程在任何时候都能发送数据。TCP 连接的两端都设有发送缓存和接收缓存，临时存放双向通信的数据。对可靠性要求高的通信系统往往使用 TCP 传输数据，如应用层中的 HTTP、FTP 和 SSH 等协议。有关 TCP 连接的建立过程、拥塞控制、报文结构等这里不做详细介绍，感兴趣的读者可查阅相关资料。

3．网络端口

TCP 协议的连接包括上层应用间的连接，而传输层与上层协议通过端口号进行识别，如 IP 协议中以 IP 地址进行识别一样。端口号的取值范围为 0～65535，这些端口标识着上层应用的不同线程，一个主机内可能只有一个 IP 地址，但是可能有多个端口号，每个端口号表示不同的应用线程。一台拥有 IP 地址的主机可以提供许多服务，如 Web 服务、FTP 服务、SMTP 服务等，这些服务完全可以通过 1 个 IP 地址来实现，并通过"IP 地址+端口号"来区分主机不同的线程。常见的 TCP 协议端口号有 21、53 和 80 等，其中 80 端口号较为常见，也是 HTTP 服务器默认开放的端口。本实验中使用的 8080 端口在 TCP/IP 协议中没有固定用途，可以自行定义成任意服务的端口。

11.3　实验代码解析

11.3.1　DM9000 文件对

1．DM9000.h 文件

如程序清单 11-1 所示为 DM9000.h 文件"宏定义"区中的部分宏定义。下面按照顺序解释说明其中的语句。

（1）第 1 至 3 行代码：宏定义函数 DM9000_RST_HIGH、DM9000_RST_LOW 分别用于置位、复位 DM9000 引脚 PG7，在 DM9000 复位过程中使用。DM9000_INT 定义为获取 PG6 引脚电平状态，作为中断函数的判断标志。

（2）第 6 至 13 行代码：声明 DM9000 地址结构体 StructDM9000Base，在本实验中，DM9000 的 CS 引脚连接在 EXMC_NE2 上，对应的区域为 Bank0.Region2。CMD 连接在 EXMC 的地址线 A7 上，因此 EXMC 控制器写命令时 A7 将变为 0，写数据时 A7 将变为 1，以此来区分命令和数据。查询《GD32F30x 用户手册（中文版）》可知，Bank0.Region2 的基地址为 0x68000000，A7 的偏移量为 0x000000FE，即 DM9000_BASE 为 0x680000FE。

DM9000 定义为 StructDM9000Base 的结构体指针，故写命令 DM9000->reg 的地址即为 0x680000FE。其中偏移量 0x000000FE 转换为二进制数为 A7:A0=1111 1110。由于 16 位数据总线模式下 GD32 内部将该地址右移一位对齐，即 A7:A0=0111 1111，此时 A7 位为 0。结构体自增后 A7:A0=1000 0000，此时 A7 位由 0 变为 1。配置地址时，将该数据往回左移一位得 1 0000 0000，转换为十六进制数即最终得出写数据 DM9000->data 的地址为 0x68000100。

（3）第 15 至 16 行代码：宏定义 DM9000_PKT_MAX 为 DM9000 最大接收包长度，为固定值。宏定义 DM9000_ID 为 DM9000 的 ID 号，用于识别硬件是否为 DM9000。

（4）第 17 至 22 行代码：宏定义 DM9000 寄存器地址，此处省略了部分代码，详细的寄存器表请参见《DM9000 用户手册》（位于本书配套资料包"09.参考资料\11.以太网通信实验参考资料"文件夹下）。

（5）第 24 至 31 行代码：声明 DM9000 工作模式枚举结构体 EnumDM9000PhyMode，代表 DM9000 的各种不同工作模式。为达到最好的通信效果，通常配置为自动协商的工作方式。

（6）第 34 至 41 行代码：声明结构体 StructDM9000Config，用于保存 DM9000 的一些参数信息，如工作模式、终端类型、每个数据包大小、MAC 地址和组播地址。

程序清单 11-1

```
1.   #define DM9000_RST_HIGH gpio_bit_set(GPIOG, GPIO_PIN_7)        //DM9000 复位引脚
2.   #define DM9000_RST_LOW   gpio_bit_reset(GPIOG, GPIO_PIN_7)
3.   #define DM9000_INT            gpio_input_bit_get(GPIOG, GPIO_PIN_6)   //DM9000 中断引脚
4.
5.   //DM9000 地址结构体
6.   typedef struct
7.   {
8.       volatile u16 reg;
9.       volatile u16 data;
10.  }StructDM9000Base;
11.
12.  #define DM9000_BASE              ((u32)(0x68000000 | 0x000000FE))
13.  #define DM9000                   ((StructDM9000Base *) DM9000_BASE)
14.
15.  #define DM9000_ID                0X90000A46     //DM9000 ID
16.  #define DM9000_PKT_MAX           1536           //DM9000 最大接收包长度
17.  #define DM9000_PHY               0X40           //DM9000 PHY 寄存器访问标志
18.  //DM9000 寄存器
19.  #define DM9000_NCR               0X00
20.  #define DM9000_NSR               0X01
21.  ……
22.
23.  //DM9000 工作模式定义
```

```
24.  typedef enum
25.  {
26.    DM9000_10MHD   = 0,          //10M 半双工
27.    DM9000_100MHD = 1,           //100M 半双工
28.    DM9000_10MFD   = 4,          //10M 全双工
29.    DM9000_100MFD = 5,           //100M 全双工
30.    DM9000_AUTO    = 8,          //自动协商
31.  }EnumDM9000PhyMode;
32.
33.  //DM9000 配置结构体
34.  typedef struct
35.  {
36.    EnumDM9000PhyMode mode;       //工作模式
37.    u8   imrAll;                 //中断类型
38.    u16 queuePacketLen;          //每个数据包大小
39.    u8   macAddr[6];             //MAC 地址
40.    u8   multicaseAddr[8];       //组播地址
41.  }StructDM9000Config;
```

在 DM9000.h 文件的"API 函数声明"区，声明了 3 个 API 函数，如程序清单 11-2 所示。InitDM9000 函数用于初始化 DM9000 驱动模块，DM9000SendPacket 与 DM9000ReceivePacket 函数分别用于发送和接收 pbuf 类型的数据包，为链接 LwIP 与 DM9000 的重要底层函数。

程序清单 11-2

```
u8              InitDM9000(void);                //初始化 DM9000 驱动模块
void            DM9000SendPacket(struct pbuf *p); //通过 DM9000 发送数据包
struct pbuf* DM9000ReceivePacket(void);          //DM9000 接收数据包
```

2. DM9000.c 文件

在 DM9000.c 文件的"内部函数声明"区，定义了 11 个内部函数，其名称和功能如程序清单 11-3 所示。

程序清单 11-3

```
1.   static u16 ReadReg(u16 reg);                        //读取 DM9000 指定寄存器的值
2.   static void WriteReg(u16 reg, u16 data);            //向 DM9000 指定寄存器中写入指定值
3.   static u16 DM9000ReadPhyReg(u16 reg);               //读取 DM9000 的 PHY 的指定寄存器
4.   static void DM9000WritePhyReg(u16 reg,u16 data);    //读取 DM9000 的 PHY 的指定寄存器
5.   static void Reset(void);                            //复位 DM9000
6.   static u32 GetDeiviceID(void);                      //获取 DM9000 的芯片 ID
7.   static u8   GetSpeedAndDuplex(void);                //获取网速
8.   static void SetPHYMode(u8 mode);                    //设置 DM900 的 PHY 工作模式
9.   static void SetMACAddress(u8 *macaddr);             //设置 DM9000 的 MAC 地址
10.  static void SetMulticast(u8 *multicastaddr);        //设置 DM9000 的组播地址
11.  static void ISRHandler(void);                       //中断处理函数
```

下面将对 DM9000.c 文件中部分重要函数进行介绍。在 DM9000.c 文件的"内部函数实

现"区，首先实现了 ReadReg 函数和 WriteReg 函数，分别用于读取和写入 DM9000 指定控制和状态寄存器的值，如程序清单 11-4 所示。ReadReg 函数首先使用 DM9000->reg=reg 写入需要读取寄存器的偏移地址，再使用 return DM9000->data 将该寄存器中的数据作为返回值；WriteReg 函数先写入指定寄存器的偏移地址，再写入数据。寄存器对应的偏移地址请参见《DM9000 用户手册》第 10 页。

程序清单 11-4

```
1.    static u16 ReadReg(u16 reg)
2.    {
3.        DM9000->reg = reg;
4.        return DM9000->data;
5.    }
6.
7.    static void WriteReg(u16 reg, u16 data)
8.    {
9.        DM9000->reg = reg;
10.       DM9000->data = data;
11.   }
```

注意，DM9000 内部寄存器分为"控制和状态寄存器"与"PHY"寄存器，对应读写 PHY 寄存器的函数为 DM9000ReadPhyReg 与 DM9000WritePhyReg。下面按照顺序解释说明程序清单 11-5 中的语句。

（1）第 4 行代码：对于 PHY 寄存器读操作，首先对 DM9000 的 EEPROM&PHY 地址寄存器（EPAR）写入 PHY 寄存器访问标志与要读取的 PHY 寄存器（reg）进行位或后的结果。

（2）第 5 至 9 行代码：对 DM9000 的 EEPROM&PHY 控制寄存器（EPCR）写入 0x0C，即 PHY 寄存器读命令，并执行延时函数，等待读取完成之后清除读入命令，并且从 EEPROM&PHY 数据寄存器（EPDRL/EPDRH）中取出高、低八位数值，最后返回读取的数据。

（3）第 14 行代码：对 PHY 寄存器进行写操作，首先让 PHY 寄存器访问标志与要写入的寄存器(reg)进行位或，然后将位或结果写入 DM9000 的 EEPROM&PHY 地址寄存器(EPAR)。

（4）第 15 至 17 行代码：对 EEPROM&PHY 低位数据寄存器（DM9000_EPDRL）写入低字节，高位数据寄存器（DM9000_EPDRH）写入高字节，并对 EEPROM&PHY 控制寄存器（EPCR）发送写入命令。

（5）第 18 至 19 行代码：执行延时函数，等待写入完成之后清除写入命令。

程序清单 11-5

```
1.    static u16 DM9000ReadPhyReg(u16 reg)
2.    {
3.        u16 temp;
4.        WriteReg(DM9000_EPAR, DM9000_PHY | reg);
5.        WriteReg(DM9000_EPCR, 0X0C);                //选中 PHY，发送读命令
6.        DelayNms(10);
7.        WriteReg(DM9000_EPCR,0X00);                 //清除读命令
8.        temp = (ReadReg(DM9000_EPDRH) << 8) | (ReadReg(DM9000_EPDRL));
9.        return temp;
```

```
10.  }
11.
12.  static void DM9000WritePhyReg(u16 reg,u16 data)
13.  {
14.     WriteReg(DM9000_EPAR,DM9000_PHY|reg);
15.     WriteReg(DM9000_EPDRL,(data&0xff));              //写入低字节
16.     WriteReg(DM9000_EPDRH,((data>>8)&0xff));         //写入高字节
17.     WriteReg(DM9000_EPCR,0X0A);                      //选中 PHY，发送写命令
18.     DelayNms(50);                                    //延时 50ms
19.     WriteReg(DM9000_EPCR,0X00);                      //清除写命令
20.  }
```

在 DM9000WritePhyReg 函数实现区后为 Reset 函数的实现代码，用于复位 DM9000，如程序清单 11-6 所示。下面按照顺序解释说明 Reset 函数中的语句。

（1）第 4 至 7 行代码：将 DM9000 的复位引脚（PG7）设为低电平，令 DM9000 进入硬件复位状态。延时 10ms 后将复位引脚设置为高电平，硬件复位结束后再次延时 100ms，让 DM9000 准备就绪。

（2）第 10 至 12 行代码：硬件复位完成后，进行第一次软复位。向 DM9000 通用目的控制寄存器（GPCR）的 bit0 位写入 1，向通用目的寄存器（GPR）的 bit1 位写入 0，控制 PHY 上电激活。向网络控制寄存器（NCR）的 bit[2:1]写入 10，令 DM9000 工作模式为内部 PHY 100M 模式数字回环，bit0 写入 1 进行软件复位，10μs 后该位自动清零。

（3）第 15 至 18 行代码：等待软复位完成，查询网络控制寄存器（NCR）的 bit0 位是否为 1。如果为 1 则继续等待，为 0 则结束等待，复位完成。

（4）第 20 至 25 行代码：重复步骤（2）（3），进行第二次软复位。

程序清单 11-6

```
1.   static void Reset(void)
2.   {
3.      //复位 DM9000，复位步骤参见<DM9000 Application Notes V1.22>手册 29 页
4.      DM9000_RST_LOW;           //DM9000 硬件复位
5.      DelayNms(10);             //延时 10ms
6.      DM9000_RST_HIGH;          //DM9000 硬件复位结束
7.      DelayNms(100);            //一定要有这个延时，让 DM9000 准备就绪！
8.
9.      //第一次软复位
10.     WriteReg(DM9000_GPCR, 0x01);              //第一步：设置 GPCR 寄存器(0X1E)的 bit0 为 1
11.     WriteReg(DM9000_GPR, 0);     //第二步：设置 GPR 寄存器(0X1F)的 bit1 为 0，DM9000 内部的 PHY 上电
12.     WriteReg(DM9000_NCR, (0x02 | NCR_RST)); //第三步：软复位 DM9000
13.
14.     //等待 DM9000 软复位完成
15.     do
16.     {
17.        DelayNms(25);
18.     }while(ReadReg(DM9000_NCR) & 1);
19.     //DM9000 第二次软复位
20.     WriteReg(DM9000_NCR,0);
```

```
21.    WriteReg(DM9000_NCR,(0x02|NCR_RST));
22.    do
23.    {
24.      DelayNms(25);
25.    }while(ReadReg(DM9000_NCR) & 1);
26.  }
```

在"内部函数实现"区，在 Reset 函数实现区后为 GetDeiviceID、GetSpeedAndDuplex、SetPHYMode、SetMACAddress 及 SetMulticast 函数的实现代码，均为对相应的寄存器写入不同的值，具体寄存器及其应用请参见《DM9000 用户手册》。

在 SetMulticast 函数后为中断服务处理函数 ISRHandler 的实现代码，如程序清单 11-7 所示。注意，ISRHandler 并非中断服务函数，仅在进入外部中断时由 EXTI5_9_IRQHandler 函数调用。下面按照顺序解释说明 ISRHandler 函数中的语句。

（1）第 3 行代码：定义 int_status 变量，保存 DM9000 中断状态寄存器的值，用于后续中断状态的判断。

（2）第 4 至 5 行代码：定义 last_io 变量，并保存 DM9000 进入中断时最后写入的命令，以便中断服务程序结束之后 DM9000 能恢复到中断前的状态。

（3）第 6 行代码：读取中断状态寄存器（ISR）的值，用于后续中断状态的判断。

（4）第 7 行代码：将 DM9000 中断状态寄存器写入初始值，清除中断标志位。

（5）第 8 至 23 行代码：对中断状态寄存器的值进行一系列的 if 判断，判定该中断是否为接收溢出中断、接收计数器溢出中断、数据包接收中断或发送中断，并执行不同的语句。

程序清单 11-7

```
1.  static void ISRHandler(void)
2.  {
3.    u16 int_status;
4.    u16 last_io;
5.    last_io = DM9000->reg;
6.    int_status = ReadReg(DM9000_ISR);
7.    WriteReg(DM9000_ISR,int_status); //清除中断标志位，DM9000 的 ISR 寄存器的 bit0~bit5 写 1 清零
8.    if(int_status & ISR_ROS)
9.    {
10.     printf("overflow \r\n");
11.   }
12.   if(int_status & ISR_ROOS)
13.   {
14.     printf("overflow counter overflow \r\n");
15.   }
16.   if(int_status & ISR_PRS) //接收中断
17.   {
18.     //接收完成中断，用户自行添加所需代码
19.   }
20.   if(int_status&ISR_PTS) //发送中断
21.   {
22.     //发送完成中断，用户自行添加所需代码
```

```
23.    }
24.    DM9000->reg = last_io;
25. }
26.
27. void EXTI5_9_IRQHandler(void)
28. {
29.    while(DM9000_INT == 0)
30.    {
31.      ISRHandler();
32.    }
33. }
```

在"API 函数实现"区，首先实现了 InitDM9000 函数，用于初始化 DM9000 驱动模块，如程序清单 11-8 所示。下面按照顺序解释说明 InitDM9000 函数中的语句。

（1）第 42 至 48 行代码：配置 EXMC 时序结构体，设置异步访问模式为模式 A，地址建立时间、地址保持时间为 0，数据建立时间为 3，总线延时为 0，同步时钟分频比为 0（注意此处在对应的寄存器中会自动加 1），数据延时为 0。

（2）第 50 至 66 行代码：配置 EXMC 初始化结构体，选择 Bank0.Region2，禁用数据线/地址线复用，指定外部存储器的类型为 SRAM，数据宽度 16bit，禁用突发模式，配置 NWAIT信号在等待状态前一个数据周期处于激活状态，指定 NWAIT 的极性为低电平有效，禁用非对齐成组模式，禁用异步等待功能及禁用扩展模式，使能写操作，禁用同步突发模式中的NWAIT 信号（本实验禁用了突发模式且为异步模式，因此也禁用该模式中的信号）。根据DM9000 硬件配置，选择写模式为异步模式，配置读时序参数和写时序参数为（1）中的 EXMC时序结构体。

（3）第 69 至 71 行代码：对 s_structDM9000Cfg 结构体成员赋值，写入 DM9000 的工作模式为自动协商模式，数据包大小为 0，使能 SRAM 的读/写指针在指针地址超过 SRAM 的大小时自动跳回起始位置，使能接收中断。具体寄存器的作用参见《DM9000 用户手册》。

（4）第 74 至 80 行代码：获取 DM9000 的 ID，初始化 MAC 地址，前三字节为 2、0、0，后三字节为 DM9000 唯一 ID 的前 24 位。

（5）第 89 至 90 行代码：调用 DM9000 复位函数，延时 100ms 后写入 PHY 工作模式，并写入一系列寄存器的值。有关各寄存器的详细信息参见《DM9000 用户手册》。

（6）第 92 至 99 行代码：获取 DM9000 的 ID 号码，判断该硬件是否为 DM9000。若比对成功，则打印 ID 至串口助手，继续对 DM9000 进行初始化；否则函数结束，初始化失败。

（7）第 100 行代码：调用 SetPHYMode 函数配置 DM900 的 PHY 工作模式。

（8）第 101 至 109 行代码：配置 DM9000 的有关寄存器。

（9）第 112 至 113 行代码：配置在第 76 至 81 行代码写入的 MAC 地址和在第 84 至 91行代码写入的组播地址。

（10）第 116 至 124 行代码：读取 DM9000 的连接速度和双工状态，并将获取的信息在串口助手中打印。

程序清单 11-8

```
1.   u8 InitDM9000(void)
```

```
2.    {
3.          exmc_norsram_parameter_struct              sram_init_struct;
4.          exmc_norsram_timing_parameter_struct sram_timing_init_struct;
5.          u32 temp;
6.
7.          //使能时钟
8.          rcu_periph_clock_enable(RCU_EXMC);
9.          rcu_periph_clock_enable(RCU_GPIOD);
10.         rcu_periph_clock_enable(RCU_GPIOE);
11.         rcu_periph_clock_enable(RCU_GPIOF);
12.         rcu_periph_clock_enable(RCU_GPIOG);
13.
14.         /* GPIOD configuration */
15.         /* D0(PD14),D1(PD15),D2(PD0),D3(PD1),NOE(PD4),NWE(PD5) pin configuration */
16.         gpio_init(GPIOD, GPIO_MODE_AF_PP, GPIO_OSPEED_50MHZ, GPIO_PIN_14 | GPIO_PIN_15 |
17.                             GPIO_PIN_0  | GPIO_PIN_1  | GPIO_PIN_4 | GPIO_PIN_5 | GPIO_PIN_7);
18.         //A7
19.         gpio_init(GPIOF, GPIO_MODE_AF_PP, GPIO_OSPEED_50MHZ,  GPIO_PIN_13);
20.         /* GPIOE configuration */
21.         /* D4(PE7),D5(PE8),D6(PE9),D7(PE10) -  D12(PE15)pin configuration */
22.         gpio_init(GPIOE, GPIO_MODE_AF_PP, GPIO_OSPEED_50MHZ, GPIO_PIN_7 | GPIO_PIN_8 | GPIO_
PIN_9 | GPIO_PIN_10 |GPIO_PIN_11 | GPIO_PIN_12 | GPIO_PIN_13 | GPIO_PIN_14 | GPIO_PIN_15);
23.
24.         //D13(PD8) - D15(PD10)
25.         gpio_init(GPIOD,  GPIO_MODE_AF_PP,  GPIO_OSPEED_50MHZ,  GPIO_PIN_8  |  GPIO_PIN_9  |
GPIO_PIN_10);
26.
27.         //ne2
28.         gpio_init(GPIOG, GPIO_MODE_AF_PP, GPIO_OSPEED_50MHZ, GPIO_PIN_10);
29.
30.         //RST
31.         gpio_init(GPIOG, GPIO_MODE_OUT_PP, GPIO_OSPEED_50MHZ, GPIO_PIN_7);
32.
33.         //INT
34.         gpio_init(GPIOG, GPIO_MODE_IPU, GPIO_OSPEED_50MHZ, GPIO_PIN_6);
35.
36.         nvic_irq_enable(EXTI5_9_IRQn, 2U, 0U);
37.         gpio_exti_source_select(GPIO_PORT_SOURCE_GPIOG, GPIO_PIN_SOURCE_6);
38.         exti_init(EXTI_6, EXTI_INTERRUPT, EXTI_TRIG_FALLING);
39.         exti_interrupt_flag_clear(EXTI_6);
40.
41.         //EXMC 配置
42.         sram_timing_init_struct.asyn_access_mode = EXMC_ACCESS_MODE_A;
43.         sram_timing_init_struct.asyn_address_setuptime = 0;
44.         sram_timing_init_struct.asyn_address_holdtime = 0;
45.         sram_timing_init_struct.asyn_data_setuptime = 3;
46.         sram_timing_init_struct.bus_latency = 0;
47.         sram_timing_init_struct.syn_clk_division = 0;
```

```
48.    sram_timing_init_struct.syn_data_latency = 0;
49.
50.    sram_init_struct.norsram_region = EXMC_BANK0_NORSRAM_REGION2;
51.    sram_init_struct.address_data_mux = DISABLE;
52.    sram_init_struct.memory_type = EXMC_MEMORY_TYPE_SRAM;
53.    sram_init_struct.databus_width = EXMC_NOR_DATABUS_WIDTH_16B;
54.    sram_init_struct.burst_mode = DISABLE;
55.    sram_init_struct.nwait_config = EXMC_NWAIT_CONFIG_BEFORE;
56.    sram_init_struct.nwait_polarity = EXMC_NWAIT_POLARITY_LOW;
57.    sram_init_struct.wrap_burst_mode = DISABLE;
58.    sram_init_struct.asyn_wait = DISABLE;
59.    sram_init_struct.extended_mode = DISABLE;
60.    sram_init_struct.memory_write = ENABLE;
61.    sram_init_struct.nwait_signal = DISABLE;
62.    sram_init_struct.write_mode = EXMC_ASYN_WRITE;
63.    sram_init_struct.read_write_timing = &sram_timing_init_struct;
64.    sram_init_struct.write_timing = &sram_timing_init_struct;
65.    exmc_norsram_init(&sram_init_struct);
66.    exmc_norsram_enable(EXMC_BANK0_NORSRAM_REGION2);
67.
68.    //DM9000 的 SRAM 的发送和接收指针自动返回到开始地址，并且开启接收中断
69.    s_structDM9000Cfg.mode = DM9000_AUTO;
70.    s_structDM9000Cfg.queuePacketLen = 0;
71.    s_structDM9000Cfg.imrAll = IMR_PAR | IMR_PRI;
72.
73.    //初始化 MAC 地址
74.    temp = *(volatile u32*)(0x1FFFF7E8); //获取唯一 ID 的前 24 位作为 MAC 地址的后三字节
75.    s_structDM9000Cfg.macAddr[0] = 2;
76.    s_structDM9000Cfg.macAddr[1] = 0;
77.    s_structDM9000Cfg.macAddr[2] = 0;
78.    s_structDM9000Cfg.macAddr[3] = (temp >> 16) & 0XFF;
79.    s_structDM9000Cfg.macAddr[4] = (temp >> 8) & 0XFFF;
80.    s_structDM9000Cfg.macAddr[5] = temp & 0XFF;
81.
82.    //初始化组播地址
83.    s_structDM9000Cfg.multicaseAddr[0] = 0Xff;
84.    s_structDM9000Cfg.multicaseAddr[1] = 0Xff;
85.    ……
86.    s_structDM9000Cfg.multicaseAddr[7] = 0Xff;
87.
88.    //复位 DM9000
89.    Reset();
90.    DelayNms(100);
91.
92.    //获取 DM9000ID
93.    temp = GetDeiviceID();
94.    printf("DM9000 ID:%#x\r\n",temp);
95.    if(temp!=DM9000_ID)
```

```
96.    {
97.       //读取 ID 错误
98.       return 1;
99.    }
100.   SetPHYMode(s_structDM9000Cfg.mode); //设置 PHY 工作模式
101.   WriteReg(DM9000_NCR, 0X00);
102.   WriteReg(DM9000_TCR, 0X00);       //发送控制寄存器清零
103.   WriteReg(DM9000_BPTR, 0X3F);
104.   WriteReg(DM9000_FCTR, 0X38);
105.   WriteReg(DM9000_FCR, 0X00);
106.   WriteReg(DM9000_SMCR, 0X00);  //特殊模式
107.   WriteReg(DM9000_NSR, NSR_WAKEST | NSR_TX2END | NSR_TX1END); //清除发送状态
108.   WriteReg(DM9000_ISR, 0X0F);       //清除中断状态
109.   WriteReg(DM9000_TCR2, 0X80);      //切换 LED 到 mode1
110.
111.   //设置 MAC 地址和组播地址
112.   SetMACAddress(s_structDM9000Cfg.macAddr);        //设置 MAC 地址
113.   SetMulticast(s_structDM9000Cfg.multicaseAddr);     //设置组播地址
114.   WriteReg(DM9000_RCR, RCR_DIS_LONG | RCR_DIS_CRC | RCR_RXEN);
115.   WriteReg(DM9000_IMR, IMR_PAR);
116.   temp = GetSpeedAndDuplex();       //获取 DM9000 的连接速度和双工状态
117.   if(temp != 0XFF)                  //连接成功，通过串口显示连接速度和双工状态
118.   {
119.       printf("DM9000 Speed:%dMbps,Duplex:%s duplex mode\r\n",(temp&0x02)?10:100,(temp&0x01)?"Full":"Half");
120.   }
121.   else
122.   {
123.       printf("DM9000 Establish Link Failed!\r\n");
124.   }
125.   WriteReg(DM9000_IMR,s_structDM9000Cfg.imrAll); //设置中断
126.   return 0;
127. }
```

在 InitDM9000 函数实现区后为 DM9000SendPacket 函数的实现代码，是重要的底层驱动函数，如程序清单 11-9 所示。下面按照顺序解释说明 DM9000SendPacket 函数中的语句。

（1）第 3 行代码：结构体 pbuf 为 LwIP 协议中重要的数据包，其中包含数据内容、数据长度、标志位及指向下一个数据包的指针等。本章不对 LwIP 协议进行详细介绍，在此将其视为数据包即可。

（2）第 7 至 9 行代码：发送数据包的过程中，首先禁止 DM9000 接收中断，并向 TXSRAM 发送写数据指令，指针会根据操作模式（8 位或 16 位）增加 1 或 2。

（3）第 13 至 35 行代码：当数据包非空时，循环向 DM9000 的 TXSRAM 中写入数据包中 2 字节的数据。当要发送的数据长度为奇数的时候，需要将最后 1 字节单独写入 DM9000 的 TX SRAM 中。

（4）第 38 至 39 行代码：向 DM9000 发送数据包长度寄存器（TXPLH/TXPLL）发送长度信息。

（5）第 42 行代码：向 DM9000 发送控制寄存器（TCR）的 bit0 写入 1 请求发送，发送

完成后该位自动清零。

（6）第 45 至 48 行代码：查询 DM9000 中断状态寄存器（ISR）中的 bit1（数据包发送）是否为 0，若是，则继续等待，当数值变为 1（引起数据包发送完成中断）时结束等待，并且向该位写 1 清除发送完成中断。

（7）第 51 行代码：重新使能 DM9000 接收中断。

程序清单 11-9

```
1.   void DM9000SendPacket(struct pbuf *p)
2.   {
3.     struct pbuf *q;
4.     u16 pbuf_index = 0;
5.     u8 word[2], word_index = 0;
6.
7.     WriteReg(DM9000_IMR, IMR_PAR);       //关闭网卡中断
8.     DM9000->reg = DM9000_MWCMD;          //发送此命令后就可以将要发送的数据搬到 DM9000 TX SRAM 中
9.     q = p;
10.
11.    //向 DM9000 的 TX SRAM 中写入数据，一次写入 2 字节数据
12.    //当要发送的数据长度为奇数的时候，我们需要将最后 1 字节单独写入 DM9000 的 TX SRAM 中
13.    while(q)
14.    {
15.      if (pbuf_index < q->len)
16.      {
17.        word[word_index++] = ((u8_t*)q->payload)[pbuf_index++];
18.        if (word_index == 2)
19.        {
20.          DM9000->data = ((u16)word[1] << 8) | word[0];
21.          word_index = 0;
22.        }
23.      }
24.      else
25.      {
26.        q = q->next;
27.        pbuf_index = 0;
28.      }
29.    }
30.
31.    //还有 1 字节未写入 TX SRAM
32.    if(word_index == 1)
33.    {
34.      DM9000->data = word[0];
35.    }
36.
37.    //向 DM9000 写入发送长度
38.    WriteReg(DM9000_TXPLL, p->tot_len & 0XFF);
39.    WriteReg(DM9000_TXPLH, (p->tot_len >> 8) & 0XFF);
```

```
40.
41.    //启动发送
42.    WriteReg(DM9000_TCR, 0X01);
43.
44.    //等待发送完成
45.    while((ReadReg(DM9000_ISR) & 0X02) == 0);
46.
47.    //清除发送完成中断
48.    WriteReg(DM9000_ISR, 0X02);
49.
50.    //DM9000 网卡接收中断使能
51.    WriteReg(DM9000_IMR, s_structDM9000Cfg.imrAll);
52. }
```

　　在 DM9000SendPacket 函数实现区后为 DM9000ReceivePacket 函数的实现代码，如程序清单 11-10 所示。DM9000ReceivePacket 函数用于接收以太网数据并打包。下面按照顺序解释说明 DM9000ReceivePacket 函数中的语句。

　　（1）第 13 行代码：__error_retry 为 goto 语句的跳转标签，此处暂时忽略。

　　（2）第 15 至 28 行代码：首先对 DM9000 的内存数据预读取命令寄存器（MRCMDX）进行一次假读，再开始读取接收到的数据。其中各字节数据含义如下：

　　① Byte1：若为 0x01，则正常接收；若大于 1，则出现接收错误，必须软复位 DM9000；

　　② Byte2：状态信息，同状态接收寄存器（RSR）；

　　③ Byte3：本帧数据长度的低字节；

　　④ Byte4：本帧数据长度的高字节。

　　（3）第 29 行代码：调用 LwIP 协议栈中的 pbuf_alloc 函数为新接收的数据包分配内存。

　　（4）第 30 至 43 行代码：内存申请成功后，开始按照字节接收数据包中的数据，每次接收后接收地址自增且长度 len 减 2，直到长度为 0。

　　（5）第 45 至 55 行代码：如果内存申请失败，则在串口助手上打印内存申请失败，将变量 dummy 的地址赋值给 data，并继续读取 DM9000 中的数据，但是此时读取的数据并不会返回。

　　（6）第 59 至 86 行代码：接收完毕，采用 rx_status 判断该数据帧是否存在 FIFO 溢出、CRC 错误、对齐错误、物理层错误，如果出现错误则丢弃该数据帧。当 rx_length 小于 64 或大于最大数据长度时也丢弃该数据帧。丢弃该帧并释放相应内存后，跳转至 __error_retry 标签后进行错误重试。

　　（7）第 88 至 95 行代码：清除所有中断标志位，并且重新使能数据包接收中断。

程序清单 11-10

```
1.   struct pbuf* DM9000ReceivePacket(void)
2.   {
3.     struct pbuf* p;
4.     struct pbuf* q;
5.     u32 rxbyte;
6.     volatile u16 rx_status, rx_length;
7.     u16* data;
```

```
8.      u16    dummy;
9.      int    len;
10.
11.     p = NULL;
12.
13.   __error_retry:
14.
15.     ReadReg(DM9000_MRCMDX);          //假读
16.     rxbyte = (u8)DM9000->data;       //进行第二次读取
17.     if(rxbyte)                       //接收到数据
18.     {
19.       if(rxbyte > 1)                 //rxbyte 大于 1，接收到的数据错误
20.       {
21.         printf("dm9000 rx: rx error, stop device\r\n");
22.         WriteReg(DM9000_RCR,0x00);
23.         WriteReg(DM9000_ISR,0x80);
24.         return (struct pbuf*)p;
25.       }
26.       DM9000->reg = DM9000_MRCMD;
27.       rx_status = DM9000->data;
28.       rx_length = DM9000->data;
29.       p = pbuf_alloc(PBUF_RAW, rx_length, PBUF_POOL); //pbufs 内存池分配 pbuf
30.       if(p != NULL)   //内存申请成功
31.       {
32.         for(q = p; q != NULL; q = q->next)
33.         {
34.           data = (u16*)q->payload;
35.           len = q->len;
36.           while(len > 0)
37.           {
38.             *data = DM9000->data;
39.             data++;
40.             len -= 2;
41.           }
42.         }
43.       }
44.       //内存申请失败
45.       else
46.       {
47.         printf("pbuf 内存申请失败:%d\r\n", rx_length);
48.         data = &dummy;
49.         len = rx_length;
50.         while(len)
51.         {
52.           *data = DM9000->data;
53.           len -= 2;
54.         }
55.       }
```

```
56.     //根据 rx_status 判断接收数据是否出现如下错误：FIFO 溢出、CRC 错误
57.     //对齐错误、物理层错误，如果有任何一个错误出现则丢弃该数据帧
58.     //当 rx_length 小于 64 或大于最大数据长度的时候也丢弃该数据帧
59.     if((rx_status & 0XBF00) || (rx_length < 0X40) || (rx_length > DM9000_PKT_MAX))
60.     {
61.         printf("rx_status:%#x\r\n",rx_status);
62.         if (rx_status & 0x100)
63.         {
64.             printf("rx fifo error\r\n");
65.         }
66.         if (rx_status & 0x200)
67.         {
68.             printf("rx crc error\r\n");
69.         }
70.         if (rx_status & 0x8000)
71.         {
72.             printf("rx length error\r\n");
73.         }
74.         if (rx_length>DM9000_PKT_MAX)
75.         {
76.             printf("rx length too big\r\n");
77.             WriteReg(DM9000_NCR, NCR_RST);    //复位 DM9000
78.             DelayNms(5);
79.         }
80.         if(p != NULL)
81.         {
82.             pbuf_free((struct pbuf*)p); //释放内存
83.         }
84.         p=NULL;
85.         goto __error_retry;
86.     }
87.     }
88.     else
89.     {
90.     //清除所有中断标志位
91.     WriteReg(DM9000_ISR, ISR_PTS);
92.     //重新接收中断
93.     s_structDM9000Cfg.imrAll = IMR_PAR | IMR_PRI;
94.     WriteReg(DM9000_IMR, s_structDM9000Cfg.imrAll);
95.     }
96.     return (struct pbuf*)p;
97. }
```

11.3.2　Main.c 文件

在 Proc2msTask 函数中调用 EnternetTask 函数，每 40ms 执行一次以太网通信模块任务，如程序清单 11-11 所示。

程序清单 11-11

```
1.   static   void   Proc2msTask(void)
2.   {
3.       static u8 s_iCnt = 0;
4.       if(Get2msFlag())   //判断 2ms 标志位状态
5.       {
6.           LEDFlicker(250);//调用闪烁函数
7.           s_iCnt++;
8.           if(s_iCnt >= 20)
9.           {
10.              s_iCnt = 0;
11.              EnternetTask();
12.          }
13.          Clr2msFlag();      //清除 2ms 标志位
14.      }
15.  }
```

11.3.3　实验结果

下载程序并进行复位，开发板将自动显示初始化以太网的提示。选择以下任意一种方式将开发板与计算机连接至同一网络环境下。

1. 将开发板与计算机连接

（1）不使用路由器，直接使用网线连接

将 RJ45 网线的一端插入开发板，另一端接入计算机后，打开开发板电源。在计算机上打开串口助手，待开发板初始化完毕后，串口助手出现如图 11-3 所示的信息。

由于此连接方式不支持 DHCP（动态主机配置协议），因此应采用静态 IP 地址，在计算机中手动配置 IP 地址。打开计算机"控制面板"页面，进入"网络与共享中心"，打开左侧"更改适配器设置"，找到显示为未识别的以太网，如图 11-4 所示。

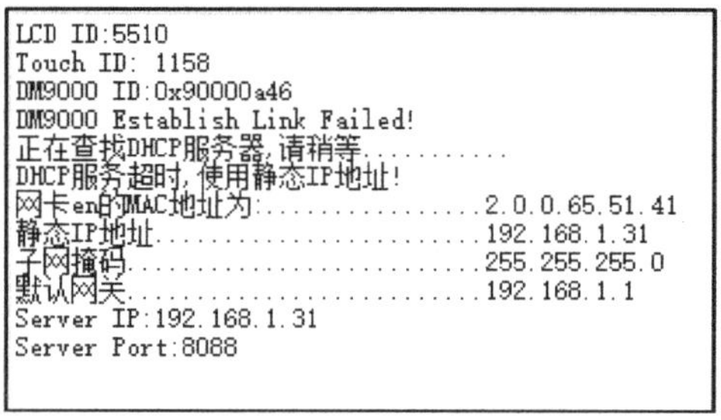

```
LCD ID:5510
Touch ID: 1158
DM9000 ID:0x90000a46
DM9000 Establish Link Failed!
正在查找DHCP服务器,请稍等.........
DHCP服务超时,使用静态IP地址!
网卡en的MAC地址为.................2.0.0.65.51.41
静态IP地址....................192.168.1.31
子网掩码....................255.255.255.0
默认网关.....................192.168.1.1
Server IP:192.168.1.31
Server Port:8088
```

图 11-3　串口助手显示信息

 以太网 2
未识别的网络
Realtek USB FE Family Controll...

图 11-4　未识别的以太网

右键打开属性窗口，选中"Internet 协议版本 4(TCP/IPv4)"，单击"属性"按钮，如图 11-5 所示。

在"IP 地址"栏填入：192.168.1.x（x 为 2～254），确保该 IP 地址不与开发板 IP 地址相同，并且不与同一子网下的其他设备 IP 地址相同。"子网掩码""默认网关""首选 DNS 服务器"栏填入如图 11-6 所示的信息。

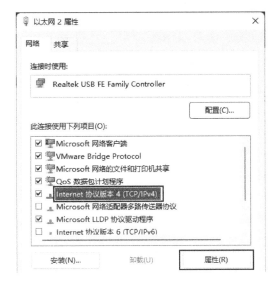

图 11-5　以太网属性设置

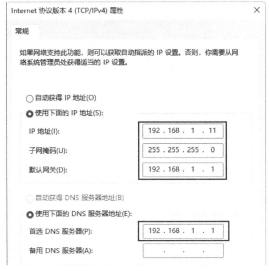

图 11-6　Internet 协议版本 4（TCP/IPv4）属性

（2）使用路由器

将开发板和计算机连接至同一个路由器后，打开开
发板电源。在计算机上打开串口助手，待开发板初始化
完毕后，串口助手出现如图 11-7 所示的信息，表示开发
板成功获取路由器分配的 IP 地址。

2. 服务器端接收测试

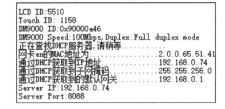

图 11-7　串口助手显示信息

使用上述任意一种方法进行网络连接后，等待开发板上出现以太网通信实验 GUI 界面，
如图 11-8 所示。

图 11-8　以太网通信实验 GUI 界面

打开资料包 "\02.相关软件" 下的 "网络调试助手.exe" 文件，设置协议类型为 TCPClient。

设置远程主机地址为如图 11-8 所示开发板屏幕右上方显示的 Sever IP，设置远端主机端口为开发板右上方显示的 Sever Port。网络调试助手设置界面如图 11-9 所示。

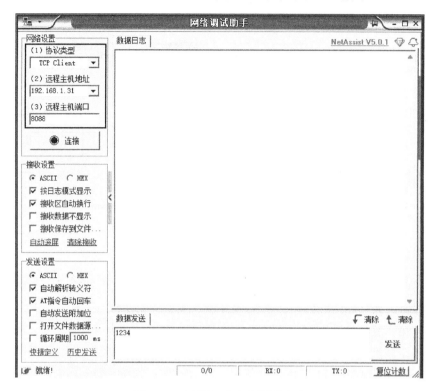

图 11-9　网络调试助手设置界面

　　单击网络调试助手左侧"连接"按钮建立连接，此时在数据发送区域输入任意数据并单击"发送"按钮，服务端将接收到该信息，并打印在 GUI 的终端中。通过网络调试助手收发的数据如图 11-10 所示。

3. 服务器端发送测试

　　在计算机端的任意界面下，按快捷键 Win+R 打开运行窗口，输入 cmd，如图 11-11 所示。

图 11-10　网络调试助手收发数据

图 11-11　Windows 运行窗口

　　按回车键后打开 Windows 命令提示符窗口。输入 ipconfig 后按回车键，出现本机的网络 IP 地址，如图 11-12 所示。

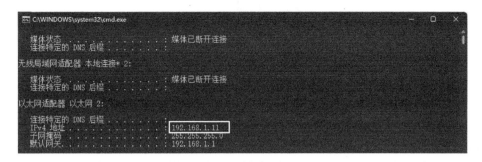

图 11-12　Windows ipconfig

　　找到对应的 IPv4 地址后，输入至开发板右上角的 IP 栏中，并且填写需要发送的数据，如图 11-13 所示，然后单击 SEND 按钮，计算机的网络调试助手软件上将显示收到的数据（见图 11-10）。

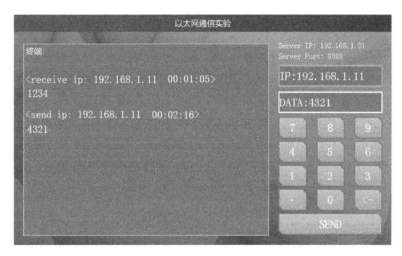

图 11-13　数据收发成功

　　至此，成功实现了服务端与客户端之间的相互通信，以太网通信实验完成。

本 章 任 务

　　本章实验以开发板为服务器端，计算机为客户端，实现了二者之间的通信。现尝试在本章实验工程的基础上，将 GD32F3 苹果派开发板和多台计算机接入同一网络环境下，并使用网络调试助手建立开发板与计算机之间的 TCP 连接，实现多客户端与服务器端的通信。

本 章 习 题

1. 简述 DM9000 初始化流程。
2. 简述 TCP/IP 协议层次结构及各层的作用。
3. 简述 IP 协议及 TCP 协议的通信特点。

第 12 章 USB 从机实验

USB 是 Universal Serial Bus 的缩写，即通用串行总线，是连接计算机系统与外部设备的一种串口总线标准，也是一种输入/输出接口的技术规范，广泛应用于个人计算机和移动设备等信息通信产品，并扩展至摄影器材、数字电视（机顶盒）、游戏机等其他领域。USB 发展至今已经有 USB1.0/1.1/2.0/3.0 等多个版本，在 USB1.0 和 USB1.1 版本中，只支持 1.5Mbps 的低速（low-speed）模式和 12Mbps 的全速（full-speed）模式；在 USB 2.0 中，又加入了 480Mbps 的高速模式。目前最新的 USB 协议版本为 USB 3.2 Gen2x2，传输速度可达 20Gbps。

12.1 实 验 内 容

本章的主要内容是学习 GD32F3 苹果派开发板上的 USB 外设及其电路原理图，掌握 USB协议，包括其电气特性、传输方式和描述符等。最后基于 GD32F3 苹果派开发板设计一个 USB从机实验，将开发板作为 HID 键盘设备连接至计算机，实现键盘输入功能。

12.2 实 验 原 理

12.2.1 USB 模块

GD32F3 苹果派开发板具有 USB Type-C 接口，通过该接口可实现数据传输和电源输入，其电路原理图如图 12-1 所示。其中 Vbus 为总线电源，CC1 与 CC2 用于识别插入方向，分别连接 5.1kΩ 的下拉电阻。USB_DP 连接 1.5kΩ 的上拉电阻，表示该设备为全速设备或高速设备。当设备接入主机时，主机就可以通过该上拉电阻判断是否有 USB 设备接入。由于 USBType-C 支持正反面插入，因此 A7、A6 与 B7、B6 均分别与 USB_DM（D-）和 USB_DP（D+）连接，构成半双工的差分信号线，以抵消长导线的电磁干扰。

注意，USB 插座没有直接连接到 GD32F30x 微控制器上，而是通过 J$_{709}$ 转接。在进行本章实验时，需要通过跳线帽将 PA11 和 PA12 分别连接到 USB_DM 和 USB_DP 引脚。

12.2.2 USB 协议简介

USB 是一种串行传输总线，它的出现主要是为了简化个人计算机与外围设备的连接。USB 具有许多优点，例如支持热插拔，能够即插即用，具有很强的扩展性及很高的传输速度，有统一的标准，兼容性强，价格便宜等。但其缺点是只适合短距离传输，开发和调试难度较大。

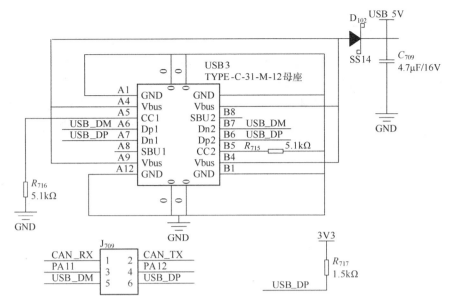

图 12-1 USB 模块电路原理图

12.2.3 USB 拓扑结构

USB 是一种主从结构的系统，分为主机（Host）与从机（Device）。所有的数据传输都由主机主动发起，从机设备只能被动地应答。在 USB OTG 中，设备可以在从机与主机之间切换，实现设备与设备之间的连接。

USB 主机通常具有一个或多个主控器（Host controller）和根集线器（Root hub）。主控器主要负责处理数据，根集线器则提供连接主控器与设备之间的接口和通路。另外还有 USB 集线器（USB hub），即 USB 拓展坞，可以对原有的 USB 口在数量上进行拓展，但是不能拓展出更多的带宽。

12.2.4 USB 电气特性

标准的 USB 连接线使用 4 芯电缆：5V 电源线（Vbus）、差分数据线负（D−）、差分数据线正（D+）及地线（GND）。USB 使用差分信号来传输数据，因此有 2 条数据线，分别为 D+和 D−，使用 3.3V 电压。在 USB 的低速和全速模式中，采用电压传输模式，而高速模式则采用电流传输模式。关于具体的电气参数，请参见 USB 协议文档《USB2.0 协议中文版》（位于本书配套资料包"09.参考资料\12.USB 从机实验参考资料"文件夹下）。

USB 使用不归零反转（NRZI）编码方式：信号电平翻转表示 0，信号电平不变表示 1，如图 12-2 所示。为了防止出现长时间电平未变化，在发送数据前要经过位填充处理：当遇到连续 6 个数据 1 时，就强制插入一个数据 0，该过程由硬件自动完成。

USB 协议还规定，设备在未配置之前，最多可以从 Vbus 上获取 100mA 的电流,经过配置后,最多可以从 Vbus 上获取 500mA 的电流。

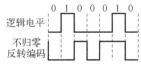

图 12-2 NRZI 编码方式

12.2.5　USB 描述符

USB 主机需要通过设备描述符明确一个 USB 设备具体如何操作，有哪些行为，具体实现哪些功能。描述符中记录了设备的类型、厂商 ID 和产品 ID、端点情况、版本号等众多信息。以 USB1.1 协议中定义的描述符为例，其中包含设备描述符、配置描述符、端点描述符及可选的字符串描述符，如图 12-3 所示，另外还有一些特殊的描述符，如 HID 描述符。

从图 12-3 可以看出，USB 描述符之间的关系是一层一层的，顶层是设备描述符，然后是配置描述符、接口描述符，底层是端点描述符。其中一个设备描述符可以定义多个配置，一个配置描述符可以定义多个接口，一个接口描述符可以定义多个端点描述符或 HID 描述符。在主机获取描述符时，首先获取设备描述符，再获取配置描述符。接口描述符、端点描述符及特殊描述符等需要主机根据配置描述符中的配置集合的总长度一次性读回，不能单独返回给 USB 主机。本实验的配置描述符集合定义参见 12.3.1 节的程序清单 12-2。字符串描述符是单独获取的。

在本实验中，USB 协议所包含的描述符均在 usbd_std.h 文件中定义，首先定义的是所有描述符的头部，包括描述符的长度及类型常数，所有描述符均包含该头部。

```
typedef struct
{
    uint8_t bLength;                        //描述符长度（字节）
    uint8_t bDescriptorType;                //描述符的类型常数
} usb_descriptor_header_struct;
```

其中 bDescriptorType 为描述符的类型常数，常用的描述符类型及其取值如表 12-1 所示。

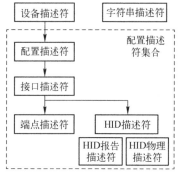

图 12-3　USB 描述符结构

表 12-1　常用描述符类型

类　　型	描　述　符	数　　值
标准	设备描述符	0x01
	配置描述符	0x02
	字符串描述符	0x03
	接口描述符	0x04
	端点描述符	0x05
类别	HID 描述符	0x21
	HUB 描述符	0x29
HID 特定	报告描述符	0x22
	物理描述符	0x23

1. 设备描述符

设备描述符描述有关 USB 设备的相关信息，每个 USB 设备有且仅有一个设备描述符，其结构体定义如下。

```
typedef struct
{
    usb_descriptor_header_struct Header;    //描述符头部，包含描述符的长度与类型
    uint16_t bcdUSB;                        //该设备遵循的 USB 版本号，采用 BCD 码表示
    uint8_t  bDeviceClass;                  //该设备使用的类代码
```

```
    uint8_t   bDeviceSubClass;              //该设备使用的子类代码
    uint8_t   bDeviceProtocol;              //该设备所使用的协议
    uint8_t   bMaxPacketSize0;              //端点 0 的最大包长
    uint16_t idVendor;                      //厂商 ID，由 USB 协议分配
    uint16_t idProduct;                     //产品 ID，由厂商分配
    uint16_t bcdDevice;                     //产品版本号，由厂家分配
    uint8_t   iManufacturer;                //描述厂商的字符串的索引，为 0 则表示无
    uint8_t   iProduct;                     //描述产品的字符串的索引，为 0 则表示无
    uint8_t   iSerialNumber;                //产品序列号字符串的索引
    uint8_t   bNumberConfigurations;        //当前设备有多少个配置
} usb_descriptor_device_struct;
```

USB 协议版本的格式为 JJ.M.N（JJ 为主要版本号，M 为次要版本号，N 为次要版本），bcdUSB 定义的格式为 0xJJMN，例如 USB2.0 写成 0200H；USB1.1，则写成 0110H。

bDeviceClass、bDeviceSubClass 和 bDeviceProtocol 分别代表设备类型代码、子类型代码及协议代码，常用的设备类型代码见表 12-2。如果 bDeviceClass 为 0，则 bDeviceSubClass 和 bDeviceProtocol 均为 0，表示由接口描述符来指定。

bMaxPacketSize0 表示端点 0 一次传输的最大字节数量（具体见后面表 12-4 中的"最大数据包长度"项）。

iManufacturer、iProduct 和 iSerialNumber 是 3 个字符串的索引值，当这些值不为 0 时，主机会利用这个索引值来获取相应的字符串。

一个 USB 可能有多个配置，bNumConfigurations 用于标识当前设备有多少个配置。

表 12-2　常见 USB 设备基本类

基 本 类	描　　　述
0x01	音频设备
0x02	通信设备
0x03	HID 设备
0x06	图像设备
0x07	打印机类设备
0x08	大容量存储设备
0x09	HUB 设备
0x0B	智能卡设备
0xFF	厂家自定义类设备

USB 定义了设备类的类别码信息，可用于识别设备并且加载设备驱动。这种代码信息有 BaseClass（基本类）、SubClass（子类）和 Protocol（协议），共占 3 字节。有关 USB 设备基本类如表 12-2 所示。

2．配置描述符

配置描述符描述了特定设备配置的信息，每个 USB 设备至少需要有一个配置描述符，其结构体定义如下。

```
typedef struct
{
    usb_descriptor_header_struct Header;    //描述符头部，包含描述符的长度与类型
    uint16_t wTotalLength;                  //配置描述符的总长度
    uint8_t   bNumInterfaces;               //该配置包含的接口数
    uint8_t   bConfigurationValue;          //该配置描述符的索引值
    uint8_t   iConfiguration;               //描述该配置的字符串的索引值
    uint8_t   bmAttributes;                 // 配置属性
    uint8_t   bMaxPower;                    //在当前配置下设备的最大功耗，以 2mA 为单位
} usb_descriptor_configuration_struct;
```

wTotalLength 为描述符的总长度，包含配置描述符、接口描述符、端点描述符等。

bNumInterfaces 表示当前配置下有多少个接口，单一功能设备只有一个接口，例如在本章实验中的接口只有一个。

一个 USB 设备可能有多个配置。bConfigurationValue 为当前配置的标识，主机通过该标识来选择所需配置。

iConfiguration 为描述该配置的字符串索引值，该值不为 0 时，主机会利用这个索引值来获取相应的字符串。

bmAttributes 表示一些设备的特性，D7 是保留位，默认为 1；D6 表示供电方式，0 是自供电，1 是总线供电；D5 表示是否支持远程唤醒；D4～D0 保留，默认为 0。

bMaxPower 为当前配置下所需要的电流,单位为 2mA。若一个设备最大耗电量为 100mA，那么本参数设置为 0x32。

3. 接口描述符

接口描述符描述配置中的特定接口。一个配置提供一个或多个接口，每个接口可以具有 0 个或多个端点描述符。

```
typedef struct
{
    usb_descriptor_header_struct Header;    //描述符头部，包含描述符的长度与类型
    uint8_t bInterfaceNumber;               //该接口的序号
uint8_t bAlternateSetting;                  //备用接口编号
    uint8_t bNumEndpoints;                  //接口中的端点总数
    uint8_t bInterfaceClass;                //接口类 ID
    uint8_t bInterfaceSubClass;             //接口子类 ID
    uint8_t bInterfaceProtocol;             //该接口所使用的协议 ID
    uint8_t iInterface;                     //该接口描述符索引号，为 0 则表示无
} usb_descriptor_interface_struct;
```

bInterfaceNumber 为该接口的序号，如果一个配置有多个接口，则每个接口都有一个独立的编号，从 0 开始递增。

bAlternateSetting 为备用接口编号，一般很少用，本实验中设置为 0。

bInterfaceClass、bInterfaceSubClass 和 bInterfaceProtocol 的作用是，当 bDeviceClass 为 0 时，即指示用接口描述符来标识类别时，用接口类、接口子类、接口协议来说明此 USB 设备功能所属的类别。有关 USB 设备类型编号的常用值见表 12-2，在本实验中 bInterfaceClass 的值为 0x03，表示该设备为 HID 类设备。

4. 端点描述符

端点（Endpoint）是 USB 设备上可被独立识别的端口，是 USB 设备中可以进行数据收发的最小单元。每个 USB 设备必须要有一个端点 0，其作用是对设备和设备枚举进行控制，因此也被称为控制端点。端点 0 的数据传输方向是双向的，而其他端点均为单向的。除了控制端点，每个 USB 设备允许有一个或多个非 0 端点。低速设备最多有 2 个非 0 端点。高速和全速设备最多支持 15 个端点。

```
typedef struct
{
    usb_descriptor_header_struct Header;        //描述符头部，包含描述符的长度与类型
    uint8_t  bEndpointAddress;                  //端点的逻辑地址
    uint8_t  bmAttributes;                      //端点类型
    uint16_t wMaxPacketSize;                    //该端点的最大包长（字节）
    uint8_t  bInterval;                         //如果端点是中断或同步类型时的轮询间隔（毫秒）
} usb_descriptor_endpoint_struct;
```

bEndpointAddress 为端点的逻辑地址，其 Bit3～0 为端点编号，Bit6～4 默认为 0，Bit7 表示传输方向，0 对应输出，1 对应输入。

bmAttributes 为端点属性，00 表示控制传输，01 表示同步传输，10 表示批量传输，11 表示中断传输。

wMaxPacketSize 表示当前配置下此端点能够接收或发送的最大数据包的大小。

bInterval 表示查询时间，即主机多久和设备通信一次，以 1ms（帧）和 125μs（微帧）为单位。

5．字符串描述符和语言 ID 描述符

在 USB 协议中，字符串描述符是可选的，其结构体定义如下。语言 ID 描述符是特殊的字符串描述符，用于通知主机其他字符串描述符里面的字符串为何种语言。最常用的语言编码为美式英语，编码为 0x0409。主机需要先获取语言 ID 描述符，才能正确解析字符串描述符。

```
typedef struct
{
    usb_descriptor_header_struct Header;        //描述符头部，包含描述符的长度与类型
    uint16_t wLANGID;                           //语言编码
}usb_descriptor_language_id_struct;
```

例如，本实验定义的字符串如下。

```
void *const usbd_strings[] =
{
    [USBD_LANGID_STR_IDX] = (uint8_t *)&usbd_language_id_desc,
    [USBD_MFC_STR_IDX] = USBD_STRING_DESC("GigaDevice"),
    [USBD_PRODUCT_STR_IDX] = USBD_STRING_DESC("GD32 USB Keyboard in FS Mode"),
    [USBD_SERIAL_STR_IDX] = USBD_STRING_DESC("GD32F30X-V3.0.0-3a4b5ec")
};
```

所使用的设备描述符（均在 hid_core.c 文件中定义）申请了 3 个非 0 的索引值，分别是厂商字符串（iManufacturer）、产品字符串（iProduct）和产品序列号（iSerialNumber），其索引值分别为 1、2、3，USB 主机通过字符串描述符和索引值获取对应的字符串。当索引值为 0 时，表示获取语言 ID。

12.2.6　HID 协议

HID 是 Human interface device 的缩写，即人体学接口设备，是指用于和人体交互的设备，

例如鼠标、键盘、游戏手柄和打印机等。现代主流操作系统都能识别标准 USB HID 设备，无须专门的驱动程序。

HID 设备的描述符主要包括 5 个 USB 标准描述符（设备描述符、配置描述符、接口描述符、端点描述符和字符串描述符）和 3 个 HID 设备类特定描述符（HID 描述符、报告描述符和物理描述符）。HID 描述符的结构体定义如下。

```
typedef struct
{
    usb_descriptor_header_struct Header;        //描述符头部，包含描述符的长度与类型
    uint16_t bcdHID;                            //HID 规范版本号
    uint8_t  bCountryCode;                      //硬件设备所在国家的代码
    uint8_t  bNumDescriptors;                   //接口的 HID 报告描述符总数
    uint8_t  bDescriptorType;                   //附加描述符的类型
    uint16_t wDescriptorLength;                 //附加描述符的长度
} usb_hid_descriptor_hid_struct;
```

bcdHID 为 4 位十六进制的 BCD 码，1.0 即 0x0100，1.1 即 0x0101，2.0 即 0x0200。

bNumDescriptors 为 HID 设备支持的下级描述符的数量。注意，下级描述符分为报告描述符和物理描述符。bNumDescriptors 表示报告描述符和物理描述符的个数总和。

bDescriptorType 表示下级描述符的类型，例如，报告描述符的类型编号为 0x22。

wDescriptorLength 表示下级描述符的长度。

报告描述符用于描述 HID 设备所上报数据的用途及属性，每个 HID 设备至少有一个报告描述符，物理描述符是可选的，并不常用。

12.2.7　USB 通信协议

USB 数据由二进制数字串构成，采用最低有效位（LSB）先行的传输方式，由数字串组成域，多个域组成一个包，再由多个包组成事务，最后由多个事务组成一次传输，其结构关系如图 12-4 所示。

1. 包（Packet）

USB 总线上传输的数据以包为基本单位，所有数据都是经过打包后在总线上传输的，包的基本结构如图 12-5 所示。

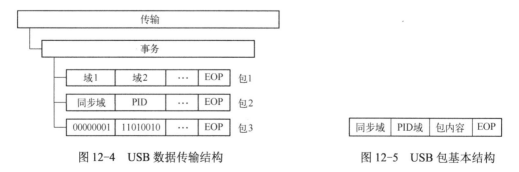

图 12-4　USB 数据传输结构　　　　图 12-5　USB 包基本结构

一个包被分成不同的域，所有的包以同步域开始，不同种类的包含有不同的包内容，最终都以包结束符 EOP 域结束。

① 同步域：用于表示数据传输的开始，同步主机端和设备端的时钟。对于全速和低速设备，同步域使用的是 00000001；而对于高速设备，同步域使用的是 31 个 0 加 1 个 1。

② PID（Packet Identifier）域：用于表示一个包的类型，共 8 位，其中 USB 协议使用的只有 4 位（PID[3:0]），剩余 4 位（PID[7:4]）为 PID[3:0]的取反，用于校验。有关 USB 协议规定的 PID 取值可参见表 12-3。

③ EOP（包结束符）：表示一个包的结束，对于全速设备和低速设备而言，EOP 是一个约为 2 个数据位宽的单端 0 信号（SE0），即 D+和 D−同时都保持为低电平。

不同的包内容将产生不同类型的包，分为令牌包、数据包和握手包。

（1）令牌包（TokenPacket）

令牌包用来启动一次 USB 传输。因为 USB 为主从结构，主机需要发送一个令牌通知设备做出相应的响应。每个令牌包的末尾都有一个 5 位的 CRC 校验，它只校验 PID 之后的数据。令牌包分为 4 种，分别为输出（OUT）、输入（IN）、建立（SETUP）和帧起始（Start of Frame，SOF）。

① 输出（OUT）令牌包：通知设备输出一个数据包；

② 输入（IN）令牌包：通知设备返回一个数据包；

③ 建立（SETUP）令牌包：只用在控制传输中，通知设备输出一个数据包；

④ 帧起始（SOF）令牌包：在每帧（或微帧）开始时发送，它以广播的形式发送。

OUT、IN、SETUP 令牌包结构如图 12-6 所示。其中地址域（ADDR）共占 11 位，低 7 位为设备地址，高 4 位为端点地址。

SOF 令牌包结构如图 12-7 所示。其中帧号域共占 11 位，主机每发出一个帧，帧号都会自动加 1，达到 0x7FF 时将清零。

| 同步域 | PID域 | 地址域 | CRC5校验 | EOP |

图 12-6　OUT、IN、SETUP 令牌包结构

| 同步域 | PID域 | 帧号域 | CRC5校验 | EOP |

图 12-7　SOF 令牌包结构

（2）数据包（DataPacket）

数据包用于传输数据，也用于传输 USB 描述符，其结构如图 12-8 所示。在 USB1.1 协议中，只有两种数据包：DATA0 和 DATA1，用于实现主机和设备传输错误检测及重发机制。在 USB2.0 中又增加了 DATA2 和 MDATA 包，主要用在高速分裂事务和高速高带宽同步中。其中数据包中特有的数据域长度为 0~1024 字节。

不同类型的数据包用于在握手包出错时进行纠错。当数据包成功发送或接收时，数据包的类型会切换（例如在 DATA0 与 DATA1 之间切换）。当检测到收发双方所使用的数据包类型不同时，说明此时传输发生了错误。

（3）握手包（HandshakePacket）

握手包内容仅由 PID 域组成，用于表示一次传输是否被对方确认，是最简单的一种数据包，其结构如图 12-9 所示。

| 同步域 | PID域 | 数据域 | CRC16校验 | EOP |

图 12-8　数据包结构

| 同步域 | PID域 | EOP |

图 12-9　握手包结构

其中 PID 域标志了当前握手包的具体类型，主要分为 ACK、NAK、STALL 和 NYET 这

4 种。其中，主机和设备都可以用 ACK 来确认，而余下 3 种包只能由设备返回。

不同类型的包除了组成结构不同，其 PID 域也会有相应的区别，如表 12-3 所示。

表 12-3　USB 协议规定的 PID

PID 类型	PID 名称	PID[3:0]	说　明
令牌包	输出（OUT）令牌包	0001	通知设备输出一个数据包
	输入（IN）令牌包	1001	通知设备返回一个数据包
	建立（SETUP）令牌包	0101	只用在控制传输中，通知设备输出一个数据包
	帧起始（SOF）令牌包	1101	在每帧（或微帧）开始时发送，以广播的形式发送
数据包	DATA0	0011	不同类的数据包（USB1.1）
	DATA1	1011	
	DATA2	0111	不同类的数据包（USB2.0 补充）
	MDATA	1111	
握手包	ACK	0010	正确接收数据，并且有足够的空间来容纳数据
	NAK	1010	表示没有数据需要返回，或者数据正确接收但没有足够的空间来容纳，不表示数据出错
	STALL	1110	错误状态，表示设备无法执行该请求，或端点被挂起
	NYET	0110	只在 USB2.0 的高速设备输出事务中使用，表示数据正确接收但设备没有足够的空间来接收下一个数据
特殊包	PRE	1100	前导（令牌包）
	ERR	1100	错误（握手包）
	SPLIT	1000	分裂事务（令牌包）
	PING	0100	PING 测试（令牌包）
	\	0000	保留，未使用

2. 事务（Transaction）

在 USB 上数据信息的一次接收或发送的处理过程称为事务，分为 3 种类型：

■ Setup 事务：主要向设备发送控制命令；

■ Data IN 事务：主要从设备读取数据；

■ Data OUT 事务：主要向设备发送数据。

除同步传输事务外，USB 所有类型的事务（Setup 事务、IN 事务、OUT 事务）都由 3 个包（令牌包、数据包、握手包）组成，而同步传输事务由 2 个包组成（令牌包、数据包），没有握手包。所有传输事务的令牌包都是由主机发起的，数据包含有需要传输的数据，握手包由数据接收方发起，回应数据是否正常接收。

3. 传输（transfer）

USB 协议规定了 4 种传输类型：控制传输、批量传输、同步传输和中断传输。其中，除控制传输外，其他类型的传输每传输一次数据都是一个事务，控制传输可能包含多个事务。

（1）控制（Control）传输

控制传输适用于非周期性且突发的数据传输。当设备接入主机时，需要通过控制传输获取 USB 设备的描述符，完成 USB 设备的枚举。控制传输是双向的，必须由 IN 和 OUT 两个方向上的特定端点号的控制端点来完成两个方向上的控制传输。

（2）批量（Bulk）传输

批量传输适用于那些需要大数据量传输，但是对实时性、延时和带宽没有严格要求的应用。大容量传输可以占用任意可用的数据带宽。批量传输是单向的，可以用单向的批量传输端点来实现某个方向的批量传输。

（3）同步（isochronous）传输

同步传输用于传输那些需要保证带宽，并且不能延时的信息。整个带宽都将用于保证同步传输的数据完整，并且不支持出错重传。同步传输总是单向的，可以使用单向的同步端点来实现某个方向上的同步传输。

（4）中断（interrupt）传输

中断传输用于频率不高，但对周期有一定要求的数据传输。中断传输具有保证的带宽，并能在下个周期对先前错误的传输进行重传。中断传输总是单向的，可以用单向的中断端点来实现某个方向上的中断传输。本实验中的 HID 键盘即采用了中断传输方式。

表 12-4　4 种传输方式对比

传输模式	控制传输			批量传输			中断传输			同步传输		
传输速率	高速	全速	低速	高速	全速	低速	高速	全速	低速	高速	全速	低速
带　　宽	保证			没有保证			有限的保留带宽			保证、传输率固定		
	最多 20%	最多 10%	最多 10%				23.4Mbps	62.5kbps	800bps		999kbps	2.9Mbps
最大数据包长度	64	64	8	512	54	\	1024	64	8	1024	1023	\
传输错误管理	握手包、PID 翻转			握手包、PID 翻转			握手包、PID 翻转			无		

12.2.8　USB 枚举

USB 枚举是 USB 设备调试中一个很重要的环节。USB 主机在检测到设备插入后，需要对设备进行枚举。枚举过程采用的是控制传输模式，从设备读取一些信息，了解设备类型和通信方式，主机可以根据这些信息来加载合适的驱动程序。USB 枚举流程如图 12-10 所示。

图 12-10　USB 设备枚举流程

12.2.9　USBD 模块简介

GD32F30x 系列微控制器的通用串行总线全速设备接口（USBD）模块仅适用于 GD32F30x 系列芯片，USBD 意为 USBDevice，即只支持工作在设备（Device）模式，而不支持主机工作模式。USBD 模块支持 USB2.0 协议下的 12Mbps 的全速传输，它内部包含一个 USB 物理层芯片，支持 USB 2.0 协议所定义的 4 种传输类型（控制、批量、中断和同步传输）。

根据 USB 标准定义，USBD 模块采用固定的 48MHz 时钟。使用 USBD 时需要打开两个时钟，一个是 USB 控制器时钟，其频率必须配置为 48MHz；另一个是 APB1 到 USB 接口时钟，即 APB1 总线时钟，必须大于 24MHz。

12.3　实验代码解析

12.3.1　hid_core 文件对

1. hid_core.h 文件

hid_core.c 与 hid_core.h 为 GD 官方提供的 HID_keyboard 例程源代码，下面对该文件中的部分代码进行解释说明。hid_core.h 文件首先对 HID 进行相关配置和宏定义，包括 HID 配置描述符的总长度、类型编号等，然后定义了 USBHID 设备的请求状态，如设置或获取相关的报告等，如程序清单 12-1 所示。

程序清单 12-1

```
1.   #define USB_HID_CONFIG_DESC_SIZE        0x29
2.
3.   #define HID_DESC_TYPE                   0x21
4.   #define USB_HID_DESC_SIZE               0x09
5.   #define USB_HID_REPORT_DESC_SIZE        0x3D
6.   #define HID_REPORT_DESCTYPE             0x22
7.
8.   #define GET_REPORT                      0x01
9.   #define GET_IDLE                        0x02
10.  #define GET_PROTOCOL                    0x03
11.  #define SET_REPORT                      0x09
12.  #define SET_IDLE                        0x0A
13.  #define SET_PROTOCOL                    0x0B
```

程序清单 12-2 所示为 USB 配置描述符集合，依次为配置描述符、接口描述符、HID 描述符和两个端点描述符。

程序清单 12-2

```
1.   typedef struct
2.   {
3.       usb_descriptor_configuration_struct Config;
4.
5.       usb_descriptor_interface_struct              HID_Interface;
6.       usb_hid_descriptor_hid_struct                HID_VendorHID;
7.       usb_descriptor_endpoint_struct               HID_ReportINEndpoint;
8.       usb_descriptor_endpoint_struct               HID_ReportOUTEndpoint;
9.   } usb_descriptor_configuration_set_struct;
```

程序清单 12-3 所示的代码为 API 函数定义，包括 HID 设备的初始化，以及去初始化、处理 HID 类特定的请求、处理数据、发送键盘报告的函数。

程序清单 12-3

```
1.   /* initialize the HID device */
2.   usbd_status_enum hid_init (void *pudev, uint8_t config_index);
3.   /* de-initialize the HID device */
4.   usbd_status_enum hid_deinit (void *pudev, uint8_t config_index);
5.   /* handle the HID class-specific requests */
6.   usbd_status_enum hid_req_handler (void *pudev, usb_device_req_struct *req);
7.   /* handle data stage */
8.   usbd_status_enum hid_data_handler (void *pudev, usbd_dir_enum rx_tx, uint8_t ep_id);
9.   /* send keyboard report */
10.  uint8_t hid_report_send (usbd_core_handle_struct *pudev, uint8_t *report, uint16_t len);
```

2. hid_core.c 文件

在 hid_core.c 文件中，首先定义了外部变量 prev_transfer_complete 传输完成标志位及 key_buffer 数据上报发送缓冲区，如程序清单 12-4 所示。这两个变量均在 Keyboard.c 文件中初始化。

程序清单 12-4

```
extern __IO uint8_t prev_transfer_complete;
extern uint8_t key_buffer[];
```

程序清单 12-5 所示为 device_descripter 结构体的初始化代码。

程序清单 12-5

```
1.   const usb_descriptor_device_struct device_descripter =
2.   {
3.       .Header =
4.       {
5.           .bLength = USB_DEVICE_DESC_SIZE,
6.           .bDescriptorType = USB_DESCTYPE_DEVICE
7.       },
8.       .bcdUSB = 0x0200,
9.       .bDeviceClass = 0x00,
10.      .bDeviceSubClass = 0x00,
11.      .bDeviceProtocol = 0x00,
12.      .bMaxPacketSize0 = USBD_EP0_MAX_SIZE,
13.      .idVendor = USBD_VID,
14.      .idProduct = USBD_PID,
15.      .bcdDevice = 0x0100,
16.      .iManufacturer = USBD_MFC_STR_IDX,
17.      .iProduct = USBD_PRODUCT_STR_IDX,
18.      .iSerialNumber = USBD_SERIAL_STR_IDX,
19.      .bNumberConfigurations = USBD_CFG_MAX_NUM
20.  };
```

这段语句为 device_descripter 各成员赋初值，未提及的结构体成员值将被初始化为 0。此语法需要 C99 支持，因此必须在 keil 中选择 C99 模式，如图 12-11 所示，否则会导致编译出错。

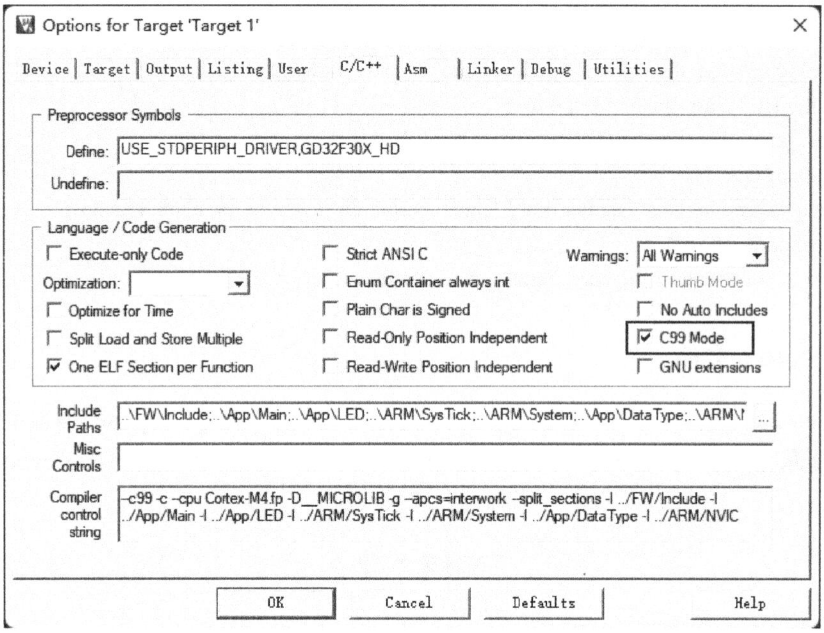

图 12-11　勾选 C99 Mode

有关于各描述符的结构说明，请参见 12.2.5 节中 USB 设备描述符部分内容。

程序清单 12-6 所示为 configuration_descriptor 结构体的初始化代码，包含配置描述符、接口描述符和 HID 描述符。

（1）第 3 至 16 行代码：配置描述符初始化。

（2）第 18 至 32 行代码：接口描述符初始化。其中第 27 行代码将接口描述符中的 bNumEndpoints 赋值为 0x02，表示该接口下拥有两个端点，分别为 IN 端点和 OUT 端点；第 28 行代码 bInterfaceClass 赋值为 0x03，表明设备为 HID 类。

（3）第 34 至 46 行代码：HID 描述符初始化。

（4）第 48 至 72 行代码：IN 端点描述符和 OUT 端点描述符初始化。

程序清单 12-6

```
1.   usb_descriptor_configuration_set_struct configuration_descriptor =
2.   {
3.       .Config =
4.       {
5.           .Header =
6.           {
7.               .bLength = sizeof(usb_descriptor_configuration_struct),
8.               .bDescriptorType = USB_DESCTYPE_CONFIGURATION
9.           },
10.          .wTotalLength = USB_HID_CONFIG_DESC_SIZE,
```

```
11.                  .bNumInterfaces = 0x01,
12.                  .bConfigurationValue = 0x01,
13.                  .iConfiguration = 0x00,
14.                  .bmAttributes = 0xA0,
15.                  .bMaxPower = 0x32
16.          },
17.
18.      .HID_Interface =
19.      {
20.          .Header =
21.           {
22.                  .bLength = sizeof(usb_descriptor_interface_struct),
23.                  .bDescriptorType = USB_DESCTYPE_INTERFACE
24.           },
25.          .bInterfaceNumber = 0x00,
26.          .bAlternateSetting = 0x00,
27.          .bNumEndpoints = 0x02,
28.          .bInterfaceClass = 0x03,
29.          .bInterfaceSubClass = 0x01,
30.          .bInterfaceProtocol = 0x01,
31.          .iInterface = 0x00
32.      },
33.
34.      .HID_VendorHID =
35.      {
36.          .Header =
37.           {
38.                  .bLength = sizeof(usb_hid_descriptor_hid_struct),
39.                  .bDescriptorType = HID_DESC_TYPE
40.           },
41.          .bcdHID = 0x0111,
42.          .bCountryCode = 0x00,
43.          .bNumDescriptors = 0x01,
44.          .bDescriptorType = HID_REPORT_DESCTYPE,
45.          .wDescriptorLength = USB_HID_REPORT_DESC_SIZE,
46.      },
47.
48.      .HID_ReportINEndpoint =
49.      {
50.          .Header =
51.           {
52.                  .bLength = sizeof(usb_descriptor_endpoint_struct),
53.                  .bDescriptorType = USB_DESCTYPE_ENDPOINT
54.           },
55.          .bEndpointAddress = HID_IN_EP,
56.          .bmAttributes = 0x03,
57.          .wMaxPacketSize = HID_IN_PACKET,
58.          .bInterval = 0x40
```

```
59.        },
60.
61.        .HID_ReportOUTEndpoint =
62.        {
63.            .Header =
64.             {
65.                    .bLength = sizeof(usb_descriptor_endpoint_struct),
66.                    .bDescriptorType = USB_DESCTYPE_ENDPOINT
67.             },
68.            .bEndpointAddress = HID_OUT_EP,
69.            .bmAttributes = 0x03,
70.            .wMaxPacketSize = HID_OUT_PACKET,
71.            .bInterval = 0x40
72.        }
73. };
```

程序清单 12-7 所示为语言 ID 描述符和字符串描述符的初始化代码。其中语言 ID 定义语言为美式英语。在设备描述符中，iManufacturer 字符串索引值为 USBD_MFC_STR_IDX，则对应从字符串描述符获取的字符串为第 14 行代码中的 "GigaDevice"，以此类推。

程序清单 12-7

```
1.  const usb_descriptor_language_id_struct usbd_language_id_desc =
2.  {
3.      .Header =
4.      {
5.              .bLength = sizeof(usb_descriptor_language_id_struct),
6.              .bDescriptorType = USB_DESCTYPE_STRING
7.      },
8.      .wLANGID = ENG_LANGID
9.  };
10.
11. void *const usbd_strings[] =
12. {
13.     [USBD_LANGID_STR_IDX] = (uint8_t *)&usbd_language_id_desc,
14.     [USBD_MFC_STR_IDX] = USBD_STRING_DESC("GigaDevice"),
15.     [USBD_PRODUCT_STR_IDX] = USBD_STRING_DESC("GD32 USB Keyboard in FS Mode"),
16.     [USBD_SERIAL_STR_IDX] = USBD_STRING_DESC("GD32F30X-V3.0.0-3a4b5ec")
17. };
```

程序清单 12-8 所示为 HID 报告描述符的定义代码。该描述符用于描述一个报告以及报告所表示的数据信息。

程序清单 12-8

```
1.  const uint8_t hid_report_desc[USB_HID_REPORT_DESC_SIZE] =
2.  {
3.      0x05, 0x01,   /* USAGE_PAGE (Generic Desktop) */
4.      0x09, 0x06,   /* USAGE (Keyboard) */
```

```
5.        0xa1, 0x01,   /* COLLECTION (Application) */
6.
7.        0x05, 0x07,   /* USAGE_PAGE (Keyboard/Keypad) */
8.        0x19, 0xe0,   /* USAGE_MINIMUM (Keyboard LeftControl) */
9.        0x29, 0xe7,   /* USAGE_MAXIMUM (Keyboard Right GUI) */
10.       ……
11.       0xc0          /* END_COLLECTION */
12.   };
```

HID 报告传输函数如程序清单 12-9 所示，该函数在键盘位置上报时被调用。首先将传输完成标志置为 0，再调用端点发送函数 usbd_ep_tx 发送数据，最后返回 USB 设备的 OK 状态。其中传输标志将在 hid_data_handler 函数中置为 1。

程序清单 12-9

```
1.    uint8_t   hid_report_send (usbd_core_handle_struct *pudev, uint8_t *report, uint16_t len)
2.    {
3.        /* check if USB is configured */
4.        prev_transfer_complete = 0;
5.        usbd_ep_tx (pudev, HID_IN_EP, report, len);
6.        return USBD_OK;
7.    }
```

12.3.2　Keyboard 文件对

1．Keyboard.h 文件

程序清单 12-10 所示为 Keyboard.h 文件中"宏定义"区的部分宏定义。首先定义了键盘的 HID 码表，根据 HID 协议，每一个键盘上的按键都有其固定的值。

程序清单 12-10

```
1.    //键盘 HID 码表
2.    #define KEYBOARD_NULL   0                    // no event indicated
3.    #define KEYBOARD_ERROR_ROLL_OVER   1         // Error Roll Over
4.    #define KEYBOARD_POST_Fail   2               // POST Fail
5.    #define KEYBOARD_Error_Undefined   3         // Error Undefined
6.    #define KEYBOARD_A   4                       // KEYBOARD a and A
7.    ……
8.    //控制键
9.    #define SET_LEFT_CTRL    ((u8)(1 << 0))
10.   #define SET_LEFT_SHIFT   ((u8)(1 << 1))
11.   #define SET_LEFT_ALT     ((u8)(1 << 2))
12.   #define SET_LEFT_WINDOWS   ((u8)(1 << 3))
```

在"API 函数声明"区，声明了 2 个 API 函数，如程序清单 12-11 所示。InitKeyboard 用于初始化 USB 键盘驱动，SendKeyVal 用于发送键值给计算机。

程序清单 12-11

```
1.   //初始化 USB 键盘驱动
2.   void InitKeyboard(void);
3.   //发送键值给计算机
4.   u8 SendKeyVal(u8 keyFunc, u8 key0, u8 key1, u8 key2, u8 key3, u8 key4, u8 key5);
```

2．Keyboard.c 文件

在 Keyboard.c 文件的"内部变量定义"区，首先初始化上次传输发送完成标志位为 1，并使用 __IO（宏定义为 volatile）修饰符禁止编译器优化，必须每次都直接读写其值。其次初始化数据上报发送缓冲区，最后初始化 usb_device_dev 结构体并为相应的成员赋初值，包括设备描述符结构体、配置集合描述符结构体、字符串结构体以及初始化函数、回调函数，如程序清单 12-12 所示。

程序清单 12-12

```
1.   //上次传输发送完成标志位
2.   __IO uint8_t prev_transfer_complete = 1;
3.
4.   //数据上报发送缓冲区
5.   uint8_t key_buffer[HID_IN_PACKET] = {0};
6.
7.   //USB 从机设备
8.   usbd_core_handle_struct   usb_device_dev =
9.   {
10.    .dev_desc = (uint8_t *)&device_descripter,
11.    .config_desc = (uint8_t *)&configuration_descriptor,
12.    .strings = usbd_strings,
13.    .class_init = hid_init,
14.    .class_deinit = hid_deinit,
15.    .class_req_handler = hid_req_handler,
16.    .class_data_handler = hid_data_handler
17.   };
```

在"内部函数实现"区，实现了 USB 中断处理，如程序清单 12-13 所示。该函数调用 usbd_int.c 文件中的 usbd_isr 函数，处理 USB 低优先级成功传输事件及 USB 设备唤醒事件等。

程序清单 12-13

```
1.   void USBD_LP_CAN0_RX0_IRQHandler (void)
2.   {
3.     usbd_isr();
4.   }
```

在 usbd_conf.h 文件中，将 USBD_LOWPWR_MODE_ENABLE 宏定义打开后，使能 USB 低功耗模式，该中断函数用于清除 EXTI 挂起标志，使用 EXTI_18 将 USB 设备从低功耗模式中唤醒，如程序清单 12-14 所示。

程序清单 12-14

```
1.   #ifdef USBD_LOWPWR_MODE_ENABLE
2.   void    USBD_WKUP_IRQHandler (void)
3.   {
4.      exti_interrupt_flag_clear(EXTI_18);
5.   }
6.   #endif /* USBD_LOWPWR_MODE_ENABLE */
```

在"API 函数实现"区，首先实现了 InitKeyboard 函数，如程序清单 12-15 所示。下面按照顺序解释说明 InitKeyboard 函数中的语句。

（1）第 4 至 5 行代码：初始化 USBD 外设时钟，注意 USB 时钟为系统时钟的 2.5 分频。

（2）第 8 行代码：USB 从机配置，初始化有关的寄存器。

（3）第 11 至 16 行代码：配置 USB 中断以及唤醒外部中断。

（4）第 22 至 26 行代码：显示有关信息至 LCD 显示屏。

（5）第 27 行代码：等待 USB 配置完成。

（6）第 30 行代码：标记上次传输已完成，为接下来的数据传输做好准备。

程序清单 12-15

```
1.   void InitKeyboard(void)
2.   {
3.      //配置 RCU
4.      rcu_usb_clock_config(RCU_CKUSB_CKPLL_DIV2_5);      //USB 时钟为系统时钟的 2.5 分频
5.      rcu_periph_clock_enable(RCU_USBD);                 //使能 USBD 时钟
6.
7.      //USB 从机配置
8.      usbd_core_init(&usb_device_dev);
9.
10.     //USB 中断 NVIC 配置
11.     nvic_irq_enable(USBD_LP_CAN0_RX0_IRQn, 1, 0);
12.     nvic_irq_enable(USBD_WKUP_IRQn, 0, 0);
13.
14.     //USB 唤醒外部中断配置
15.     exti_interrupt_flag_clear(EXTI_18);
16.     exti_init(EXTI_18, EXTI_INTERRUPT, EXTI_TRIG_RISING);
17.
18.     //标记 USB 已连接上
19.     usb_device_dev.status = USBD_CONNECTED;
20.
21.     //等待 USB 配置完成
22.     LCDDisplayDir(1);
23.     s_iLCDPointColor = BRED;
24.     s_iLCDBackColor = WHITE;
25.     LCDClear(WHITE);
26.     LCDShowString(106, 228, 800, 30, 24, "Please insert to the computer or Repower keyboard");
```

```
27.     while(usb_device_dev.status != USBD_CONFIGURED);
28.
29.     //标记上次传输已完成
30.     prev_transfer_complete = 1;
31. }
```

在 InitKeyboard 函数实现区后为 SendKeyVal 函数的实现代码，如程序清单 12-16 所示。下面按照顺序解释说明 SendKeyVal 函数中的语句。

（1）第 6 行代码：首先使用 prev_transfer_complete 标志判断上次传输是否完成。若已完成，则继续进行处理。若上次传输未完成，则返回 1。

（2）第 9 至 16 行代码：key_buffer 为 8 字节的无符号字符型数组，在 Keyboard.c 文件“内部变量定义区”定义。USB-HID 上报按键键值时固定为 8 字节，其中第 1 字节为功能按键值，第 2 字节必须为 0，其余为普通按键值。

（3）第 19 行代码：调用 hid_report_send 函数上报按键数据，最多支持同时上报 6 个普通按键，此时程序将上报获取的键值。

程序清单 12-16

```
1.   u8 SendKeyVal(u8 keyFunc, u8 key0, u8 key1, u8 key2, u8 key3, u8 key4, u8 key5)
2.   {
3.     u8 ret;
4.
5.     //若上次传输完成，则开启新一次传输
6.     if(prev_transfer_complete)
7.     {
8.       //将键值保存到发送缓冲区
9.       key_buffer[0] = keyFunc;
10.      key_buffer[1] = 0;
11.      key_buffer[2] = key0;
12.      key_buffer[3] = key1;
13.      key_buffer[4] = key2;
14.      key_buffer[5] = key3;
15.      key_buffer[6] = key4;
16.      key_buffer[7] = key5;
17.
18.      //上报数据
19.      hid_report_send(&usb_device_dev, key_buffer, HID_IN_PACKET);
20.      ret = 0;
21.    }
22.    else
23.    {
24.      ret = 1;
25.    }
26.    return ret;
27. }
```

12.3.3 KeyboardTop.c 文件

在 KeyboardTop.c 文件的"内部变量定义"区，首先定义 s_structGUIDev 结构体，并且定义了键值转换数组 s_arrKeyTable，用于将 GUI 回传的键值转为 HID 协议的键值，如程序清单 12-17 所示。

程序清单 12-17

```
1.   static StructGUIDev s_structGUIDev; //GUI 设备结构体
2.
3.   //键值转换，GUI 传回来的键值与 HID 键值不一致，需要做转换
4.   //GUI 键值编号是从左往右，从上往下，从 0 开始编号
5.   static u8 s_arrKeyTable[] =
6.   {
7.       //第一行
8.       KEYBOARD_ESC, KEYBOARD_1, KEYBOARD_2, KEYBOARD_3, KEYBOARD_4, KEYBOARD_5,
KEYBOARD_6, KEYBOARD_7,
9.       KEYBOARD_8, KEYBOARD_9, KEYBOARD_0, KEYBOARD_MINUS, KEYBOARD_EQUAL,
KEYBOARD_BACKSPACE,
10.      ......
11.      //第五行
12.      KEYBOARD_LEFT_CTRL, KEYBOARD_LEFT_WIN, KEYBOARD_LEFT_ALT, KEYBOARD_
SPACEBAR, KEYBOARD_RIGHT_ALT,
13.      KEYBOARD_RIGHT_CTRL,
14.  };
```

在"内部函数实现"区，首先实现了 KeyCallback 按键回调函数，如程序清单 12-18 所示。下面按照顺序解释说明 KeyCallback 函数中的语句。

（1）第 3 至 10 行代码：定义临时缓冲变量 funckey（用于存储功能键的键值）和临时缓冲数组 key，并全部初始化为 0。

（2）第 13 至 68 行代码：循环检测是否有功能按键或普通按键被按下。如果有，则进行键值转换。当键值超过 6 个时，终止当前循环。

（3）第 71 行代码：调用 SendKeyVal 函数以此上报功能键值 funcKey 和普通键值 key。

由于功能按键（如 Shift、Alt、Ctrl 等）是单独上报的，因此可以实现组合键功能（例如 Ctrl+Z）。按下功能按键后需要发送空按键指令给计算机以取消功能键状态，GUI 按键扫描检测到没有按键按下时也会调用一次此回调函数，用以清除控制键状态。

程序清单 12-18

```
1.   static void KeyCallback(StructGUIButtonResult* result)
2.   {
3.       u8 i, funcKey, key[6];
4.
5.       //初始化键值
6.       funcKey = 0;
7.       for(i = 0; i < 6; i++)
```

```
8.       {
9.           key[i] = 0;
10.      }
11.
12.      //获取键值填入临时缓冲区
13.      for(i = 0; i < result->num; i++)
14.      {
15.          //左 Ctrl 键
16.          if(GUI_BUTTON_LCTRL == result->button[i])
17.          {
18.              funcKey = funcKey | SET_LEFT_CTRL;
19.          }
20.
21.          //右 Ctrl 键
22.          else if(GUI_BUTTON_RCTRL == result->button[i])
23.          {
24.              funcKey = funcKey | SET_RIGHT_CTRL;
25.          }
26.
27.          //左 Shift 键
28.          else if(GUI_BUTTON_LSHIFT == result->button[i])
29.          {
30.              funcKey = funcKey | SET_LEFT_SHIFT;
31.          }
32.
33.          //右 Shift 键
34.          else if(GUI_BUTTON_RSHIFT == result->button[i])
35.          {
36.              funcKey = funcKey | SET_RIGHT_SHIFT;
37.          }
38.
39.          //左 Alt 键
40.          else if(GUI_BUTTON_LALT == result->button[i])
41.          {
42.              funcKey = funcKey | SET_LEFT_ALT;
43.          }
44.
45.          //右 Alt 键
46.          else if(GUI_BUTTON_RALT == result->button[i])
47.          {
48.              funcKey = funcKey | SET_RIGHT_ALT;
49.          }
50.
51.          //Windows 键
52.          else if(GUI_BUTTON_WIN == result->button[i])
53.          {
54.              funcKey = funcKey | SET_LEFT_WINDOWS;
55.          }
```

```
56.
57.      //键值转换并保存到键值缓冲区
58.      if(GUI_BUTTON_NONE != result->button[i])
59.      {
60.          key[i] = s_arrKeyTable[result->button[i]];
61.      }
62.
63.      //只获取前 6 个键值
64.      if(i >= 5)
65.      {
66.          break;
67.      }
68.  }
69.
70.  //上报键值
71.  while(0 != SendKeyVal(funcKey, key[0], key[1], key[2], key[3], key[4], key[5]));
72. }
```

在"API 函数实现"区，首先实现了 InitKeyboardTop 函数，如程序清单 12-19 所示。该函数用于初始化 USB 键盘顶层模块，在 Main.c 文件中被调用。

程序清单 12-19

```
1.   void InitKeyboardTop(void)
2.   {
3.     //初始化 USB 键盘驱动
4.     InitKeyboard();
5.
6.     //设置按键扫描频率
7.     s_structGUIDev.scanTime = 100;
8.
9.     //设置回调函数
10.    s_structGUIDev.scanCallback = KeyCallback;
11.
12.    //初始化 GUI 界面设计
13.    InitGUI(&s_structGUIDev);
14. }
```

12.3.4　Main.c 文件

在 Proc2msTask 函数中调用 KeyboardTopTask 函数，每 40ms 执行一次 USB 键盘扫描任务，如程序清单 12-20 所示。

程序清单 12-20

```
1.   static  void  Proc2msTask(void)
2.   {
3.     static u8 s_iCnt = 0;
4.     if(Get2msFlag())   //判断 2ms 标志位状态
```

```
5.    {
6.        LEDFlicker(250);//调用闪烁函数
7.        s_iCnt++;
8.        if(s_iCnt >= 20)
9.        {
10.          s_iCnt = 0;
11.          KeyboardTopTask();
12.        }
13.        Clr2msFlag();      //清除 2ms 标志位
14.    }
15. }
```

12.3.5　实验结果

用跳线帽将 J_{709} 上的 PA11 和 PA12 分别与 USB_DM 和 USB_DP 短接，然后双击打开资料包 "\02.相关软件\USB Virtual Com Port Driver_v2.0.2.2673\x64" 文件夹下的 USB Virtual Com Port Driver.exe 软件，安装 USB 设备驱动程序，接下来下载程序并进行复位。下载完成后，用 USB 线连接开发板上的 USB_SLAVE Type-C 接口和计算机。开发板上的 LCD 屏显示 USB 从机实验的 GUI 界面，即如图 12-12 所示的虚拟键盘，实验效果等同于将开发板作为外接键盘连接到计算机。单击屏幕上的任意按键，计算机上将产生相应的按键响应，组合按键也能正常响应，表示实验成功。

图 12-12　USB 从机实验 GUI 界面

本 章 任 务

本章实验实现了以开发板为从机，模拟键盘与计算机通信的过程。现尝试在本章实验配套例程的基础上，编写程序实现键盘大小写状态提示功能，具体要求如下：按下虚拟键盘的 CapsLock 按键时，开发板上的绿灯 LED_1 将会切换亮灭状态，并调用 GUIDrawTextLine 函数在 GUI 上显示当前的大小写状态。本章任务不要求读取计算机大小写状态，且默认开发板上电初始化时为小写状态，LED_1 默认熄灭。因此，当按下 CapsLock 按键切换到大写输入状态时，LED_1 点亮，再次按下 CapsLock 按键切换到小写输入状态时，LED_1 熄灭。

本 章 习 题

1．简述 USB 描述符的层次结构。

2．简述 USB 描述符的种类及其所包含的信息。

3．简述 USB 协议的数据传输过程。

4．USB 协议有几种传输类型？简述其各自的特点。

第 13 章 MP3 实验

作为信息和能量的传播渠道之一,声音无疑是我们获取信息的重要方式,GD32F3 苹果派开发板上集成了喇叭和耳机插座等外设,还集成了具有编码解码功能的 VS1053b 芯片,微控制器通过输出数据至 VS1053b 芯片,在芯片中编码后,可使用喇叭或耳机进行音频输出。本章将介绍 VS1053b 芯片的功能并通过该芯片完成音频数据编码解码。

13.1 实 验 内 容

本章的主要内容为学习音频编码解码芯片 VS1053b,包括该芯片的数据传输方式和相关寄存器,了解芯片的工作过程。最后基于 GD32F3 苹果派开发板设计一个 MP3 实验,将 SD 卡中的 MP3 文件数据发送至 VS1053b 芯片,芯片对数据进行解码后通过喇叭播放 MP3 音频。

13.2 实 验 原 理

13.2.1 VS1053b 芯片

VS1053b 芯片为多功能音频编码解码器,可实现 Ogg Vorbis、MP3、AAC、WMA 和 MID 等音频格式的解码以及 Ogg Vorbis、IMA ADPCM 等格式的编码,实现 EarSpeaker 空间效果,具有可扩展外部 DAC 的 I^2S 接口,并且具有过零交差侦测和平滑的音量调整功能。

VS1053b 芯片包含 1 个高性能的低功耗 DSP 处理器内核 VS_DSP、16KB 指令 RAM 及 0.5KB 的数据 RAM、串行的控制和输入数据接口、8 个通用 I/O 引脚、1 个可供调试的 UART 接口、1 个可变采样率的 ADC("咪头""Line""Line+咪头"或"Line×2")、立体声 DAC 及一个耳机功放器。

13.2.2 音频电路原理图

1. VS1053b 芯片电路原理图

GD32F3 苹果派开发板上的 VS1053b 芯片电路原理图如图 13-1 所示。其中,VS1053b 芯片的 SCLK、SI 和 SO 引脚分别与可被复用为 SPI 接口功能的 PA5、PA7 和 PA6 引脚相连,XCS、XDCS/BSYNC、DREQ、XRESET 和 I2S_LROUT 等引脚则对应连接到微控制器的 PE3、PE4、PE5、PC13 和 PG8 引脚。

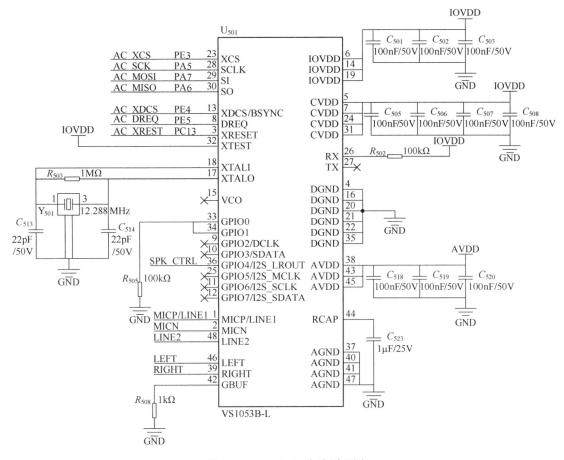

图 13-1　VS1053b 电路原理图

VS1053b 芯片部分引脚的名称和描述如表 13-1 所示。完整的引脚描述可参见文档《VS1053b 中文资料应用》（位于本书配套资料包 "09.参考资料\13.MP3 实验参考资料" 文件夹下）中的 4.10.1 节。

表 13-1　VS1053b 引脚介绍

引 脚 号	引 脚 名 称	描　　述
1，2	MICP/LINE1，MICN	咪头差分输入正极/Line 输入 1，负极
3	XREST	异步复位引脚，低电平有效
8	DREQ	数据传输请求引脚
13	XDCS/BSYNC	数据片选输入/字节同步，低电平有效
23	XCS	命令片选输入，低电平有效
26，27	RX，TX	UART 接收、发送数据引脚
29，30	SI，SO	串行数据输入、输出
39，46	RIGHT，LEFT	右、左通道输出
48	LINE2	Line 输入 2

2. 耳机电路原理图

耳机电路原理图如图 13-2 所示，耳机插座通过 RIGHT 和 LEFT 网络与 VS1053b 芯片相连，以实现通过耳机进行放音的功能。

3. 音频放大器电路原理图

音频放大器电路原理图如图 13-3 所示，音频放大器 FM8002A 通过 RIGHT 和 LEFT 网络与 VS1053b 芯片相连，以获取音频数据，通过 SPK_N 与 SPK_P 引脚与喇叭相连，实现将从 VS1053b 芯片获得的音频进行放大后，再通过喇叭输出的功能。

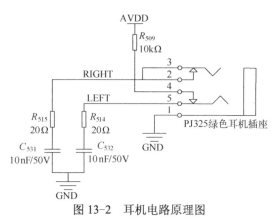

图 13-2　耳机电路原理图

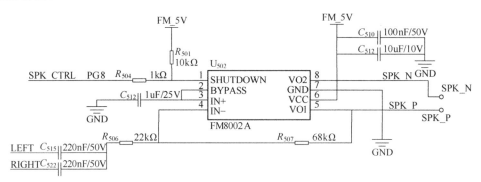

图 13-3　音频放大器电路原理图

13.2.3　VS1053b 芯片数据传输

VS1053b 芯片可以完成音频文件的编码和解码，将音频文件发送给 VS1053b 芯片即可解码为音频，反之，将音频发送给 VS1053b 芯片即可编码为音频文件，而文件的发送涉及微控制器与 VS1053b 芯片之间的数据传输。

VS1053b 芯片通过 SPI 协议与微控制器进行数据传输。其中，该芯片通过 XCS 与 XDCS 两个片选引脚决定传输的是命令还是数据，命令传输称为 SCI，数据传输称为 SDI。VS1053b 芯片的数据传输由 DREQ 引脚控制，当 DREQ 为低电平时，芯片执行内部指令，此时禁止向 VS1053b 芯片传输数据，仅当 DREQ 为高电平时才可进行正常的数据传输。

VS1053b 芯片的数据传输称为 SDI，每次传输不超过 32 字节，命令传输称为 SCI，但传输协议仍为 SPI 协议。如图 13-4 所示，SCI 数据格式包含 1 字节指令、1 字节地址及 16 位数据。指令字节只有读和写两个指令，写指令为 0x02，读指令为 0x03，地址字节的内容为 8 位 SCI 寄存器地址。

	指令	地址	数据
内容	0x02/0x03	X	X
Bit 位	[0:7]	[8:15]	[16:31]

图 13-4　SCI 数据格式

SCI 部分寄存器的名称、地址和描述如表 13-2 所示，更多 SCI 寄存器的描述可参见文档

《VS1053b 中文资料应用》中的 8.7 节。

表 13-2　SCI 部分寄存器描述

名　称	地　址	描　述
MODE	0x0	通过选择 VS1053b 芯片的不同模式来控制芯片运作
STATUS	0x1	存放 VS1053b 芯片的状态
WRAM	0x6	存放写入/读出的 RAM 的值
WRAMADDR	0x7	存放写入/读出的 RAM 的地址
AIADDR	0xA	存放应用程序的起始地址
VOL	0xB	存放控制音量的值

13.2.4　VS1053b 芯片寄存器

VS1053b 芯片除了上述的 SCI 寄存器，还包含 2 个串行数据寄存器、4 个 DAC 寄存器和 3 个 GPIO 寄存器等超过 20 个寄存器，本实验仅使用到部分 SCI 寄存器和 GPIO 寄存器，下面简要介绍 GPIO 寄存器的内容，有关其他寄存器的描述可参见文档《VS1053b 中文资料应用》中的第 10 节。GPIO 部分寄存器的描述如表 13-3 所示，其中，寄存器 GPIO_DDR 的值为 1 时，表示数据传输方向为输出，为 0 则相反。

表 13-3　GPIO 部分寄存器描述

寄存器名称	位　域	地　址	类　型	复位值	描　述
GPIO_DDR	[7:0]	0xC017	rw	0	数据传输方向
GPIO_IDATA	[7:0]	0xC018	r	0	存储从芯片引脚读取的数值
GPIO_ODATA	[7:0]	0xC019	rw	0	存储输出到芯片引脚的数值

13.2.5　VS1053b 芯片工作过程

VS1053b 芯片的作用是完成音频模拟信号与数字信号之间的转化，即编码与解码。使用咪头或麦克风获取音频模拟信号，并通过 VS1053b 芯片转化为数字信号输出至微控制器，即为录音过程；使用微控制器将音频数据传输到 VS1053b 芯片并转化为音频模拟信号，通过喇叭或耳机输出，即为放音过程。下面简要介绍控制 VS1053b 芯片的读写寄存器、读写 RAM、发送数据和 patch 加载等步骤，其中涉及的函数均位于本章实验的 VS1053.c 文件中。

1．读写寄存器

在读写寄存器之前，首先需要检测 VS1053b 芯片的 DREQ 引脚，等待该引脚为高电平后，将命令片选引脚 XCS 拉低即可开始传输命令，最后根据图 13-4 所示的命令格式，通过 VSReadWriteByte 函数发送 1 字节指令、1 字节寄存器地址和 2 字节数据。如程序清单 13-1 所示的 VSWriteCmd 函数，其作用是向指定地址的寄存器写入数据。

程序清单 13-1

```
void VSWriteCmd(u8 address,u16 data)
{
    //等待空闲
```

```
while(!IsReady());

//低速模式
VSSpeedLow();

//打开 SCI 片选
VSChipSelect(VS_CS_SCI);

//SCI 发送 16 位数据
VSReadWriteByte(VS_WRITE_COMMAND);          //发送 VS10XX 的写命令
VSReadWriteByte(address);                    //地址
VSReadWriteByte(data >> 8);                  //发送高 8 位
VSReadWriteByte(data);                       //第 8 位

//取消 SCI 片选
VSChipSelect(VS_CS_NULL);

//换回高速模式
VSSpeedHigh();
}
```

　　读取相应地址寄存器的函数与 VSWriteCmd 函数相似，如程序清单 13-2 所示的 VSReadReg 函数，将指令修改为读出指令，并将发送的数据修改为 0xFF，即可获取相应寄存器的数据。

程序清单 13-2

```
u16 VSReadReg(u8 address)
{
    //临时变量
    u16 temp;

    //等待空闲
    while(!IsReady());

    //低速模式
    VSSpeedLow();//低速

    //打开 SCI 片选
    VSChipSelect(VS_CS_SCI);

    //SCI 读取 16 位数据
    temp = 0;
    VSReadWriteByte(VS_READ_COMMAND);            //发送 VS10XX 的读命令
    VSReadWriteByte(address);                    //地址
    temp = VSReadWriteByte(0xFF);                //读取高字节
    temp = temp << 8;                            //高字节左移
    temp += VSReadWriteByte(0xFF);               //读取低字节
```

```
//取消 SCI 片选
VSChipSelect(VS_CS_NULL);

//换回高速模式
VSSpeedHigh();

//返回读到的数据
return temp;
}
```

2. 读写 RAM

对 VS1053b 芯片的控制实际上是通过控制 SCI 寄存器来完成的，读写 RAM 同样由 SCI 寄存器控制，如程序清单 13-3 所示的 VSWriteWRAM 函数，首先向 SCI 寄存器组中的 WRAMADDR 寄存器写入 RAM 地址，再向 WRAM 寄存器写入指定数据，即完成向 VS1053b 芯片的 RAM 地址写入数据。

程序清单 13-3

```
void VSWriteWRAM(u16 addr,u16 val)
{
    VSWriteCmd(VS_REG_WRAMADDR, addr);        //设置 RAM 读写位置
    VSWriteCmd(VS_REG_WRAM, val);             //写入数据
}
```

VSReadWRAM 函数的实现代码如程序清单 13-4 所示，向 RAM 读取数据，首先需要通过 VSWriteCmd 函数向 SCI 寄存器组中的 WRAMADDR 寄存器写入需要读取数据的 RAM 地址，然后通过 VSReadReg 函数读取 SCI 寄存器组中的 WRAM 寄存器的值。

程序清单 13-4

```
u16 VSReadWRAM(u16 addr)
{
    u16 res;                                  //返回值
    VSWriteCmd(VS_REG_WRAMADDR, addr);        //设置 RAM 读写位置
    res = VSReadReg(VS_REG_WRAM);             //读取 RAM 数值
    return res;                               //返回读到的值
}
```

3. 发送数据

VS1053b 芯片的功能是完成数据的编码和解码，该芯片可将接收到的来自微控制器的音频数据进行解码，随后通过喇叭或耳机等设备播放音频。微控制器每次向 VS1053b 芯片发送的音频数据一般为 32 字节，如程序清单 13-5 所示，VSSendMusicData 函数首先检测芯片是否处于可接收数据状态，若可接收则打开 SDI 片选，开启高速传输模式后，通过 for 语句调用 VSReadWriteByte 函数发送数据，发送完成后取消片选。

程序清单 13-5

```
u8 VSSendMusicData(u8* buf)
{
  u8 n;
  if(IsReady())                    //送数据给 VS10XX
  {
    //打开 SDI 片选
    VSChipSelect(VS_CS_SDI);

    //高速
    VSSpeedHigh();

    //循环发送 32 字节
    for(n = 0; n < 32; n++)
    {
      //发送单字节
      VSReadWriteByte(buf[n]);
    }

    //取消 SDI 片选
    VSChipSelect(VS_CS_NULL);
  }
  else
  {
    return 1;
  }

  //成功发送
  return 0;
}
```

4．patch 加载

VS10xx 系列芯片具有 patch（插件），用于修复芯片存在的 bug 或增加新的功能。patch 是一段可以在 VS10xx 芯片上执行的代码，由 VLSI 官方提供，可在 VLSI 官网中下载。

Patch 通常有两种格式：一种采用 16 位无符号数组存储，采用游程编码（RLE）压缩算法，为经过压缩的格式；另一种直接采用两个 8 位数组进行存储，为未经过压缩的格式。这里推荐采用经过压缩的 16 位无符号存储格式的 patch。

VS1053 采用的 16 位 RLE 压缩编码规则如下：

（1）首先读寄存器地址 addr（第 1 个数据）和重复数 n（第 2 个数据）。

（2）如果 n& 0x8000 为真，那么将下一个数据（第 3 个数据）重复写 n 次到寄存器 addr。

（3）如果 n& 0x8000 为假，则写接下来（第 3 个数据开始）的 n 个数据到寄存器 addr。

（4）重复以上 3 步，直到数组结束。

如程序清单 13-6 所示，VSLoadPatch 函数向 VS1053b 芯片加载 patch。

程序清单 13-6

```c
void VSLoadPatch(u16 *patch, u16 len)
{
  u16 i;
  u16 addr, n, val;
  for(i = 0; i < len;)
  {
    addr = patch[i++];
    n    = patch[i++];

    //重复写 n 次到指定地址
    if(n & 0x8000U)
    {
      //计算重复次数
      n &= 0x7FFF;

      //获取发送数据
      val = patch[i++];

      //重复发送 n 次
      while(n--)
      {
        VSWriteCmd(addr, val);
      }
    }

    //复制 n 个数据到指定地址
    else
    {
      while(n--)
      {
        val = patch[i++];
        VSWriteCmd(addr, val);
      }
    }
  }
}
```

13.3 实验代码解析

13.3.1 VS1053 文件对

1. VS1053.h 文件

在 VS1053.h 文件的"宏定义"区，进行读写命令、芯片寄存器及 SCI 寄存器的宏定义，如程序清单 13-7 所示。

程序清单 13-7

```
1.  //VS10XX 读写命令定义
2.  #define VS_WRITE_COMMAND 0x02
3.  #define VS_READ_COMMAND   0x03
4.
5.  //VS10XX 寄存器定义
6.  #define VS_REG_MODE          0x00        //模式控制寄存器
7.  #define VS_REG_STATUS        0x01        //状态寄存器
8.  #define VS_REG_BASS          0x02        //低音/高音控制寄存器
9.  #define VS_REG_CLOCKF        0x03        //时钟配置寄存器
10. …
11.
12. //SCI 寄存器
13. #define I2S_CONFIG           0XC040      //I2S 配置寄存器
14. #define GPIO_DDR             0XC017      //GPIO 方向控制寄存器
15. #define GPIO_IDATA           0XC018      //GPIO 输入寄存器
16. #define GPIO_ODATA           0XC019      //GPIO 输出控制寄存器
```

在 "API 函数声明" 区，声明了多个 API 函数，如程序清单 13-8 所示。

（1）第 2 行代码：使用 InitVS1053 函数初始化 VS1053 模块。

（2）第 5 至 11 行代码：VSWriteCmd 函数、VSWriteData 函数及 VSReadReg 函数等用于读写 VS1053b 芯片对应的寄存器和 RAM。

（3）第 14 至 15 行代码：VSHardReset 和 VSSoftReset 函数用于复位 VS1053b 芯片。

（4）第 18 至 19 行代码：VSRamTest 和 VSSineTest 函数用于测试 VS1053b 芯片，以确定芯片运行是否正常。

（5）第 22 至 28 行代码：VSSetPlaySpeed 函数、VSGetHeadInfo 函数及 VSGetByteRate 函数等用于通过读写 VS1053b 芯片的寄存器来获取相应参数。

（6）第 31 至 35 行代码：VSSetVolume 函数、VSSetBass 函数及 VSSetEffect 函数等用于通过读写 VS1053b 芯片的寄存器来控制相应的声音参数。

程序清单 13-8

```
1.  //初始化
2.  void InitVS1053(void);                          //初始化 VS1053
3.
4.  //读写
5.  void VSWriteCmd(u8 address,u16 data);           //写命令
6.  u8   VSWriteData(u8 data);                      //写数据
7.  u16  VSReadReg(u8 address);                     //读寄存器
8.  u16  VSReadWRAM(u16 addr);                      //读 RAM
9.  void VSWriteWRAM(u16 addr,u16 val);             //写 RAM
10. u8   VSSendMusicData(u8* buf);                  //向 VS10XX 发送 32 字节
11. void VSLoadPatch(u16 *patch,u16 len);           //加载用户 patch
12.
13. //复位
```

14.	u8　　VSHardReset(void);	//硬复位
15.	void VSSoftReset(void);	//软复位
16.		
17.	//测试	
18.	u16　　VSRamTest(void);	//RAM 测试
19.	void VSSineTest(void);	//正弦测试
20.		
21.	//播放控制	
22.	void VSSetPlaySpeed(u8 speed);	//设置播放速度
23.	u16　　VSGetHeadInfo(void);	//得到比特率
24.	u32　　VSGetByteRate(void);	//得到字节速率
25.	u16　　VSGetEndFillByte(void);	//得到填充字节
26.	void VSRestartPlay(void);	//重新开始下一首歌播放
27.	void VSResetDecodeTime(void);	//重设解码时间
28.	u16　　VSGetDecodeTime(void);	//得到解码时间
29.		
30.	//音量、音效控制	
31.	void VSSetVolume(u8 volx);	//设置主音量
32.	void VSSetBass(u8 bfreq,u8 bass,u8 tfreq,u8 treble);	//设置高低音
33.	void VSSetEffect(u8 eft);	//设置音效
34.	void VSSetAll(void);	//设置音量，音效等
35.	void VSSpeakerSet(u8 sw);	//板载喇叭输出开关控制

2．VS1053.c 文件

在 VS1053.c 文件的"枚举结构体"区，声明了关于片选的枚举 EnumVSCSCtrl，该枚举中的常量可作为 VSChipSelect 函数的参数，完成对 VS1053b 芯片片选的控制。

在"内部函数声明"区，声明了 5 个内部函数，如程序清单 13-9 所示。VSChipSelect 函数用于控制对 VS1053b 芯片的片选，IsReady 函数用于检查 VS1053b 芯片是否准备好接收数据，VSReadWriteByte 函数用于向 VS1053b 芯片读写 1 字节数据，VSSpeedLow 函数和 VSSpeedHigh 函数用于控制读写的速度，由于访问寄存器需要使用低速模式，而写音频数据可以使用高速模式快速完成数据传输，因此需要控制读写速度。

程序清单 13-9

1.	static void VSChipSelect(EnumVSCSCtrl cs);	//片选控制
2.	static u8　　IsReady(void);	//查验 AC_DREQ 信号是否为高电平
3.	static u8　　VSReadWriteByte(u8 data);	//音频读写单字节
4.	static void VSSpeedLow(void);	//音频 SPI 进入低速模式
5.	static void VSSpeedHigh(void);	//音频 SPI 进入高速模式

在"内部函数实现"区，首先实现了 VSChipSelect 函数。VSChipSelect 函数根据传入的 EnumVSCSCtrl 类型变量 cs，设置 XCS 和 XDCS 引脚的电平，完成对 SCI 片选和 SDI 片选的控制。

在 VSChipSelect 函数实现区后为 IsReady 函数的实现代码。IsReady 函数通过 gpio_input_bit_get 函数读出 PE5，即 DREQ 引脚的电平，以判断 VS1053b 芯片是否准备好接收数据。

　　在 IsReady 函数实现区后为 VSReadWriteByte 函数的实现代码。VSReadWriteByte 函数通过 SPI0ReadWriteByte 函数向 VS1053b 芯片发送 1 字节数据，并将接收到的数据作为返回值返回。

　　在 VSReadWriteByte 函数实现区后为 VSSpeedLow 函数和 VSSpeedHigh 函数的实现代码，如程序清单 13-10 所示。这两个函数通过调用 SPI0SetSpeed 函数设置不同的 SPI 传输速度。

程序清单 13-10

```
1.   static void VSSpeedLow(void)
2.   {
3.      //设置到低速模式
4.      SPI0SetSpeed(SPI_PSC_64);
5.   }
6.
7.   static void VSSpeedHigh(void)
8.   {
9.      //设置到高速模式
10.     SPI0SetSpeed(SPI_PSC_8);
11.  }
```

　　在"API 函数实现"区，首先实现 InitVS1053 函数，如程序清单 13-11 所示。在该函数中，主要实现与 VS1053b 芯片相连的引脚的初始化，以及与数据传输相关的 SPI 初始化。

程序清单 13-11

```
1.   void InitVS1053(void)
2.   {
3.      //使能 GPIO 时钟
4.      rcu_periph_clock_enable(RCU_GPIOC);              //使能 GPIOC 的时钟
5.      rcu_periph_clock_enable(RCU_GPIOE);              //使能 GPIOE 的时钟
6.      rcu_periph_clock_enable(RCU_GPIOG);              //使能 GPIOG 的时钟
7.
8.      //配置 GPIO
9.      gpio_init(GPIOE, GPIO_MODE_IPU    , GPIO_OSPEED_50MHZ, GPIO_PIN_5 );
         //AC_DREQ，数据请求，高电平有效
10.     gpio_init(GPIOE, GPIO_MODE_OUT_PP, GPIO_OSPEED_50MHZ, GPIO_PIN_3 );
         //AC_XCS，片选，低电平有效
11.     gpio_init(GPIOE, GPIO_MODE_OUT_PP, GPIO_OSPEED_50MHZ, GPIO_PIN_4 );
         //AC_XDCS，数字片选，低电平有效
12.     gpio_init(GPIOC, GPIO_MODE_OUT_PP, GPIO_OSPEED_50MHZ, GPIO_PIN_13);
         //AC_XREST，异步复位，低电平有效
13.     gpio_init(GPIOG, GPIO_MODE_OUT_PP, GPIO_OSPEED_50MHZ, GPIO_PIN_8 );
         //SPK_CTRL，喇叭控制，0-开启，1-关闭
14.
15.     //喇叭默认关闭
16.     VSSpeakerSet(0);
17.
```

```
18.     //配置 SPI0
19.     InitSPI0();
20.   }
```

硬件复位函数 VSHardReset 如程序清单 13-12 所示，该函数首先将复位引脚 XRESET 拉低 20ms 后再将其拉高，并取消 SCI 和 SDI 的片选，最后检测 DREQ 引脚的电平，等待芯片复位完成或超时失败。

程序清单 13-12

```
1.    u8 VSHardReset(void)
2.    {
3.      //重复次数
4.      u8 retry;
5.
6.      //复位
7.      gpio_bit_reset(GPIOC, GPIO_PIN_13);
8.      DelayNms(20);
9.      gpio_bit_set(GPIOC, GPIO_PIN_13);
10.     DelayNms(20);
11.
12.     //取消 SCI 和 SDI 片选
13.     VSChipSelect(VS_CS_NULL);
14.
15.     //等待 DREQ 为高
16.     retry = 0;
17.     while((!IsReady()) && (retry < 200))
18.     {
19.       retry++;
20.       DelayNus(50);
21.     }
22.
23.     //返回复位结果
24.     if(retry >= 200)
25.     {
26.       return 1;
27.     }
28.     else
29.     {
30.       return 0;
31.     }
32.   }
```

软件复位函数 VSSoftReset 如程序清单 13-13 所示，该函数首先等待芯片允许接收数据后，启动芯片的数据传输功能，并向寄存器 VS_REG_MODE 写入 0x0804 启动软复位，直到该寄存器恢复默认值 0x0800。等待芯片操作结束后，向寄存器 VS_REG_MODE 写入 0x9800，直到该寄存器恢复默认值 0x9800，当两个寄存器恢复默认值后，芯片复位完成。

程序清单 13-13

```
1.   void VSSoftReset(void)
2.   {
3.       //重复次数
4.       u8 retry = 0;
5.       while(!IsReady());                                    //等待软复位结束
6.       VSReadWriteByte(0xFF);                                //启动传输
7.
8.       //软复位，使用新模式
9.       retry = 0;
10.      while(VSReadReg(VS_REG_MODE) != 0x0800)
11.      {
12.          VSWriteCmd(VS_REG_MODE, 0x0804);                  //软复位，新模式
13.          DelayNms(2);                                      //等待至少 1.35ms
14.
15.          retry++;
16.          if(retry > 100)
17.          {
18.              break;
19.          }
20.      }
21.
22.      //等待软复位结束
23.      while(!IsReady());
24.
25.      //设置 VS10XX 的时钟，3 倍频，1.5xADD
26.      retry = 0;
27.      while(VSReadReg(VS_REG_CLOCKF) != 0x9800)
28.      {
29.          VSWriteCmd(VS_REG_CLOCKF, 0x9800);
30.
31.          //超时退出
32.          retry++;
33.          if(retry > 100)
34.          {
35.              break;
36.          }
37.      }
38.      DelayNms(20);
39.  }
```

在软硬件复位函数的实现区后为测试函数 VSRamTest 和 VSSineTest 的实现代码，测试函数的作用为检测芯片是否正常运行。VSRamTest 函数首先硬复位 VS1053b 芯片，然后，向 VS_REG_MODE 寄存器写入 0x0820 进入测试模式，等待芯片操作结束后，写入测试数据并读取寄存器 VS_REG_HDAT0 的值，以检测 VS1053b 芯片是否正常运行。VSSineTest 函数同样先进行硬复位，再向寄存器写入相应命令设置音量及进入测试模式，等待芯片操作结束后，

将数据传输速度设置为低速模式，并写入相应数据进入正弦测试。等待 100ms 完成测试后，写入相应数据退出测试，最后设置数据传输速度为高速传输模式。

在测试函数的实现区后为播放速度设置函数 VSSetPlaySpeed 的实现代码，VSSetPlaySpeed 函数通过调用 VSWriteWRAM 函数向地址 0x1E04 写入相应的数值，以完成播放速度的设置。

在播放速度设置函数的实现区后为码率获取函数 VSGetHeadInfo 的实现代码，VSGetHeadInfo 函数首先通过调用 VSReadReg 函数获取数据流的标头 1 和标头 2，然后判断数据流对应的文件格式并根据格式计算文件的码率，由于 WAV、MIDI 等格式的计算方式相同，因此 switch 结构与常规结构不同，最后，将计算得到的码率作为返回值返回。

在码率获取函数的实现区后为平均字节数获取函数 VSGetByteRate 的实现代码，由于平均字节速率信息存储在 RAM 地址 0x1E05 中，因此 VSGetByteRate 函数通过调用 VSReadWRAM 函数获取地址 0x1E05 的值并将该值作为返回值返回。

在平均字节数获取函数的实现区后为填充数字获取函数 VSGetEndFillByte 的实现代码，由于填充字节信息发送存储在 RAM 地址 0x1E06 中，因此 VSGetEndFillByte 函数通过调用 VSReadWRAM 函数获取地址 0x1E06 的值，并将该值作为返回值返回。

在填充数字获取函数的实现区后为切歌函数 VSRestartPlay 的实现代码，如程序清单 13-14 所示，下面按照顺序解释 VSRestartPlay 函数中的语句。

（1）第 15 至 17 行代码：通过 VSReadReg 函数获取 VS_REG_MODE 寄存器的值，设置该寄存器值中的 SM_CANCEL 位后，再通过 VSWriteCmd 函数将修改后的值重新写入 VS_REG_MODE 寄存器中，使 VS1053b 芯片取消当前解码。

（2）第 20 至 34 行代码：通过 for 语句向 VS1053b 芯片发送 2048 个 0，同时通过 VSReadReg 函数获取 VS_REG_MODE 寄存器的值以检测是否成功取消当前解码。

（3）第 37 至 62 行代码：若检测到成功取消解码，则通过 VSGetEndFillByte 函数获取填充字节，若取消失败则进行软复位。

程序清单 13-14

```
1.    void VSRestartPlay(void)
2.    {
3.      u16 temp;
4.      u16 i;
5.      u8   n;
6.      u8   vsbuf[32];
7.
8.      //清零
9.      for(n = 0; n < 32; n++)
10.     {
11.       vsbuf[n]=0;
12.     }
13.
14.     //取消当前解码
15.     temp = VSReadReg(VS_REG_MODE);              //读取 VS_REG_MODE 的内容
16.     temp |= 1 << 3;                             //设置 SM_CANCEL 位
17.     VSWriteCmd(VS_REG_MODE, temp);              //设置取消当前解码指令
```

```
18.
19.    //发送 2048 个 0，期间读取 SM_CANCEL 位。如果为 0，则表示已经取消了当前解码
20.    for(i = 0; i< 2048;)
21.    {
22.        //每发送 32 字节后检测一次
23.        if(0 == VSSendMusicData(vsbuf))
24.        {
25.            i += 32;                                    //发送了 32 字节
26.
27.            //校验是否成功取消当前解码
28.            temp = VSReadReg(VS_REG_MODE);
29.            if(0 == (temp & (1 << 3)))
30.            {
31.                break;
32.            }
33.        }
34.    }
35.
36.    //SM_CANCEL 正常
37.    if(i < 2048)
38.    {
39.        //读取填充字节
40.        temp = VSGetEndFillByte() & 0xff;
41.
42.        //填充字节放入数组
43.        for(n = 0;n < 32; n++)
44.        {
45.            vsbuf[n] = temp;
46.        }
47.
48.        //填充
49.        for(i=0;i<2052;)
50.        {
51.            if(0 == VSSendMusicData(vsbuf))
52.            {
53.                i += 32;
54.            }
55.        }
56.    }
57.
58.    //SM_CANCEL 不成功，坏情况，需要软复位
59.    else
60.    {
61.        VSSoftReset();
62.    }
63.
64.    //软复位，还是没有成功取消，直接硬复位
65.    temp = VSReadReg(VS_REG_HDAT0);
```

```
66.   temp += VSReadReg(VS_REG_HDAT1);
67.   if(temp)
68.   {
69.     VSHardReset();              //硬复位
70.     VSSoftReset();              //软复位
71.   }
72. }
```

在切歌函数的实现区后为解码时间重设函数 VSResetDecodeTime 的实现代码，VSResetDecodeTime 函数通过调用 VSWriteCmd 函数向 VS_REG_DECODE_ TIME 寄存器写入数据 0x0000，且重复写入两次以保证不被固件覆盖。

在解码时间重设函数的实现区后为播放时间获取函数 VSGetDecodeTime 的实现代码，VSGetDecodeTime 函数通过调用 VSReadReg 函数获取 VS_REG_DECODE_TIME 寄存器的内容，即歌曲的解码时间，并将其作为返回值返回。

在播放时间获取函数的实现区后为音量设置函数 VSSetVolume 的实现代码，如程序清单 13-15 所示。VS1053b 芯片输出的音频音量大小与 16 位寄存器 VS_REG_VOL 的值有关，其中高低字节分别对应左右通道音量，并且数值越低，音量越大。VSSetVolume 将音量值 volx 进行取反、左移等操作后，再通过 VSWriteCmd 函数写入 VS_REG_VOL 寄存器。

程序清单 13-15

```
1.   void VSSetVolume(u8 volx)
2.   {
3.     u16 volt = 0;                  //暂存音量值
4.     volt = 254 - volx;             //取反，与寄存器中的表达方式一致
5.     volt <<= 8;                    //获得左声道音量
6.     volt += 254 - volx;            //加上右声道音量
7.     VSWriteCmd(VS_REG_VOL,volt);   //设置音量
8.   }
```

在音量设置函数的实现区后为高低音控制函数 VSSetBass 和音效设定函数 VSSetEffect 的实现代码，与函数 VSSetVolume 类似，VSSetBass 函数和 VSSetEffect 函数同样将输入参数进行位操作后再写入对应的寄存器。

在高低音控制函数和音效设定函数的实现区后为设置函数 VSSetAll 的实现代码，该函数通过调用上述 3 个函数设置音量、高低音和音效。

在设置函数 VSSetAll 的实现区后为喇叭设置函数 VSSpeakerSet 的实现代码，如程序清单 13-16 所示，通过设置 PG8 引脚的电平即可控制喇叭的开关，当输入参数 sw 为 1 时，将引脚设置为低电平以使能喇叭放音；当 sw 为 0 时相反。

程序清单 13-16

```
1.   void VSSpeakerSet(u8 sw)
2.   {
3.     if(1 == sw)
4.     {
5.       gpio_bit_reset(GPIOG, GPIO_PIN_8);
```

```
6.      }
7.      else if(0 == sw)
8.      {
9.        gpio_bit_set(GPIOG, GPIO_PIN_8);
10.     }
11. }
```

13.3.2　MP3Player 文件对

1. MP3Player.h 文件

在 MP3Player.h 文件的"API 函数声明"区，声明了 7 个 API 函数，如程序清单 13-17 所示。InitMP3Player 函数用于初始化 MP3 播放器模块，NextSong 函数和 PreviousSong 函数用于切换歌曲，LowVolume 函数和 LargeVolume 函数用于控制播放音量，PlayPause 函数用来控制播放与暂停的切换，MP3Poll 函数用于进行 MP3 的轮询任务。

程序清单 13-17

```
1.    void   InitMP3Player(void);        //初始化 MP3 播放器
2.    void   NextSong(void);             //下一首
3.    void   PreviousSong(void);         //前一首
4.    void   LowVolume(void);            //减小音量
5.    void   LargeVolume(void);          //增加音量
6.    void   PlayPause(void);            //播放/暂停
7.    void   MP3Poll(void);             //MP3 轮询任务
```

2. MP3Player.c 文件

在 MP3Player.c 文件的"宏定义"区，定义了关于歌曲名最大长度的宏定义 MAX_SONG_NAME_LEN 为 127，以及歌曲缓冲区大小的宏定义 SONG_BUF_SIZE 为 1024×4。

在"枚举结构体"区，声明了关于播放器状态机和 MP3 播放暂停的枚举，如程序清单 13-18 所示。两个枚举结构体分别用于设置播放器状态和播放状态。

程序清单 13-18

```
1.    //MP3 播放器状态机
2.    typedef enum
3.    {
4.        MP3_IDLE,          //空闲状态
5.        MP3_START,         //开始播放，在当前状态下打开歌曲文件，并配置音频芯片重新开始播放音乐
6.        MP3_RESTART,       //重新开始播放，用于切换歌曲
7.        MP3_PLAYING,       //正在播放音乐
8.        MP3_END,           //播放音乐完毕，关闭当前文件，并将歌曲切换到下一首
9.    }EnumMP3PlayerState;
10.
11.   //MP3 播放/暂停
12.   typedef enum
```

```
13.  {
14.    MP3_PLAYER_PLAY,   //播放器正常播放
15.    MP3_PLAYER_PAUSE,  //播放器暂停播放
16.  }EnumMP3PlayPause;
```

在"内部函数声明"区，声明了两个内部函数，如程序清单 13-19 所示，IsMP3Type 函数用于判断音频文件是否为 MP3 文件，GetCurrentSongName 函数用于获取当前歌曲名。

程序清单 13-19

```
static u32   IsMP3Type(char *name);         //判断是否为 MP3 文件
static void GetCurrentSongName(void);       //获取当前歌曲名字
```

在"内部函数实现"区，首先实现了 IsMP3Type 函数，如程序清单 13-20 所示。该函数首先根据传入的文件名地址，检测标识后缀"."的位置，当检测到"."后，继续检测后续字符是否为"MP3"或"mp3"，若是则返回 1 表示该文件为 MP3 文件，否则返回 0。

程序清单 13-20

```
1.    static u32 IsMP3Type(char *name)
2.    {
3.      u32 i, flag;
4.
5.      i = 0;
6.      flag = 0;
7.      while(0 != name[i])
8.      {
9.        //判断后缀是否为 MP3
10.       if('.' == name[i])
11.       {
12.         if(('M' == name[i + 1]) || ('P' == name[i + 2]) || ('3' == name[i + 3]))
13.         {
14.           flag = 1;
15.         }
16.         else if(('m' == name[i + 1]) || ('p' == name[i + 2]) || ('3' == name[i + 3]))
17.         {
18.           flag = 1;
19.         }
20.         else
21.         {
22.           flag = 0;
23.         }
24.       }
25.       i++;
26.     }
27.
28.     return flag;
29.   }
```

在 IsMP3Type 函数实现区后为 GetCurrentSongName 函数的实现代码，如程序清单 13-21 所示。下面按照顺序解释说明 GetCurrentSongName 函数中的语句。

（1）第 6 至 13 行代码：通过 MyMalloc 函数申请长文件名内存以存放歌曲名。

（2）第 16 至 42 行代码：通过 for 语句清空用于存放歌曲名称的数组后，检测相应路径下的歌曲数目是否为 0，若不为 0，则将该路径复制到上述数组后，打开该路径。

（3）第 45 至 92 行代码：获取指定位置的歌曲，即当前播放歌曲的名称，首先通过 f_readdir 函数获取目录中其中一个文件的信息，若检测到该文件为 mp3 文件，并且是当前播放的歌曲文件，则将其名称复制到存放歌曲名称的数组；若上述条件不满足，则读取下一条目并重新判断。注意，f_readdir 函数的作用是按顺序读取目录条目，反复调用该函数可以读取目录中的所有条目。

（4）第 95 至 104 行代码：获取歌曲名称后，关闭目录并释放内存，避免程序运行出错。

程序清单 13-21

```
1.    static void GetCurrentSongName(void)
2.    {
3.    ...
4.
5.      //长文件名内存申请
6.    #if (1 == _USE_LFN)
7.      fileInfo.lfname = MyMalloc(SRAMIN, _MAX_LFN);
8.      if(NULL == fileInfo.lfname)
9.      {
10.       printf("长文件名申请内存失败!!!\r\n");
11.       while(1);
12.     }
13.   #endif
14.
15.     //清空当前歌曲名字
16.     for(i = 0; i <= MAX_SONG_NAME_LEN; i++)
17.     {
18.       s_arrCurrentSongName[i] = 0;
19.     }
20.
21.     //目录下歌曲数量为 0
22.     if(0 == s_iNumOfSongs)
23.     {
24.       return;
25.     }
26.
27.     //复制路径到名字缓冲区
28.     i = 0;
29.     while((0 != s_pDir[i]) && (i < MAX_SONG_NAME_LEN - 1))
30.     {
31.       s_arrCurrentSongName[i] = s_pDir[i];
32.       i++;
```

```
33.         }
34.         s_arrCurrentSongName[i] = '/';//s_arrCurrentSongName="0:/music/"
35.         s_iNameOffset = i + 1;
36.
37.         //打开特定路径
38.         result = f_opendir(&direct, s_pDir);//(要创建的目录对象的指针，指向目录路径的指针)
39.         if(result != FR_OK)
40.         {
41.             printf("路径不存在\r\n");
42.         }
43.
44.         //查找指定位置歌曲并获取名字
45.         songCnt = 0;
46.         while(1)
47.         {
48.             result = f_readdir(&direct, &fileInfo);//(指向打开目录对象，指向返回的文件信息的指针)
49.             if((result != FR_OK) || (0 == fileInfo.fname[0]))
50.             {
51.                 break;
52.             }
53.             else
54.             {
55.                 //校验是否为 MP3 文件
56.                 if(1 == IsMP3Type(fileInfo.fname))
57.                 {
58.                     //找到了目标歌曲
59.                     if(songCnt == s_iCurrentSong)
60.                     {
61.                         //复制歌曲名字到缓冲区
62.                         i = 0;
63.
64.                         //长文件名
65.                         #if _USE_LFN
66.                             while((0 != fileInfo.lfname[i]) && ((i + s_iNameOffset) < MAX_SONG_NAME_LEN))
67.                             {
68.                                 s_arrCurrentSongName[i + s_iNameOffset] = fileInfo.lfname[i];      //当前歌曲名
69.                                 i++;
70.                             }
71.
72.                         //短文件名
73.                         #else
74.                             while((0 != fileInfo.fname[i]) && ((i + s_iNameOffset) < MAX_SONG_NAME_LEN))
75.                             {
76.                                 s_arrCurrentSongName[i + s_iNameOffset] = fileInfo.fname[i];
77.                                 i++;
78.                             }
79.                         #endif
80.
```

```
81.              //退出循环
82.                 break;
83.              }
84.
85.              //还没到指定位置
86.              else
87.              {
88.                 songCnt++;
89.              }
90.          }
91.      }
92.  }
93.
94.  //关闭目录
95.  result = f_closedir(&direct);
96.  if(result != FR_OK)
97.  {
98.     printf("关闭目录失败\r\n");
99.  }
100.
101.  //长文件名内存释放
102.  #if (1 == _USE_LFN)
103.      MyFree(SRAMIN, fileInfo.lfname);
104.  #endif
105. }
```

在"API 函数实现"区，首先实现了 InitMP3Player 函数，如程序清单 13-22 所示。下面按照顺序解释说明 InitMP3Player 函数中的语句。

（1）第 8 至 66 行代码：将目录下所有的文件名输出到串口，首先申请内存并打开特定的文件路径，通过 f_readdir 函数获取文件信息并打印文件名至串口，若为 MP3 文件则将代表 MP3 文件数量的变量 s_iNumOfSongs 加 1，完成该路径下所有文件的检测后，关闭目录并释放内存。

（2）第 69 至 85 行代码：输出该路径下的歌曲文件总数，并完成状态和显示等设置。

程序清单 13-22

```
1.   void InitMP3Player(void)
2.   {
3.      FRESULT result;              //文件操作返回变量
4.      DIR     direct;              //路径
5.      FILINFO fileInfo;            //文件信息
6.
7.      //长文件名内存申请
8.      #if (1 == _USE_LFN)
9.         fileInfo.lfname = MyMalloc(SRAMIN, _MAX_LFN);
10.  ···
11.      #endif
```

```
12.
13.    //打开特定路径
14.    result = f_opendir(&direct, "0:/music");
15.    …
16.
17.    //查询目录下所有文件，并将文件名字打印输出到串口
18.    s_iNumOfSongs = 0;
19.    while(1)
20.    {
21.      result = f_readdir(&direct, &fileInfo);
22.
23.      //长文件名
24.      #if _USE_LFN
25.        if((result != FR_OK) || (0 == fileInfo.lfname[0]))
26.        {
27.          break;
28.        }
29.        else
30.        {
31.          printf("*/%s\r\n", fileInfo.lfname);
32.
33.          //校验是否为 MP3 文件
34.          if(1 == IsMP3Type(fileInfo.lfname))
35.          {
36.            s_iNumOfSongs++;
37.          }
38.        }
39.
40.      //短文件名
41.      #else
42.        if((result != FR_OK) || (0 == fileInfo.fname[0]))
43.        {
44.          break;
45.        }
46.        else
47.        {
48.          printf("*/%s\r\n", fileInfo.fname);
49.
50.          //校验是否为 MP3 文件
51.          if(1 == IsMP3Type(fileInfo.fname))
52.          {
53.            s_iNumOfSongs++;
54.          }
55.        }
56.      #endif
57.    }
```

```
58.
59.    //关闭目录
60.    result = f_closedir(&direct);
61.    …
62.
63.    //长文件名内存释放
64.    #if (1 == _USE_LFN)
65.      MyFree(SRAMIN, fileInfo.lfname);
66.    #endif
67.
68.    //打印输出 MP3 文件总数
69.    printf("歌曲数量：%d\r\n", s_iNumOfSongs);
70.
71.    //默认播放第一首歌
72.    s_iCurrentSong = 0;
73.
74.    //默认处于暂停状态
75.    s_enumMP3PlayFlag = MP3_PLAYER_PAUSE;
76.
77.    //更新当前歌曲名字
78.    GetCurrentSongName();
79.
80.    //设置音效等信息
81.    VSSetAll();
82.
83.    //设置音量大小
84.    s_iVolume = 220;
85.    VSSetVolume(s_iVolume);
86.  }
```

在 InitMP3Player 函数实现区后为 NextSong 和 PreviousSong 函数的实现代码，如程序清单 13-23 所示，这两个函数分别用来切换播放歌曲至下一首或上一首。NextSong 函数将表示当前歌曲位置的变量 s_iCurrentSong 加 1 后取余，保证切换下一首的同时不超出歌曲数目范围，并将 MP3 状态设置为 MP3_RESTART 以重新播放。PreviousSong 函数首先判断当前歌曲的位置，若为第一首，则切换为最后一首；若不是，则直接将 s_iCurrentSong 减 1。最后将 MP3 状态设置为 MP3_RESTART 以重新播放。

程序清单 13-23

```
1.  void NextSong(void)
2.  {
3.    //更新歌曲位置
4.    s_iCurrentSong = (s_iCurrentSong + 1) % s_iNumOfSongs;
5.
6.    //重新开启播放
7.    s_enumMP3State = MP3_RESTART;
8.  }
```

```
9.
10.   void PreviousSong(void)
11.   {
12.     //更新歌曲位置
13.     if(0 == s_iCurrentSong)
14.     {
15.       s_iCurrentSong = s_iNumOfSongs - 1;
16.     }
17.     else
18.     {
19.       s_iCurrentSong = s_iCurrentSong - 1;
20.     }
21.
22.     //重新开启播放
23.     s_enumMP3State = MP3_RESTART;
24.   }
```

在歌曲切换函数实现区后为 LowVolume 和 LargeVolume 函数的实现代码，两个函数通过修改表示音量大小的变量 s_iVolume，来设置 MP3 播放的音量参数。

播放暂停函数 PlayPause 通过将表示播放暂停标志位的变量 s_enumMP3PlayFlag 设置为 MP3_PLAYER_PLAY（实际值为 0）或 MP3_PLAYER_ PAUSE（实际值为 1），来实现切换播放暂停状态。

在播放暂停函数实现区后为 MP3 轮询任务函数 MP3Poll 的实现代码，如程序清单 13-24 所示。下面按照顺序解释说明 MP3Poll 函数中的语句。

（1）第 6 至 9 行代码：检测目录下歌曲数目是否为 0，若为 0 则直接返回；否则根据变量 s_enumMP3State 的值（即 MP3 当前状态）决定执行任务。

（2）第 12 至 19 行代码：若 MP3 当前状态为切歌状态，则先通过 f_close 函数关闭之前打开的文件后，将变量 s_enumMP3State 赋值为 MP3_START，即切换到开始播放状态。

（3）第 22 至 55 行代码：若为开始播放状态，则获取当前歌曲名称后更新显示，并将对应的歌曲文件打开，清零歌曲时长，重启播放并复位解码时间，最后，清空相应的数据量并将变量 s_enumMP3State 赋值为 MP3_PLAYING，即切换到正在播放状态。

（4）第 58 至 135 行代码：若为正在播放状态，则检测 MP3 是否处于暂停状态，若处于暂停状态则返回，否则向 VS1053b 芯片发送数据以播放音频或更新音频播放进度，过程如（5）～（7）所示。

（5）第 67 至 80 行代码：检测缓冲器中数据量是否为 0，若为 0，则从音频文件中读取相应数据并清空发送字节计数。

（6）第 83 至 126 行代码：通过 VSSendMusicData 函数发送 32 字节的数据，若发送成功，则更新计数；若发送失败，则检测歌曲时长 s_iSongAllTime 是否为 0，为 0 表示未计算，此时计算时长并打印，否则更新歌曲播放进度。

（7）第 129 至 135 行代码：判断歌曲文件中的数据是否全部发送完成，若完成，则将变量 s_enumMP3State 赋值为 MP3_END，即切换到播放完成状态。

（8）第 138 至 148 行代码：若为播放完成状态，则关闭打开的文件，将变量 s_iCurrentSong 加 1 并取余，保证切换下一首的同时不超出歌曲数目范围，最后将变量 s_enumMP3State 赋值为 MP3_START，即切换到开始播放状态。

程序清单 13-24

```
1.   void MP3Poll(void)
2.   {
3.     …
4.
5.     //目录下歌曲数量为 0，直接返回
6.     if(0 == s_iNumOfSongs)
7.     {
8.       return;
9.     }
10.
11.    //切歌
12.    if(MP3_RESTART == s_enumMP3State)
13.    {
14.      //关闭之前打开的文件
15.      f_close(&s_fSongFile);
16.
17.      //切换到开始播放阶段
18.      s_enumMP3State = MP3_START;
19.    }
20.
21.    //开始播放
22.    if(MP3_START == s_enumMP3State)
23.    {
24.      //更新当前歌曲名字
25.      GetCurrentSongName();
26.
27.      //更新歌曲名字显示
28.      UpdataSongName(s_arrCurrentSongName + s_iNameOffset);
29.
30.      //打开文件
31.      result = f_open(&s_fSongFile, s_arrCurrentSongName, FA_OPEN_EXISTING | FA_READ);
32.      if (result !=  FR_OK)
33.      {
34.        printf("打开歌曲文件失败\r\n");
35.        return;
36.      }
37.      else
38.      {
39.        printf("播放音乐：%s\r\n", s_arrCurrentSongName);
40.      }
41.
42.      //歌曲时长清零
43.      s_iSongAllTime = 0;
44.
45.      //重新开始下一首歌播放
```

```
46.    //      VSRestartPlay();              //重启播放
47.          VSResetDecodeTime();            //复位解码时间
48.
49.          //清空数据量
50.          s_iReadNum = 0;
51.          s_iByteCnt = 0;
52.
53.          //切换到下一状态
54.          s_enumMP3State = MP3_PLAYING;
55.      }
56.
57.      //正在播放音乐
58.      if(MP3_PLAYING == s_enumMP3State)
59.      {
60.          //播放器处于暂停状态
61.          if(MP3_PLAYER_PAUSE == s_enumMP3PlayFlag)
62.          {
63.              return;
64.          }
65.
66.          //读取新一批数据
67.          if(0 == s_iReadNum)
68.          {
69.              //从文件中读取数据到缓冲区
70.              result = f_read(&s_fSongFile, s_arrSongBuf, SONG_BUF_SIZE, &s_iReadNum);
71.              if (result !=   FR_OK)
72.              {
73.                  printf("读取数据失败\r\n");
74.                  s_enumMP3State = MP3_RESTART;
75.                  return;
76.              }
77.
78.              //清空发送字节计数
79.              s_iByteCnt = 0;
80.          }
81.
82.          //将缓冲区中的数据发送至 VS1053
83.          if(0 == VSSendMusicData(s_arrSongBuf + s_iByteCnt))
84.          {
85.              s_iByteCnt = s_iByteCnt + 32;
86.
87.              //更新 readNum
88.              if(s_iReadNum > 32)
89.              {
90.                  s_iReadNum = s_iReadNum - 32;
91.              }
92.              else
93.              {
```

```
94.            s_iReadNum = 0;
95.        }
96.      }
97.      else
98.      {
99.        //获得歌曲时长
100.       if(0 == s_iSongAllTime)
101.       {
102.         //获取 MP3 码率
103.         bitRate = VSGetHeadInfo();
104.
105.         //获取失败
106.         if(0 == bitRate)
107.         {
108.           s_iSongAllTime = 0;
109.         }
110.
111.         //获取成功，计算歌曲总长
112.         else
113.         {
114.           s_iSongAllTime = s_fSongFile.fsize / (bitRate * 1000 / 8);
115.           printf("bitRate: %d, Song time: %d\r\n", bitRate, s_iSongAllTime);
116.         }
117.       }
118.       else
119.       {
120.         //更新显示歌曲进度
121.         playTime = VSGetDecodeTime();
122.         UpdataSongProgress(playTime, s_iSongAllTime);
123.       }
124.
125.       return;
126.     }
127.
128.     //判断是否已经发送完成
129.     if((s_fSongFile.fptr >= s_fSongFile.fsize) && (0 == s_iReadNum))
130.     {
131.       //切换到下一状态
132.       s_enumMP3State = MP3_END;
133.       printf("文件发送完毕\r\n");
134.     }
135.   }
136.
137.   //播放完成
138.   if(MP3_END == s_enumMP3State)
139.   {
140.     //关闭文件
```

```
141.        f_close(&s_fSongFile);
142.
143.        //切换到下一首
144.        s_iCurrentSong = (s_iCurrentSong + 1) % s_iNumOfSongs;
145.
146.        //切换到下一状态
147.        s_enumMP3State = MP3_START;
148.    }
149. }
```

13.3.3　AudioTop.c 文件

在 AudioTop.c 文件"包含头文件"区的最后，添加代码#include "VS1053.h"及#include "flac.h"。这样就可以在 AudioTop.c 文件中调用 VS1053 模块的宏定义和 API 函数，实现控制 MP3 播放。

在"API 函数实现"区的 InitAudioTop 函数中，添加关于 MP3 音频播放的代码，如程序清单 13-25 所示，调用 VS1053 模块初始化函数、硬复位函数、RAM 测试函数等，并对结构体 s_structGUIDev 中各个回调函数进行赋值，最后通过 InitGUI 函数完成 GUI 界面的初始化。

程序清单 13-25

```
1.   void InitAudioTop(void)
2.   {
3.     //初始化 VS1053 驱动模块
4.     InitVS1053();
5.
6.     //硬复位 VS1053
7.     VSHardReset();
8.
9.     //RAM 测试
10.    if(0x83FF == VSRamTest())
11.    {
12.      printf("RAM text OK\r\n");
13.    }
14.
15.    //正弦波测试
16.    VSSineTest();
17.
18.    //重新复位
19.    VSHardReset();
20.    VSSoftReset();
21.
22.    //加载 patch
23.    VSLoadPatch((u16*)s_arrVS1053bPatch, VS1053B_PATCHLEN);
24.
25.    //设置音量
```

```
26.        VSSetVolume(200);
27.
28.        //不使用喇叭
29.        VSSpeakerSet(0);
30.
31.        //初始化 MP3 播放器
32.        InitMP3Player();
33.
34.        //设置回调函数
35.        s_structGUIDev.previousSongCallback = PreviousSong;        //上一曲
36.        s_structGUIDev.nextSongCallback       = NextSong;          //下一曲
37.        s_structGUIDev.PlayPauseCallback      = PlayPause;         //播放/暂停
38.        s_structGUIDev.lowVolumeCallback      = LowVolume;         //减小音量
39.        s_structGUIDev.largeVolmeCallback     = LargeVolume;       //增加音量
40.
41.        //初始化 GUI 界面设计，绘制背景、创建按键
42.        InitGUI(&s_structGUIDev);
43.    }
```

在"API 函数实现"区的轮询任务 AudioTopTask 函数中，调用 MP3 轮询任务函数 MP3Poll，如程序清单 13-26 所示。

程序清单 13-26

```
1.    void AudioTopTask(void)
2.    {
3.        GUITask(); //GUI 任务
4.        MP3Poll(); //MP3 任务
5.    }
```

由于需要通过 KEY1 控制喇叭开关，因此在 ProcKeyOne.c 文件的"包含头文件"区的最后，添加代码#include "VS1053.h"。

在"API 函数实现"区的 ProcKeyDownKey1 函数中，添加如程序清单 13-27 所示的代码，通过调用 VSSpeakerSet 函数实现控制喇叭开关。

程序清单 13-27

```
1.    void    ProcKeyDownKey1(void)
2.    {
3.        static u8 state = 0;
4.        state = 1 - state;
5.        VSSpeakerSet(state);
6.        //printf("KEY1 PUSH DOWN\r\n");                 //打印按键状态
7.    }
```

13.3.4　实验结果

将 SD 卡插入开发板，下载程序并进行复位。可以观察到开发板上的 LCD 屏显示如图 13-5

所示的 GUI 界面

此时，串口助手打印信息如图 13-6 所示。

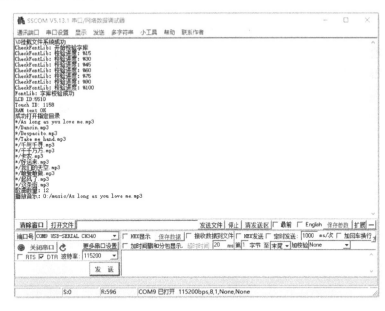

图 13-5　MP3 实验 GUI 界面　　　　　　　　　　　图 13-6　串口助手打印信息

当单击 GUI 界面上的播放按钮时，开始播放歌曲，此时声音仅通过耳机输出，且串口助手显示如图 13-7 所示的信息。按下开发板上的 KEY₁ 按键后，喇叭被使能并开始播放音频。

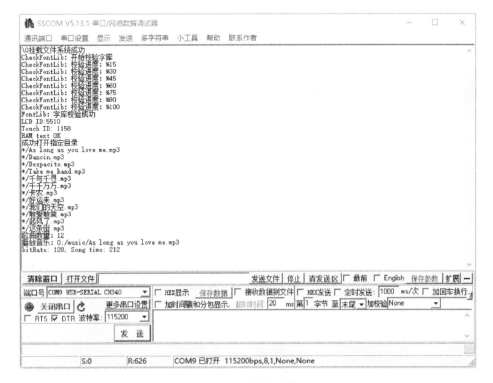

图 13-7　播放歌曲

本 章 任 务

　　在本章实验中，实现了读取 SD 卡中的 MP3 格式音频文件并通过耳机和喇叭播放。而音频文件的格式有多种，现尝试在本章实验的基础上，学习其他音频文件的格式及播放方式，如 WAV 文件，并通过 VS1053b 芯片完成音频文件的解码并播放。

本 章 习 题

1. 简述 VS1053b 芯片命令传输格式。
2. 查阅资料，简述 VS1053b 芯片的各个寄存器的作用。
3. VS1053b 芯片的 XCS、XDCS 和 DREQ 引脚的功能分别是什么？
4. 简述 VS1053b 芯片中 RAM 的对应地址的作用。
5. 简述 VS1053b 芯片向 RAM 相应地址写入数据的过程。

第 14 章　录音播放实验

VS1053b 芯片不仅具有将音频数据解码播放的功能，还具有编码录音的功能。第 13 章介绍了通过微控制器输出数据至 VS1053b 芯片，并通过解码后完成放音，本章将介绍如何通过 VS1053b 芯片完成录音并播放。

14.1　实　验　内　容

本章实验的主要内容是进一步学习 VS1053b 芯片，包括该芯片录音部分寄存器的相关设置，了解录音生成的 WAV 文件格式。最后基于 GD32F3 苹果派开发板设计一个录音播放实验，通过咪头、麦克风等外设获取音频后，经过 VS1053b 芯片编码生成 WAV 文件并存储在 SD 卡中，然后通过耳机播放录制的音频。

14.2　实　验　原　理

14.2.1　WAV 文件格式

WAV 即 WAVE 文件，是计算机领域常用的数字化声音文件格式之一，符合 RIFF（Resource Interchange File Format）文件规范，是微软专门为 Windows 系统定义的波形文件格式（Waveform Audio），可用于保存 Windows 平台的音频信息资源，该格式同时被 Windows 平台及其应用程序所广泛支持。WAV 格式也支持 MSADPCM、CCITTA_LAW 等多种压缩运算法，支持多种音频数字，取样频率和声道，标准格式化的 WAV 文件使用 44.1kHz 的取样频率，16 位量化数字。

WAV 文件是由若干 Chunk 组成的，包括以下部分：RIFF WAVE Chunk、Format Chunk、Fact Chunk（可选）和 Data Chunk，通常在程序中采用结构体定义不同的块。每个 Chunk 由块标识符区域（4 字节）、数据大小区域（4 字节）和数据三部分组成。

其中，块标识符区域由 4 个 ASCII 码构成，数据大小区域则记录数据区域的长度（单位为字节），因此每个 Chunk 的大小为数据大小加 8 字节。

1．RIFF 块

RIFF 块的标识符为 RIFF，即 0X46464952，其数据段为 WAVE，表示文件为 WAV 文件，即 0X45564157，RIFF 块在程序中的定义如程序清单 14-1 所示。

程序清单 14-1

```
typedef __packed struct
{
```

```
  u32 chunkID;                  //chunk id；这里固定为 RIFF，即 0X46464952
  u32 chunkSize;                //集合大小；文件总大小为 8
  u32 format;                   //格式；WAVE，即 0X45564157
}StructChunkRIFF;
```

2. Format 块

Format 块的标识符为 fmt，即 0X20746D66，其数据段记录文件的各种信息，通常大小为 16 字节，部分 WAV 文件增加了 2 字节的附加信息，Format 块在程序中的定义如程序清单 14-2 所示。

程序清单 14-2

```
typedef __packed struct
{
  u32 chunkID;                  //chunk id；这里固定为 fmt，即 0X20746D66
  u32 chunkSize;                //子集合大小（不包括 ID 和 Size）；这里为 20
  u16 audioFormat;              //音频格式；0X10，表示线性 PCM；0X11 表示 IMA ADPCM
  u16 numOfChannels;            //通道数量；1 表示单声道；2 表示双声道
  u32 sampleRate;               //采样率；0X1F40，表示 8kHz
  u32 byteRate;                 //字节速率
  u16 blockAlign;               //块对齐（字节）
  u16 bitsPerSample;            //单个采样数据大小；4 位 ADPCM，设置为 4
  // u16 byteExtraData;         //附加的数据字节；2 个；线性 PCM，没有这个参数
  // u16 extraData;             //附加的数据，单个采样数据块大小；0X1F9:505 字节线性 PCM，没有这个参数
}StructChunkFMT;
```

3. Fact 块

Fact 块的标识符为 fact，即 0X74636166，其数据段记录录音文件采样的数量，Fact 块在程序中的定义如程序清单 14-3 所示。

程序清单 14-3

```
typedef __packed struct
{
  u32 chunkID;                  //chunk id；这里固定为 fact，即 0X74636166
  u32 chunkSize;                //子集合大小（不包括 ID 和 Size）；这里为 4
  u32 numOfSamples;             //采样的数量
}StructChunkFACT;
```

4. Data 块

Data 块的标识符为 data，即 0X61746164，其数据段记录录音文件的数据，Data 块在程序中的定义如程序清单 14-4 所示，由于录音文件的数据较大，因此该结构体不包含数据区域，在 WAV 文件中，Data 块后为音频数据。

程序清单 14-4

```
typedef __packed struct
{
  u32 chunkID;                //chunk id；这里固定为 data，即 0X61746164
  u32 chunkSize;              //子集合大小(不包括 ID 和 Size)；文件大小为 60
}StructChunkDATA;
```

　　GD32F3 苹果派开发板上集成的 VS1053b 芯片支持 Ogg Vorbis 录音和 WAV 录音。其中，WAV 录音支持两种数据格式：PCM(脉冲编码调制)是最基本的 WAVE 文件格式，IAM ADPCM 是压缩格式。本章实验将通过 VS1053b 芯片实现 WAV 文件的 PCM 格式录音。

14.2.2　VS1053b 芯片录音功能

　　VS1053b 芯片激活 PCM 录音需要设置的寄存器和相应位的说明如表 14-1 所示。

表 14-1　PCM 录音需要设置的寄存器和相应位的说明

寄 存 器	相 应 位	说 明
SCI_MODE	2，12，14	软件复位标志位，开始 ADPCM 模式标志位，咪头/Line1 选择标志位
SCI_AICTRL0	15:0	采样率设置，8000～48000Hz（在录音启动时读取）
SCI_AICTRL1	15:0	录音增益（1024 为 1 倍增益，0 为自动增益控制 AGC）
SCI_AICTRL2	15:0	设置 AGC 最大值，为 0 的时候表示最大 64（65536）
SCI_AICTRL3	1:0 2 15:3	0-联合立体声（共用 AGC），1-双声道（各自的 AGC），2-左通道，3-右通道 0-IMA ADPCM 模式，1-线性 PCM 模式 保留，设置为 0

　　通过咪头或麦克风获取音频后，即可通过 VS1053b 芯片将其编码形成相应的音频数据，在 recorder.h 文件中定义了组成 WAV 文件的各个 Chunk，将音频数据与各个 Chunk 组合即可完成录音文件。

14.2.3　音频电路录音部分原理图

1. 咪头电路原理图

　　咪头电路原理图如图 14-1 所示，由于耳机接口与咪头不能同时使用，因此在咪头电路中增加了排针 J504，当需要使用咪头时，可使用跳线帽短接 J504。咪头通过网络 MICP/LINE1 和 MICN 与 VS1053b 芯片相连，以实现通过咪头录音的功能。

2. 麦克风电路原理图

　　麦克风电路原理图如图 14-2 所示，麦克风插座通过网络 MICP/LINE1 和 LINE2 与 VS1053b 芯片相连，以实现通过麦克风录音的功能。

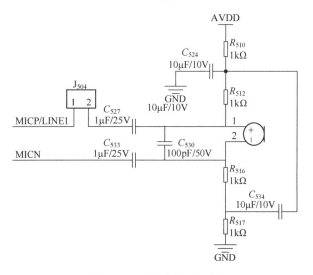

图 14-1　咪头电路原理图

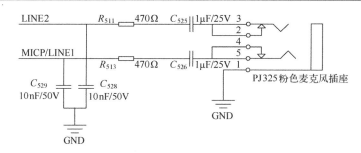

图 14-2　麦克风电路原理图

14.3　实验代码解析

14.3.1　Recorder 文件对

1. Recorder.h 文件

在 Recorder.h 文件的"枚举结构体"区，添加 WAV 文件的 RIFF 和 Format 等块的结构体声明，并添加结构体 StructWavHeader 的声明，如程序清单 14-5 所示。StructWavHeader 将上述 WAV 文件使用的结构体作为成员变量，方便调用录音文件，由于不使用压缩格式 IAM ADPCM 录音，因此不需要使用 fact 块。

程序清单 14-5

```
1.   typedef __packed struct
2.   {
3.       StructChunkRIFF riff;              //riff 块
4.       StructChunkFMT fmt;                //fmt 块
5.       // StructChunkFACT fact;           //fact 块线性 PCM，没有这个结构体
6.       StructChunkDATA data;              //data 块
7.   }StructWavHeader;
```

在"API 函数声明"区，声明了 5 个 API 函数，如程序清单 14-6 所示。InitRecorder 函数用于初始化录音机模块，RecorderPoll 函数用于进行录音轮询任务，StartEndRecorder 函数用于开始录音，PauseRecoder 函数用于暂停录音，IsRecorderIdle 函数用于判断录音机是否为空闲状态。

程序清单 14-6

```
1.   void InitRecorder(void);             //初始化录音机
2.   void RecorderPoll(void);             //录音轮询任务
3.   void StartEndRecorder(void);         //开始录音
4.   void PauseRecoder(void);             //暂停录音
5.   u8   IsRecorderIdle(void);           //判断录音机是否为空闲状态
```

2. Recorder.c 文件

在 Recorder.c 文件的"包含头文件"区，包含了 ff.h 和 Malloc.h 等头文件，ff.c 文件的代码包含 SD 卡块读写函数，在 Recorder.c 文件中需要通过调用这些函数将录音文件写入 SD 卡，因此需要包含 ff.h 头文件。由于内存的申请和释放需要调用 MyMalloc 和 MyFree 等函数，因此，还需要包含 Malloc.h 头文件。

在"宏定义"区，定义了录音数据缓冲区大小及录音文件名字缓冲区最大长度。

在"枚举结构体"区，添加如程序清单 14-7 所示的枚举声明代码，定义了录音机的 5 种状态。

程序清单 14-7

```
1.   typedef enum
2.   {
3.     RECORDER_IDLE,              //空闲状态
4.     RECORDER_START,            //开始录音
5.     RECORDER_REV,              //接收音频数据
6.     RECORDER_PAUSE,            //暂停录音
7.     RECORDER_FINISH,           //完成录音
8.   }EnumRecorderState;
```

在"内部变量定义"区，进行了如程序清单 14-8 所示的内部变量定义，其中的数组 s_arrWavPlugin 与 MP3 实验中的 patch 作用相同，用于修复 WAV 录音存在的 bug，变量 s_enumRecorderState 用于存储录音机当前状态。

程序清单 14-8

```
1.   static const u16 s_arrWavPlugin[40] =
2.   {
3.     0x0007, 0x0001, 0x8010, 0x0006, 0x001c, 0x3e12, 0xb817, 0x3e14, /* 0 */
4.     0xf812, 0x3e01, 0xb811, 0x0007, 0x9717, 0x0020, 0xffd2, 0x0030, /* 8 */
5.     0x11d1, 0x3111, 0x8024, 0x3704, 0xc024, 0x3b81, 0x8024, 0x3101, /* 10 */
6.     0x8024, 0x3b81, 0x8024, 0x3f04, 0xc024, 0x2808, 0x4800, 0x36f1, /* 18 */
7.     0x9811, 0x0007, 0x0001, 0x8028, 0x0006, 0x0002, 0x2a00, 0x040e,
8.   };
9.
10.  //录音机状态机
11.  static EnumRecorderState s_enumRecorderState = RECORDER_IDLE;
```

在"内部函数声明"区，声明了 6 个内部函数，如程序清单 14-9 所示。EnterRecorderMode 函数用于激活 PCM 录音模式，ExitRecorderMode 函数用于退出录音模式，InitWaveHeaderStruct 函数用于初始化 WAV 头相应的结构体，GetNewRecName 函数用于获得新的文件名，CheckRecDir 函数用于校验录音机目录是否存在，若不存在，则新建该目录，ShowRecordTime 函数用于显示录音时长。

程序清单 14-9

```
1.   static void EnterRecorderMode(u16 agc);                //激活 PCM 录音模式
2.   static void ExitRecorderMode(void);                    //退出录音模式
3.   static void InitWaveHeaderStruct(StructWavHeader* wavhead);  //初始化 WAV 头
4.   static void GetNewRecName(u8 *name);                   //获得新的文件名
5.   static void CheckRecDir(void);                         //校验录音机目录是否存在，若不存在则新建该目录
6.   static void ShowRecordTime(u32 size);                  //显示录音时长
```

在"内部函数实现"区，首先实现了 EnterRecorderMode 函数，如程序清单 14-10 所示。EnterRecorderMode 函数通过 VSWriteCmd 函数完成对 VS1053b 芯片的设置，并通过 VSLoadPatch 函数载入插件，激活 PCM 录音模式。

程序清单 14-10

```
1.   static void EnterRecorderMode(u16 agc)
2.   {
3.       VSWriteCmd(VS_REG_BASS, 0x0000);              //关闭低音/高音
4.       VSWriteCmd(VS_REG_AICTRL0, 8000);            //设置采样率为 8kHz
5.       VSWriteCmd(VS_REG_AICTRL1, agc);             //设置增益，agc 为 0 表示设置为自动增益。1024 相当
                                                       于 1 倍，512 相当于 0.5 倍，最大值 65535=64 倍
6.       VSWriteCmd(VS_REG_AICTRL2, 0);               //设置增益最大值，0 表示将增益设置为最大值 65536=64X
7.       VSWriteCmd(VS_REG_AICTRL3, 6);               //左通道(MIC 单声道输入)
8.       VSWriteCmd(VS_REG_CLOCKF, 0X2000);           //设置 VS10XX 的时钟，MULT：2 倍频；ADD：不允
                                                       许；CLK:12.288MHz
9.       VSWriteCmd(VS_REG_MODE, 0x1804);             //MIC，录音激活
10.      //VSWriteCmd(VS_REG_MODE, 0x5804);           //LINE IN
11.      DelayNms(5);                                 //等待至少 1.35ms
12.      VSLoadPatch((u16*)s_arrWavPlugin,40);        //VS1053 的 WAV 录音需要 patch
13.  }
```

在 EnterRecorderMode 函数实现区后为 ExitRecorderMode 函数的实现代码，如程序清单 14-11 所示。由于退出录音模式需要取反 VS_REG_MODE 寄存器的第 12 位，为了不影响其他位，可以先通过 VSReadReg 函数读取该寄存器的值，将值的第 12 位取反后与原值进行位与运算，最后通过 VSWriteCmd 函数将新值重新写入寄存器。

程序清单 14-11

```
1.   static void ExitRecorderMode(void)               //对应寄存器相应位取反重写
2.   {
3.       u16 mode;
4.       mode = VSReadReg(VS_REG_MODE);
5.       mode = mode & ~(1 << 12);
6.       VSWriteCmd(VS_REG_MODE, mode);
7.   }
```

InitWaveHeaderStruct 函数通过对 StructWavHeader 类型的结构体中的成员变量赋值来完成对 WAV 文件的设置。

　　在 InitWaveHeaderStruct 函数实现区后为 GetNewRecName 函数的实现代码,如程序清单 14-12 所示。在 GetNewRecName 函数中,首先为文件名称申请内存,然后通过 while 语句检测并生成相应序列的名称,通过 sprintf 函数命名后,通过 f_open 函数打开相同名称的文件,若成功打开,表示已存在同名文件,则重新命名直到打开失败为止,最后释放内存。

程序清单 14-12

```
1.    static void GetNewRecName(u8 *name)
2.    {
3.      FIL*      recFile;            //歌曲文件
4.      FRESULT result;              //文件操作返回变量
5.      u32       index;              //录音文件计数
6.
7.      //为 FIL 申请内存
8.      recFile = MyMalloc(SRAMIN, sizeof(FIL));
9.      if(NULL == recFile)
10.     {
11.        printf("GetNewRecName：申请内存失败\r\n");
12.     }
13.
14.     index = 0;
15.     while(index < 0xFFFFFFFF)
16.     {
17.       //生成新的名字
18.       sprintf((char*)name, "0:recorder/REC%d.wav", index);
19.
20.       //检查当前文件是否已经存在（若能成功打开，则说明文件已存在）
21.       result = f_open(recFile, (const TCHAR*)name, FA_OPEN_EXISTING | FA_READ);
22.       if(FR_NO_FILE == result)
23.       {
24.         break;
25.       }
26.       else
27.       {
28.         f_close(recFile);
29.       }
30.
31.       index++;
32.     }
33.
34.     //释放内存
35.     MyFree(SRAMIN, recFile);
36.   }
```

　　在 GetNewRecName 函数实现区后为 CheckRecDir 函数的实现代码,该函数通过 f_opendir 函数打开用于存放录音文件的录音机目录,若打开失败,即目录不存在,则通过 f_mkdir 函数创建录音机目录;否则通过 f_closedir 函数将其关闭。

在 CheckRecDir 函数实现区后为 ShowRecordTime 函数的实现代码，由于采样率设置为 8kHz，即每秒可采集 8k 个点，每个点 2 字节，相当于每秒 16k 字节，通过计算即可得到录音时长。为了避免显示频繁导致的卡顿，ShowRecordTime 函数首先检测显示时间间隔是否大于 500ms，若大于 500ms，则先为显示缓冲区申请内存，然后根据传入的文件大小参数计算录音时间，最后刷新显示录音时长，并完成内存释放及时间保存。

在"API 函数实现"区，首先实现 InitRecorder 函数，该函数通过将录音机状态设置为空闲状态完成对录音机的初始化。

在 InitRecorder 函数实现区后为 RecorderPoll 函数的实现代码，RecorderPoll 函数实现录音机的轮询任务，根据录音机当前状态执行不同的命令，如程序清单 14-13 所示。下面按照顺序解释说明 RecorderPoll 函数中的语句。

（1）第 6 至 9 行代码：检测录音机是否处于空闲状态或暂停状态，若是则直接返回；否则根据变量 s_enumRecorderState 的值（即录音机当前状态）决定执行任务。

（2）第 12 至 51 行代码：若为开始录音状态，则申请内存后校验路径，并通过相应函数获取并保存录音文件名，然后清空进度条显示，通过 f_open 函数创建录音文件，在清除计数后通过 InitWaveHeaderStruct 函数初始化 WAV 文件相应块，最后使 VS1053b 芯片进入录音模式并设置音量，将变量 s_enumRecorderState 赋值为 RECORDER_REV，以切换到接收音频数据状态。

（3）第 54 至 84 行代码：若为接收音频数据状态，则先读取 VS_REG_HDAT1 寄存器的值，该寄存器中存储了录音采样的数据量，若数据量符合要求，则通过 while 语句将读取的录音数据存入缓冲区，并通过 f_write 函数将缓冲区中的音频数据写入文件中，最后更新音频数据量的计数和时间显示。

（4）第 87 至 142 行代码：若为完成录音状态，则读取数据量后将最后一批数据写入音频文件，计算并保存 WAV 文件的各个数据块大小，通过 f_lseek 函数将文件读写指针偏移至文件起始位置后，将各个数据块写入以完善 WAV 文件格式，最后调用 f_close 函数关闭文件、释放内存、退出芯片录音模式，将变量 s_enumRecorderState 赋值为 RECORDER_IDLE，进入空闲状态。

程序清单 14-13

```
1.  void RecorderPoll(void)
2.  {
3.    ...
4.
5.    //空闲状态或暂停状态
6.    if((RECORDER_IDLE == s_enumRecorderState) || (RECORDER_PAUSE == s_enumRecorderState))
7.    {
8.      return;
9.    }
10.
11.   //开始录音
12.   if(RECORDER_START == s_enumRecorderState)
13.   {
14.     printf("RecorderPoll: 开始录音\r\n");
```

```
15.
16.      //申请内存
17.  ...
18.
19.      //校验路径
20.      CheckRecDir();
21.
22.      //获得新的录音文件名
23.      GetNewRecName(s_pNameBuf);
24.
25.      //保存录音名到录音播放模块，用于录音播放，不用可删除
26.      SaveRecordName(s_pNameBuf);
27.
28.      //清空进度条显示，不用可删除
29.      ClearProgress();
30.
31.      //创建录音文件，如果文件已存在，则它将被截断并覆盖
32.      result = f_open(s_pRecFile, (const TCHAR*)s_pNameBuf, FA_CREATE_ALWAYS | FA_WRITE);
33.      if(FR_OK != result)
34.      {
35.  ...
36.          return;
37.      }
38.
39.      //清除计数
40.      s_iAudioByteCnt = 0;
41.
42.      //初始化 WAV 文件头
43.      InitWaveHeaderStruct(s_pWavHeader);
44.
45.      //进入录音模式
46.      EnterRecorderMode(1024 * 4);
47.      VSSetVolume(200);
48.
49.      //切换到下一个状态
50.  s_enumRecorderState = RECORDER_REV;
51.   }
52.
53.  //接收音频数据（VS1053 录音缓冲区为 16 位数据）
54.   if(RECORDER_REV == s_enumRecorderState)
55.   {
56.      //查验 VS1053 中录音缓冲区数据量 256～896
57.      hdat1 = VSReadReg(VS_REG_HDAT1);
58.      if((hdat1 >= (RECORDER_BUF_SIZE / 2)) && (hdat1 < 896))
59.      {
60.          //读取 VS1053 录音数据到临时缓冲区
61.          dataCnt = 0;
62.          while(dataCnt < RECORDER_BUF_SIZE)
```

```
63.          {
64.              hdat0 = VSReadReg(VS_REG_HDAT0);
65.              s_pAudioBuf[dataCnt++] = hdat0 & 0xFF;
66.              s_pAudioBuf[dataCnt++] = hdat0 >> 8;
67.          }
68.
69.          //将音频数据写到文件中
70.          result = f_write(s_pRecFile, s_pAudioBuf, RECORDER_BUF_SIZE, &writeNum);
71.          if(FR_OK != result)
72.          {
73. ...
74. s_enumRecorderState = RECORDER_IDLE;
75.              return;
76.          }
77.
78.          //更新音频数据量计数
79.          s_iAudioByteCnt = s_iAudioByteCnt + RECORDER_BUF_SIZE;
80.
81.          //更新时间显示，不用可删除
82.          ShowRecordTime(s_iAudioByteCnt);
83.      }
84.  }
85.
86.  //完成录音
87.  if(RECORDER_FINISH == s_enumRecorderState)
88.  {
89.      //保存最后一批数据
90.      hdat1 = VSReadReg(VS_REG_HDAT1);
91.      if((hdat1 > 0) && (hdat1 < 896))
92.      {
93.          //读取 VS1053 录音数据到临时缓冲区
94.          dataCnt = 0;
95.          while((dataCnt < RECORDER_BUF_SIZE) && (dataCnt < (hdat1 * 2)))
96.          {
97.              hdat0 = VSReadReg(VS_REG_HDAT0);
98.              s_pAudioBuf[dataCnt++] = hdat0 & 0xFF;
99.              s_pAudioBuf[dataCnt++] = hdat0 >> 8;
100.         }
101.
102.         //将音频数据写到文件中
103.         result = f_write(s_pRecFile, s_pAudioBuf, dataCnt, &writeNum);
104.
105.         //更新音频数据量计数
106.         s_iAudioByteCnt = s_iAudioByteCnt + writeNum;
107.
108.         //更新时间显示
109.         ShowRecordTime(s_iAudioByteCnt);
110.     }
```

```
111.
112.     //输出提示
113.     printf("RecorderPoll：完成录音\r\n");
114.
115.     //保存整个文件大小到 WAV 文件头
116.     s_pWavHeader->riff.chunkSize = s_iAudioByteCnt + 36;
117.
118.     //保存音频数据量到 WAV 文件头
119.     s_pWavHeader->data.chunkSize = s_iAudioByteCnt;
120.
121.     //将 WAV 文件头写入文件中
122.     f_lseek(s_pRecFile, 0);                                  //偏移到文件起始位置
123.     result = f_write(s_pRecFile, (const void*)s_pWavHeader, sizeof(StructWavHeader), &writeNum);
124.     if(FR_OK != result)
125.     {
126.       printf("RecorderPoll：写入文件头失败\r\n");
127.     }
128.
129.     //关闭文件
130.     f_close(s_pRecFile);
131.
132.     //释放内存
133.     MyFree(SRAMIN, s_pRecFile);
134.     MyFree(SRAMIN, s_pAudioBuf);
135.     MyFree(SRAMIN, s_pNameBuf);
136.     MyFree(SRAMIN, s_pWavHeader);
137.
138.     //退出录音模式
139.     ExitRecorderMode();
140.
141.     //进入空闲状态
142.     s_enumRecorderState = RECORDER_IDLE;
143.   }
144. }
```

在 RecorderPoll 函数实现区后为 StartEndRecorder 函数和 PauseRecoder 函数的实现代码，这两个函数均通过对变量 s_enumRecorderState 赋值来控制录音的启动、暂停、继续和停止。

在 PauseRecoder 函数实现区后为 IsRecorderIdle 函数的实现代码，该函数用于判断录音机是否处于空闲状态。

14.3.2　RecordPlayer 文件对

1．RecordPlayer.h 文件

在 RecordPlayer.h 文件的"API 函数声明"区，声明了 6 个 API 函数，如程序清单 14-14 所示。InitRecordPlayer 函数用于初始化录音播放模块，RecordPlayerPoll 函数用于录音播放轮询任务，SaveRecordName 函数用于保存录音文件名称，StartRecordPlay 函数用于播放录音，

PauseRecordPlay 函数用于暂停播放录音，IsRecordPlayerIdle 函数用于判断录音播放器是否为空闲状态。

程序清单 14-14

```
1.   void InitRecordPlayer(void);              //初始化录音播放模块
2.   void RecordPlayerPoll(void);              //录音播放轮询任务
3.   void SaveRecordName(u8 *name);            //保存录音文件名（包含名字和路径）
4.   void StartRecordPlay(void);               //开始播放
5.   void PauseRecordPlay(void);               //暂停播放
6.   u8   IsRecordPlayerIdle(void);            //判断录音播放器是否空闲
```

2．RecordPlayer.c 文件

在 RecordPlayer.c 文件的"包含头文件"区，包含了 ff.h 和 Malloc.h 等头文件，与 Recorder.c 文件相同，在 RecordPlayer.c 文件中，需要调用相应函数完成对 SD 卡文件的读取以及内存的申请和释放，因此需要包含这两个头文件。

在"枚举结构体"区，添加如程序清单 14-15 所示的枚举声明代码，该枚举定义了录音播放器的 5 种状态。

程序清单 14-15

```
1.   typedef enum
2.   {
3.       RECORD_PLAYER_STATE_IDLE,             //空闲
4.       RECORD_PLAYER_STATE_START,            //开始播放
5.       RECORD_PLAYER_STATE_PLAY,             //正在播放
6.       RECORD_PLAYER_STATE_PAUSE,            //暂停
7.       RECORD_PLAYER_STATE_FINISH,           //完成
8.   }EnumRecordPlayerState;
```

在"内部变量定义"区，添加了如程序清单 14-16 所示的内部变量定义代码，数组 s_arrNewestRecordName 为录音文件名称缓冲区，变量 s_enumPlayerState 为录音播放器的当前状态。

程序清单 14-16

```
1.   //最新的录音文件名
2.   static u8 s_arrNewestRecordName[WAV_NAME_LEN_MAX] = {0};
3.
4.   //录音播放状态机
5.   static EnumRecordPlayerState s_enumPlayerState = RECORD_PLAYER_STATE_IDLE;
```

在"API 函数实现"区，首先实现 InitRecordPlayer 函数，该函数通过将录音播放器的状态设置为空闲状态，来完成对录音播放器的初始化。

在 InitRecordPlayer 函数实现区后为 RecordPlayerPoll 函数的实现代码，如程序清单 14-17 所示。RecordPlayerPoll 函数用于实现录音播放器的轮询任务，根据录音播放器的当前状态执

行不同的命令，该函数与 Recorder.c 文件中的录音机轮询任务函数 RecorderPoll 类似，下面简要介绍该函数。

（1）第 6 至 9 行代码：检测录音播放器是否处于空闲状态或暂停状态，若是则直接返回；否则根据录音播放器的状态执行相应任务。

（2）第 12 至 64 行代码：若为开始播放状态，则校验文件名是否为空，并为音频文件名称及数据缓冲区申请内存，通过 f_open 函数打开音频文件后，显示录音文件名和进度条背景，并将歌曲时长及数据量清零，最后进行复位及设置音量，将变量 s_enumPlayerState 赋值为 RECORD_PLAYER_STATE_PLAY 以进入正在播放状态。

（3）第 67 至 136 行代码：若为正在播放状态，则与播放 MP3 文件类似，检测并完成数据的读取和发送，更新播放进度，当播放完成后，将变量 s_enumPlayerState 赋值为 RECORD_PLAYER_STATE_FINISH 以进入播放完成状态。

（4）第 139 至 151 行代码：若为播放完成状态，则在打印播放结束提示信息后，调用 f_close 函数关闭文件并释放内存，最后将变量 s_enumPlayerState 赋值为 RECORD_PLAYER_STATE_IDLE 以进入空闲状态。

程序清单 14-17

```
1.   void RecordPlayerPoll(void)
2.   {
3.     ...
4.
5.     //空闲状态或暂停状态
6.     if((RECORD_PLAYER_STATE_IDLE == s_enumPlayerState) || (RECORD_PLAYER_STATE_PAUSE ==
       s_enumPlayerState))
7.     {
8.       return;
9.     }
10.
11.    //开始播放
12.    if(RECORD_PLAYER_STATE_START == s_enumPlayerState)
13.    {
14.      printf("RecordPlayerPoll：开始播放录音\r\n");
15.
16.      //校验文件名
17.      if(0 == s_arrNewestRecordName[0])
18.      {
19.        s_enumPlayerState = RECORD_PLAYER_STATE_IDLE;
20.        return;
21.      }
22.
23.      //申请内存
24.      s_pRecordFile = MyMalloc(SRAMIN, sizeof(FIL));
25.      s_pAudioBuf = MyMalloc(SRAMIN, WAV_BUF_SIZE);
26.      if((NULL == s_pRecordFile) && (NULL == s_pAudioBuf))
27.      {
28.  ...
```

```
29.          return;
30.      }
31.
32.      //打开录音文件
33.      result = f_open(s_pRecordFile, (const TCHAR*)s_arrNewestRecordName, FA_OPEN_EXISTING |
FA_READ);
34.      if (result !=   FR_OK)
35.      {
36.  ...
37.          return;
38.      }
39.      else
40.      {
41.          printf("RecordPlayerPoll：播放录音文件：%s\r\n", s_arrNewestRecordName);
42.      }
43.
44.      //显示录音文件名和进度条背景
45.      UpdataText((char*)s_arrNewestRecordName);
46.      BeginShowProgress();
47.
48.      //歌曲时长清零
49.      s_iSongAllTime = 0;
50.
51.      //清空数据量
52.      s_iReadNum = 0;
53.      s_iByteCnt = 0;
54.
55.      //重新开始下一首歌播放
56.      VSHardReset();              //硬复位
57.      VSSoftReset();              //软复位
58.      VSRestartPlay();            //重启播放
59.      VSResetDecodeTime();        //复位解码时间
60.      VSSetVolume(200);           //设置音量
61.
62.      //切换到下一状态
63.      s_enumPlayerState = RECORD_PLAYER_STATE_PLAY;
64.  }
65.
66.  //正在播放
67.  if(RECORD_PLAYER_STATE_PLAY == s_enumPlayerState)
68.  {
69.      //读取新一批数据
70.      if(0 == s_iReadNum)
71.      {
72.          //从文件中读取数据到缓冲区
73.          result = f_read(s_pRecordFile, s_pAudioBuf, WAV_BUF_SIZE, &s_iReadNum);
74.          if (result !=   FR_OK)
75.          {
```

```
76.          printf("RecordPlayerPoll：读取数据失败\r\n");
77.          s_enumPlayerState = RECORD_PLAYER_STATE_FINISH;
78.          return;
79.      }
80.
81.      //清空发送字节计数
82.      s_iByteCnt = 0;
83.  }
84.
85.  //将缓冲区中的数据发送至 VS1053
86.  if(0 == VSSendMusicData(s_pAudioBuf + s_iByteCnt))
87.  {
88.      s_iByteCnt = s_iByteCnt + 32;
89.
90.      //更新 ReadNum
91.      if(s_iReadNum > 32)
92.      {
93.          s_iReadNum = s_iReadNum - 32;
94.      }
95.      else
96.      {
97.          s_iReadNum = 0;
98.      }
99.  }
100. else
101. {
102.     //获得录音时长
103.     if(0 == s_iSongAllTime)
104.     {
105.         //获取 WAV 码率
106.         bitRate = VSGetHeadInfo();
107.
108.         //获取失败
108.         if(0 == bitRate)
110.         {
111.             s_iSongAllTime = 0;
112.         }
113.
114.         //获取成功，计算歌曲总长
115.         else
116.         {
117.             s_iSongAllTime = s_pRecordFile->fsize / (bitRate * 1000 / 8);
118.             printf("RecordPlayerPoll：bitRate: %d, Song time: %d\r\n", bitRate, s_iSongAllTime);
119.         }
120.     }
121.     else
122.     {
123.         //更新显示歌曲进度
```

```
124.        playTime = VSGetDecodeTime();
125.        UpdataProgress(playTime, s_iSongAllTime);
126.      }
127.    }
128.
129.    //判断是否已经发送完成
130.    if((s_pRecordFile->fptr >= s_pRecordFile->fsize) && (0 == s_iReadNum))
131.    {
132.      //切换到下一状态
133.      s_enumPlayerState = RECORD_PLAYER_STATE_FINISH;
134.      printf("RecordPlayerPoll：文件发送完毕\r\n");
135.    }
136.  }
137.
138.  //完成
139.  if(RECORD_PLAYER_STATE_FINISH == s_enumPlayerState)
140.  {
141.    printf("RecordPlayerPoll：播放录音结束\r\n");
142.
143.    //关闭文件
144.    f_close(s_pRecordFile);
145.
146.    //释放内存
147.    MyFree(SRAMIN, s_pRecordFile);
148.    MyFree(SRAMIN, s_pAudioBuf);
149.
150.    //切换到下一状态
151.    s_enumPlayerState = RECORD_PLAYER_STATE_IDLE;
152.  }
153.}
```

在 RecordPlayerPoll 函数实现区后为 SaveRecordName 函数的实现代码，在该函数中，通过将数组 name 中的变量一一赋值到数组 s_arrNewestRecordName 中，实现保存录音文件名称。

在 SaveRecordName 函数实现区后为 StartRecordPlay 函数和 PauseRecordPlay 函数的实现代码，与 Recorder.c 文件控制录音启动、暂停、继续和停止的函数类似，通过对变量 s_enumPlayerState 赋值实现切换录音播放器状态。

在 PauseRecordPlay 函数实现区后为 IsRecordPlayerIdle 函数的实现代码，该函数与 Recorder.c 文件中的 IsRecorderIdle 函数类似，将变量 s_enumPlayerState 是否为 RECORD_PLAYER_STATE_IDLE 的结果返回，来判断录音机是否处于空闲状态。

14.3.3 AudioTop.c 文件

在 AudioTop.c 文件的"包含头文件"区的最后，添加代码#include "Recorder.h"和#include "RecordPlayer.h"。

在 PlayCallback、RecordCallback 和 PauseCallback 函数中分别加入不同的状态切换函数，如程序清单 14-18 所示。

程序清单 14-18

```
1.   static void PlayCallback(void)
2.   {
3.       //切换到播放录音
4.       if(((AUDIO_IDLE == s_enumAudioState) || (AUDIO_RECORD == s_enumAudioState)) && IsRecorderIdle())
5.       {
6.           StartRecordPlay();
7.           s_enumAudioState = AUDIO_PLAY;
8.       }
9.
10.      else if(AUDIO_PLAY == s_enumAudioState)
11.      {
12.          StartRecordPlay();
13.      }
14.  }
15.
16.  static void RecordCallback(void)
17.  {
18.      //切换到录音状态
19.      if(((AUDIO_IDLE == s_enumAudioState) || (AUDIO_PLAY == s_enumAudioState)) && IsRecordPlayerIdle())
20.      {
21.          StartEndRecorder();
22.          s_enumAudioState = AUDIO_RECORD;
23.      }
24.
25.      //结束录音
26.      else if(AUDIO_RECORD == s_enumAudioState);
27.      {
28.          StartEndRecorder();
29.      }
30.  }
31.
32.  static void PauseCallback(void)
33.  {
34.      //播放录音状态
35.      if(AUDIO_PLAY == s_enumAudioState)
36.      {
37.          PauseRecordPlay();
38.      }
39.
40.      //录音状态
41.      else if(AUDIO_RECORD == s_enumAudioState)
42.      {
43.          PauseRecoder();
44.      }
45.  }
```

在 InitAudioTop 函数中添加调用录音机初始化函数 InitRecorder 和录音播放器初始化函数

InitRecordPlayer 的代码。

最后，在音频顶层模块轮询函数 AudioTopTask 中添加调用录音播放轮询任务函数 RecordPlayerPoll 和录音轮询函数 RecorderPoll 的代码，如程序清单 14-19 所示。

程序清单 14-19

```
1.    void AudioTopTask(void)
2.    {
3.       GUITask(); //GUI 任务
4.
5.       //播放录音状态
6.       if(AUDIO_PLAY == s_enumAudioState)
7.       {
8.          RecordPlayerPoll();                //录音播放轮询任务
9.       }
10.
11.      //录音状态
12.      else if(AUDIO_RECORD == s_enumAudioState)
13.      {
14.         RecorderPoll();                    //录音轮询任务
15.      }
16.   }
```

14.3.4　实验结果

将 SD 卡插入开发板，下载程序并进行复位。可以观察到开发板上的 LCD 显示如图 14-3 所示的 GUI 界面。

单击中间的录音按钮，开始录音，GUI 界面如图 14-4 所示，串口助手显示"开始录音"。再次单击录音按钮停止录音，串口助手显示"录音完成"。

此时，单击左侧的播放按钮开始播放录音，GUI 界面如图 14-5 所示，且串口助手显示开始播放录音并打印录音文件的路径、名称和码率等信息。

图 14-3　录音播放实验 GUI 界面　　　图 14-4　开始录音 GUI 界面　　　图 14-5　播放录音 GUI 界面

录音播放结束后，串口助手显示"文件发送完毕"和"播放录音结束"，如图 14-6 所示。

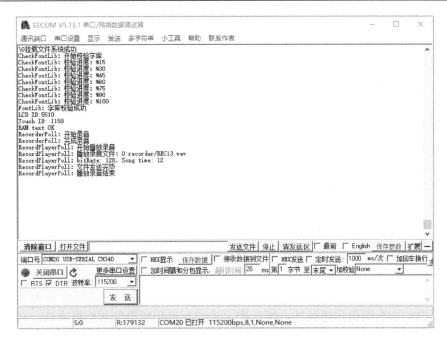

图 14-6 串口助手显示

本 章 任 务

本实验通过咪头录音并将录音文件存储于 SD 卡中，GD32F3 苹果派开发板不仅可以通过咪头录音，还可以通过 LineIn 录音。现尝试在本章实验的基础上，通过 LineIn 录音，并通过按键切换咪头录音和 LineIn 录音。

本 章 习 题

1．Chunk 由哪些部分组成？如何计算 Chunk 占用的空间大小？

2．简述组成 WAV 文件的各个 Chunk 的内容及作用。

3．简述 VS1053b 芯片激活录音的步骤。

第15章 摄像头实验

在各类信息中，图像含有最丰富的信息。摄像头又称为电脑相机、电脑眼、电子眼等，是一种视频输入设备。作为机器视觉领域的核心部件，摄像头被广泛地应用在安防、探险、车牌检测等场合。摄像头采集的图像经过处理，可以在显示器上显示，本章将使用 LCD 进行显示。

15.1 实 验 内 容

本章的主要内容是了解摄像头模块的工作原理，以及配置用于摄像头模块参数的 SCCB 协议，学习 OV7725 图像传感器的内部架构、功能原理和图像参数配置方法，掌握 OV7725 摄像头模块进行图像存储和读取的方法。最后基于 GD32F3 苹果派开发板设计一个摄像头实验，通过 LCD 显示摄像头的拍摄画面，并可以通过 LCD 上的 GUI 按键调整拍摄画面的色度、亮度等参数。

15.2 实 验 原 理

15.2.1 OV7725 简介

摄像头按照输出信号的类型不同，可以分为数字和模拟摄像头；按照传感器的材料构成，又可以分为 CCD 和 CMOS 两种。CCD 的像素是由 MOS 电容组成的，读取电荷信号需要的电压较大。因此，CCD 的取像系统除了所需电源大，外设消耗的功率也大。而 CMOS 取像系统只需要使用一个 3V 或 5V 的单电源，耗电量小，仅为 CCD 的 1/8 至 1/10。

VGA 是 Video Graphics Array 的缩写，是 IBM 在 1987 年推出的一种视频传输标准，具有分辨率高、显示速度快和颜色丰富等优点，因而在彩色显示器领域得到了广泛应用。从分辨率角度来看，VGA 常用于表示 640×480 像素的分辨率，一般用于便携式摄影设备。

OV7725 是 OmniVision 公司生产的 1/4 英寸的 CMOS VGA 图像传感器。该传感器体积小且工作电压低（3.3V），支持使用 VGA 时序输出图像数据。通过 SCCB 总线控制，可以采用整帧、子采样和取窗口的方式，输出各种分辨率下 8bit 或 10bit 的影像数据。该产品的 VGA 图像输出最高可达 60 帧/秒。通过 SCCB 总线可以控制 OV7725 内部寄存器从而实现控制图像显示参数，包括伽马曲线白平衡、亮度、色度等。

15.2.2 摄像头接口电路原理图

GD32F3 苹果派开发板上预留了摄像头模块接口，接口电路原理图如图 15-1 所示。开发板上的 GD32F303ZET6 微控制器的 PB6 和 PB7 引脚分别连接到 OV7725 的 OV_SCL 引脚（时钟引脚）和 OV_SDA 引脚（数据引脚）。OV_SDA 和 OV_SCL 都有 4.7kΩ 的上拉电阻，空闲

状态时为高电平。PF11 引脚连接到 OV7725
的 OV_VSYNC 引脚，为同步信号，PC0～
PC7 引脚分别连接到 AL422B 芯片的
FIFO_D0～FIFO_D7 引脚，PF6 引脚连接到
AL422B 芯片的 FIFO_OE 引脚，为数据输
出使能引脚，PF7 引脚连接到 AL422B 芯片
的 FIFO_WRST 引脚，为写指针复位信号
引脚，PF8 引脚连接到 AL422B 芯片的
FIFO_RRST 引脚，为读指针复位信号引脚，
PF9 引脚连接到 AL422B 芯片的
FIFO_RCLK 引脚，为数据输出同步时钟引
脚。PF10 引脚连接到 AL422B 芯片的
FIFO_WEN 引脚，为写使能信号引脚。

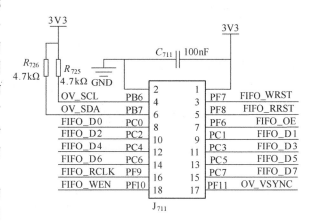

图 15-1　摄像头接口电路原理图

15.2.3　摄像头功能模块

如图 15-2 所示为 OV7725 模块的结构框图，包括通信、控制信号及时钟模块、控制模块、
A/D 转换模块、感光阵列（Image Array）、数字信号处理（DSP）、缩放（Image Scaler）和 SCCB
接口（SCCB Interface）等功能模块。

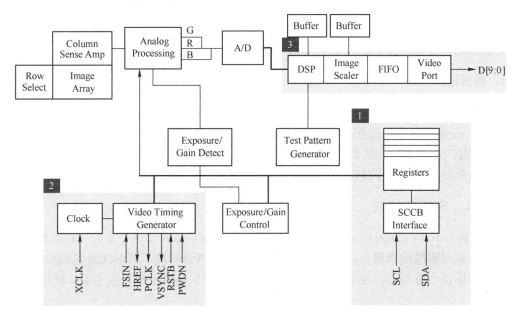

图 15-2　OV7725 模块的结构框图

摄像头的工作流程为：外部景象通过镜头传入，生成光学图像投射到图像传感器上，在
感光矩阵处将光信号转化成电信号，经过模拟信号处理（Analog Processing）及 A/D 转换后
变为数字图像信号，再传入数字信号处理（DSP）芯片中转化为其他硬件可识别的信号，最
后通过 D[9:0]传至其他显示硬件，得到最终显示图像。

下面简要介绍部分模块。

1. 控制模块

OV7725 控制模块根据寄存器配置的参数来运行，而参数则是由外部控制器通过 SCL 和 SDA 引脚写入 SCCB 总线上的。

其中，SCL 为 SCCB 接口时钟，最高频率 400kHz，SDA 为 SCCB 接口串行数据总线。

2. 通信、控制信号及时钟模块

OV7725 通信、控制信号及时钟模块引脚说明如表 15-1 所示。

表 15-1 模块引脚说明

引 脚	名 称	输入/输出	说 明
XCLK	工作时钟	输入	由主控器产生（由外部输入摄像头），常用频率为 24MHz
PCLK	像素时钟	输出	由 XCLK 产生，用于控制器采样图像数据以及设置寄存器的不同频率
HREF	行参考信号	输出	高电平时，像素数据依次传输；传输完一行数据时，输出一个电平跳变信号
VSYNC	场同步信号	输出	高电平时，各行像素数据依次传输；传输完一帧图像时，输出一个电平跳变信号
RSTB	复位信号	输入	低电平有效
PWDN	低功耗模式选择	输入	正常工作期间需拉低

注意，XCLK 用于驱动整个传感器芯片的时钟信号，是外部输入到 OV7725 的信号；而 PCLK 是 OV7725 输出数据时的同步信号，是由 OV7725 输出的信号。XCLK 可以外接晶振或由外部控制器提供，而 PCLK 由 OV7725 输出。

3. 数据输出模块

数据输出模块包含了数字信号处理（DSP）、FIFO（先入先出队列）和图像格式转换单元、压缩单元，该模块会根据控制寄存器的配置做基本的图像处理运算。转换之后的数据通过 D0～D9 输出，通常使用 8 条数据线传输，这里用到了 D0～D7。

注意，此处的 FIFO 为 OV7725 摄像头模块上的独立芯片，型号为 AL422B。

15.2.4 SCCB 协议

SCCB 是 Serial Camera Control Bus 的缩写，是 OmniVision 公司开发的一种总线，并广泛应用于 OV 系列图像传感器上，通常使用 OV 的图像传感器都离不开 SCCB 总线协议。SCCB 协议与 I^2C 协议十分相似，在本实验中可以使用 GD32F3 苹果派开发板上 I^2C 硬件外设来控制。

1. SCCB 简介

摄像头模块的所有配置，都是通过 SCCB 总线来实现的。SCCB 与 I^2C 类似，区别为 I^2C 每传输完 1 字节后，接收数据的一方要发送 1 位确认数据，而 SCCB 一次传输 9 位数据，前 8 位数据为有用数据，第 9 位数据在写周期中无须关注，在读周期中为 NA 位。

SCCB 有两种工作模式，分别为一主多从和一主一从模式。在一主一从模式下，采用 SCL 与 SDA 两条线进行数据传输，而一主多从模式则有 SCL、SDA 和 SCCB_E 三条线，SCCB_E

为控制使能端，用于选中指定的从机进行通信。在本实验的 SCCB 传输中，采用一主一从的工作模式。

2．SCCB 时序分析

SCCB 时序图如图 15-3 所示，外部控制器通过 SCCB 总线传输来对 OV7725 寄存器配置参数，在本章实验中可以直接通过片上 I^2C 外设与 OV7725 通信。SCCB 与标准 I^2C 协议的区别在于 SCCB 每次传输只能写入或读取 1 字节数据，而 I^2C 协议支持突发读写，即在一次传输中可以写入多字节的数据。除此之外，SCCB 的起始信号、终止信号及数据有效性与 I^2C 完全一致。

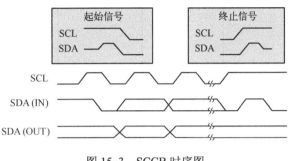

图 15-3　SCCB 时序图

起始信号：在 SCL 为高电平时，SDA 出现一个下降沿，则 SCCB 开始传输。

终止信号：在 SCL 为高电平时，SDA 出现一个上升沿，则 SCCB 停止传输。

数据有效性：除了开始和停止状态，在数据传输过程中，当 SCL 为高电平时，必须保证 SDA 上的数据稳定，即 SDA 上的电平变换只能发生在 SCL 为低电平期间，SDA 信号在 SCL 为高电平时被采集。

3．OV7725 相关寄存器配置

OV7725 摄像头模块的功能和相关参数可通过寄存器配置，下面简要介绍一些常用的寄存器，其他更多寄存器的定义和介绍请参见《OV7725_datasheet》（位于本书配套资料包"09. 参考资料\15.摄像头实验参考资料"文件夹下）第 11～23 页。

（1）ID 设置寄存器

如表 15-2 所示，对于厂商来说，每一款传感器有唯一的 ID 地址，这两个寄存器可以用于读取传感器 ID，以便后面根据不同的传感器做出不同的配置。

表 15-2　ID 传感器寄存器

地　　　址	寄存器名称	默　认　值	读/写	描　　　述
0x0A	PID	0x77	只读	产品 ID 高位（只读）
0x0B	VER	0x21	只读	产品 ID 低位（只读）

如表 15-3 所示为制造商唯一的 ID 地址寄存器。

表 15-3　ID 地址寄存器

地　　　址	寄存器名称	默　认　值	读/写	描　　　述
0x1C	MIDH	0x7F	只读	制造商 ID 高位（只读=0x7F）
0x1D	MIDL	0xA2	只读	制造商 ID 低位（只读）

（2）软复位寄存器

软复位寄存器的定义和描述如表 15-4 所示，上电之后，OV7725 内部所有寄存器会先进行复位。通过该寄存器可以设置 OV7725 的输出格式，如将图像输出格式设置为 QVGA 或

VGA，以及将 RGB 输出格式设置为 RGB565 等。

表 15-4　软复位寄存器的定义和描述

地　址	寄存器名称	默 认 值	读/写	描　述
0x12	COM7	0x00	可读可写	Bit[7]: SCCB 寄存器复位。 0: 没有变化； 1: 将所有寄存器重置为默认值。 Bit[6]: 分辨率选择。 0: VGA; 1: QVGA。 Bit[5:4]: 略。 Bit[3:2]: RGB 输出格式控制。 00: GBR4:2:2; 01: RGB565; 10: RGB555; 11: RGB444。 Bit[1:0]: 输出格式控制。 00: YUV; 01: Processed Bayer RAW; 10: RGB; 11: Bayer RAW

（3）对场和行的设置

在表 15-5 中，HSTART 为行起始控制，HSIZE 为行像素大小，分别用于设置画面的水平起始位置和水平尺寸。VSTRT 为场起始控制，VSIZE 为场像素大小，分别用于设置画面的垂直起始位置和垂直尺寸。在 VGA 和 QVGA 模式下默认值均不相同。

表 15-5　场和行的设置寄存器

地　址	寄存器名称	默 认 值	读/写	描　述
0x17	HSTART	23(VGA) 3F(QVGA)	可读可写	水平帧(HREF 列)始于 8MSBs(2LSBs 在 HREF[5:4])
0x18	HSIZE	A0(VGA) 50(QVGA)	可读可写	水平传感器大小（2 低位 HREF[1:0]）
0x19	VSTRT	07(VGA) 03(QVGA)	可读可写	垂直帧(行)始于 8MSBs(1LSB 在 HREF[6])
0x1A	VSIZE	F0(VGA) 78(QVGA)	可读可写	垂直传感器尺寸(1LSB 在 HREF[2])

如表 15-6 所示，HOutSize 和 VOutSize 用于设置画面的输出尺寸，VGA 格式和 QVGA 格式的输出尺寸不相同。

表 15-6　画面的输出尺寸寄存器

地　址	寄存器名称	默 认 值	读/写	描　述
0x29	HOutSize	A0(VGA) 50(QVGA)	可读可写	水平数据输出大小 MSBs （2 个 LSBs 在 EXHCH 寄存器的[1:0]）
0x2C	VOutSize	F0(VGA) 78(QVGA)	可读可写	垂直数据输出大小 MSBs （2 个 LSBs 在 EXHCH 寄存器的[1:0]）

（4）白平衡设置

如表 15-7 所示，在 COM8 寄存器中，AWB 为自动白平衡跟踪，AGC 为自动增益控制，AEC 为自动曝光控制。该寄存器用于开启或关闭 AWB、AGC 和 AEC。BLUE 寄存器和 RED 寄存器用于控制白平衡中蓝色和红色增益，范围为 00～FF。

白平衡是描述显示器中红、绿、蓝三原色混合后生成白色精确度的一项指标。有时在日光灯的房间里拍摄的影像会显绿，其原因就在于白平衡的设置。一般数码相机的白平衡设置都是自动进行的，然而自动设置的白平衡会在某些场景中削弱颜色，此时需要手动设置白平衡。

表 15-7　白平衡设置寄存器

地　址	寄存器名称	默　认　值	读/写	描　　述
0x13	COM8	0x8F	可读可写	Bit[7]：开启快速 AGC/AEC 算法。 Bit[4:6]：略。 Bit[3]：AEC 开关控制。 Bit[2]：使能 AGC。 Bit[1]：使能 AWB。 Bit[0]：使能 AEC
0x01	BLUE	0x80	可读可写	AWB 蓝色通道增益设置（范围：[00]~[FF]）
0x02	RED	0x80	可读可写	AWB 红色通道增益设置（范围：[00]~[FF]）

（5）色度设置

如表 15-8 所示，通过设置 USAT 和 VSAT 寄存器可以调节 OV7725 的色度（UV）。

颜色是由亮度和色度共同决定的，色度是不包括亮度在内的颜色的性质，反映了颜色的色调和饱和度。在 1960 年，CIE 推出了 CIE-UCS 计色系统，由 Y、U、V 三个量来描述影像的色彩及饱和度，其中，U（蓝色投影）和 V（红色投影）分别代表不同颜色信号。UV 表示色度，UV 值越高，表示该像素颜色越饱和。

表 15-8　色度设置寄存器

地　址	寄存器名称	默　认　值	读/写	描　　述
0xA7	USAT	0x40	可读可写	饱和度 U 分量增益（Gain×0x40）
0xA8	VSAT	0x40	可读可写	饱和度 V 分量增益（Gain×0x40）

（6）亮度设置

如表 15-9 所示为亮度设置寄存器，本章使用 BRIGHT 和 SIGN 这两个寄存器来设置亮度。当 SIGN 的亮度标志位为 1 时，BRIGHT 的值越高，表示亮度越高；当 SIGN 的亮度标志位为 0 时，BRIGHT 的值越高，则表示亮度越低。

表 15-9　亮度设置寄存器

地　址	寄存器名称	默　认　值	读/写	描　　述
0x9B	BRIGHT	0x00	可读可写	亮度控制
0xAB	SIGN	0x06	可读可写	色调和亮度的符号位。 Bit[7:4]：保留。 Bit[3]：亮度标志位。 Bit[2]：保留。 Bit[1]：色调标志位(Cr'equation)。 Bit[0]：色调标志位(Cb'equation)

（7）对比度设置

如表 15-10 所示，CNST 寄存器用于设置对比度，设置值为 Gain 值乘以 0x20。

表 15-10　对比度设置寄存器

地　址	寄存器名称	默　认　值	读/写	描　　述
0x9C	CNST	0x40	可读可写	对比度增益（Gain×0x20）

（8）特效设置

如表 15-11 所示，通过 UFix 和 VFix 两个寄存器设置 U、V 值，其中 0x80 为默认值，当 UFix 寄存器设置值高于 0x80 时，颜色偏蓝。同理，当 VFix 寄存器设置值高于 0x80 时，颜色偏红。根据三原色原理，当 UFix 和 VFix 的值都低于 0X80 时，颜色偏绿。

SDE 寄存器为特效设置寄存器，通过对其 bit3、bit4 的设置，可以禁用 U 和 V 使得画面变为黑白。而 bit6 可以使得画面明暗翻转色彩为原片补色，呈现负片效果。

表 15-11　亮度设置寄存器

地　址	寄存器名称	默 认 值	读/写	描　　述
0xA6	SDE	0x00	可读可写	特效控制。 Bit[7]：保留； Bit[6]：负片使能； Bit[5]：灰度图像使能； Bit[4]：V 固定值使能； Bit[3]：U 固定值使能； Bit[2]：对比/亮度使能； Bit[1]：饱和度使能； Bit[0]：色调使能
0x60	UFix	0x80	可读可写	U 通道定值输出
0x61	VFix	0x80	可读可写	V 通道定值输出

15.2.5　图像的存储和读取

OV7725 的像素时钟（PCLK）最高可达 24MHz，用 GD32F303ZET6 微控制器的 GPIO 直接抓取非常困难且 CPU 占用率高，本章实验通过 FIFO 进行读取。OV7725 摄像头模块自带了一个型号为 AL422B 的 FIFO 芯片，用于暂存图像数据。基于 FIFO 芯片，即可轻松获取图像数据，不需要微控制器具有高速 I/O，对 CPU 的占用率也将大幅降低。

1. FIFO 简介

FIFO 是 First Input First Output 的缩写，即先进先出存储器。作为一种新型大规模集成电路，FIFO 芯片以其灵活、方便和高效的特性，逐渐在高速数据采集、处理、传输及多机处理系统中得到越来越广泛的应用。

FIFO 存储器是一个先入先出的双口缓冲器，其中一个为存储器的输入口，另一个为存储器的输出口，第一个进入的数据将被第一个移出，类似于队列，先排队的先轮到。与普通存储器相比，FIFO 寄存器没有外部读写地址线，应用较为简单，但缺点是只能顺序写入数据，顺序读出数据，其数据地址由内部读写指针自动加 1 来完成，而不能由地址线决定读取或写入某个指定的地址。

FIFO 是系统的缓冲区间，对整个系统来说非常重要。它主要有以下几种功能。

（1）对连续的数据流进行缓存，防止在进机和存储操作时丢失数据。

（2）数据集中起来进行进栈和存储，可避免频繁的总线操作，减轻 CPU 的负担。

（3）允许系统进行 DMA 操作，提高数据的传输速度。这是至关重要的一点，如果不采用 DMA 操作，数据传输将达不到传输要求，而且大大增加 CPU 的负担，无法同时完成数据的存储工作。

本章实验使用的 FIFO 芯片型号为 AL422B，其电路原理图如图 15-4 所示。

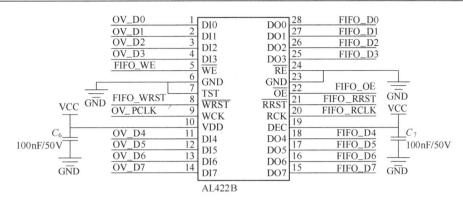

图 15-4　FIFO 电路原理图

AL422B 的引脚功能如表 15-12 所示。

表 15-12　AL422B 引脚功能

引　　脚	引脚功能说明
DI[0:7]	数据输入引脚
DO[0:7]	数据输出引脚
WCK	数据输入同步时钟
$\overline{\text{WE}}$	写使能信号，低电平有效
$\overline{\text{WRST}}$	写指针复位信号，低电平有效
RCK	数据输出同步时钟
$\overline{\text{RE}}$	读使能信号，低电平有效
$\overline{\text{RRST}}$	读指针复位信号，低电平有效
$\overline{\text{OE}}$	数据输出使能，低电平有效
TST	测试引脚，实际使用时设置成低电平

2. 时序分析

摄像头模块中包含 FIFO 芯片，所以外部控制器驱动摄像头时，需要协调好 FIFO 与 OV7725 之间的关系。摄像头引出的接口中包含了 OV7725 传感器及 FIFO 的部分引脚，外部控制器通过这些引脚即可驱动摄像头。

（1）FIFO 写时序

FIFO 写时序如图 15-5 所示，$\overline{\text{WE}}$ 为低电平时，写 FIFO 被使能。在数据输入同步时钟 WCK 驱动下，DI[7:0]表示的数据将会按地址递增的方式存入 FIFO。$\overline{\text{WE}}$ 为高电平时，写 FIFO 被禁止，数据无法写入。将 $\overline{\text{WRST}}$ 设置为低电平时，写指针将复位到 FIFO 的起始地址，然后写指针会从起始地址开始自增并将数据写入 FIFO。

（2）FIFO 读时序

FIFO 读时序如图 15-6 所示。读使能由 $\overline{\text{OE}}$ 和 $\overline{\text{RE}}$ 两个引脚共同控制，当 $\overline{\text{OE}}$ 和 $\overline{\text{RE}}$ 引脚均为低电平时，数据输出处于使能状态。在读时钟 RCK 驱动下，数据输出引脚 DO[7:0]将按地址递增的方式输出数据。与 FIFO 的写时序类似，在控制 FIFO 输出数据时，一般会先控制读指针进行复位操作。将 $\overline{\text{RRST}}$ 设置为低电平时，读指针将复位到 FIFO 的起始地址，然后读指针将从该地址开始自增并从 FIFO 中读出数据。

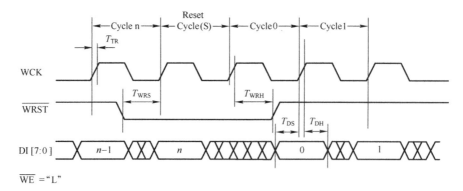

图 15-5 FIFO 写时序

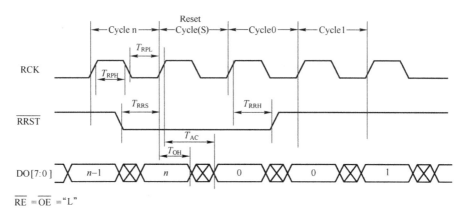

图 15-6 FIFO 读时序

（3）RGB565 输出时序

如图 15-7 所示，OV7725 通过 D[9:2]输出 2 字节的图像数据，First Byte 和 Second Byte 组成一个 16 位的 RGB 数据。时序上，HREF 为高电平时开始传输一行数据，1 个 PCLK 时钟传输 1 字节，传输完一行数据的最后 1 字节（Last Byte）后 HREF 变为低电平。

① PCLK 为像素时钟，一个 PCLK 时钟输出一个像素。

② HREF 为行同步信号。

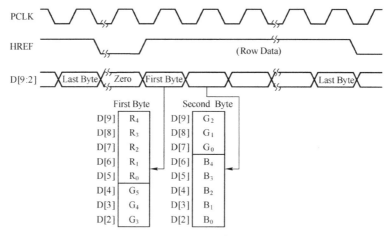

图 15-7 RGB565 输出时序

（4）OV7725 帧时序

OV7725 帧时序如图 15-8 所示，1 个 HREF 周期由 $640t_p$ 高电平和 $144t_p$ 低电平组成。对于 YUV/RGB 模式，$t_p=2\times t_{PCLK}$，即一个 t_{PCLK} 对应传输 1 字节（RGB565 格式传输一行数据的时间 $T=640\times2\times t_{PCLK}$）。其中 $144t_p$ 为传输一行数据的间隔时间。当传输了 480 个 HREF 周期（$480\times t_{LINE}$）时，即完成了一个 VSYNC（帧）数据传输。因此，可通过 VSYNC 上升沿来判断一帧图像数据传输完成。

① VSYNC：帧同步信号，低电平有效。

② PCLK：像素时钟，一个 PCLK 时钟输出一个像素。

③ HSYNC/HREF：行开始指示信号，用来表示新的一行开始输出。图 15-8 中 HSYNC 与 HREF 为同一引脚产生的信号，区别为电平表现不同。不同场合使用不同的信号方式，本章实验使用 HREF。

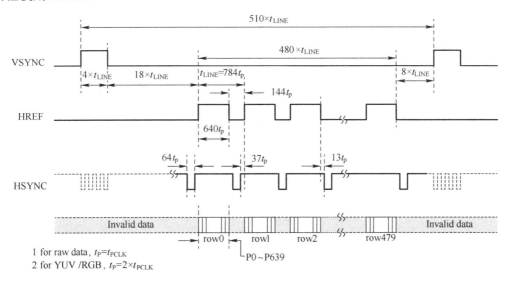

图 15-8　OV7725 帧时序

3．图像的存储和读取

摄像头模块将一帧图像数据存储在 FIFO 中（AL422B）的过程为：等待 OV7725 帧同步信号→FIFO 写指针复位→FIFO 写使能→等待第二个 OV7725 帧同步信号→FIFO 写禁止。

当存储完一帧图像后，即可开始读取图像数据。读取过程为：FIFO 读指针复位→给 FIFO 读时钟（FIFO_RCLK）→读取第一个像素高字节→给 FIFO 读时钟→读取第一个像素低字节→给 FIFO 读时钟→读取第二个像素高字节→循环读取剩余像素→结束。

将读取的数据写入 LCD 模块，即可看到摄像头拍摄到的画面。

注意：（1）FIFO 写禁止操作不是必需的，只有将一帧图像数据存储在 FIFO 中，并在外部 MCU 读取完这帧图片数据之前，不再采集新的图片数据时，才需要进行 FIFO 写禁止。

（2）摄像头模块自带的 FIFO 芯片（AL422B）容量为 384KB，足够存储 2 帧 QVGA 格式的图像数据，但是不够存储 1 帧 VGA 格式图像数据，若使用 VGA 全屏分辨率输出，则必须在 FIFO 写满之前开始读 FIFO 数据，保证数据不被覆盖。

（3）VGA 是分辨率为 640×480 的输出模式；QVGA 是分辨率为 320×240 的输出模式；

QQVGA 是分辨率为 160×120 的输出模式。QVGA 模式可视范围广，但拍摄近物的清晰度较低，VGA 模式可视范围小，但拍摄近物清晰度高。本章实验采用 QVGA 模式，RGB 输出格式为 RGB565。

15.3 实验代码解析

15.3.1 OV7725 文件对

1. OV7725.h 文件

在 OV7725.h 文件的"宏定义"区，定义 2 个常量，如程序清单 15-1 所示，分别为厂家 ID 和芯片 ID。

程序清单 15-1

```
#define OV7725_MID    0x7FA2
#define OV7725_PID    0x7721
```

在"API 函数声明"区声明 7 个 API 函数，如程序清单 15-2 所示，分别为初始化函数 InitOV7725，白平衡、色度、亮度、对比度设置函数 OV7725LightMode、OV7725ColorSaturation、OV7725Brightness、OV7725Contrast，以及设置图像输出窗口的 OV7725WindowSet 函数和用于将摄像头的图像显示到 LCD 上的函数 DisplayOVImage。

程序清单 15-2

```
1.   u8     InitOV7725(void);                                    //初始化 OV7725
2.   void OV7725LightMode(u8 mode);                             //OV7725 白平衡设置
3.   void OV7725ColorSaturation(i8 sat);                        //OV7725 色度设置
4.   void OV7725Brightness(i8 bright);                          //OV7725 亮度设置
5.   void OV7725Contrast(i8 contrast);                          //OV7725 对比度设置
6.   void OV7725WindowSet(u16 width, u16 height, u8 mode);      //OV7725 设置图像输出窗口
7.   u8     DisplayOVImage(u32 x0, u32 y0, u32 width, u32 height);  //摄像头图像显示到 LCD 上
```

2. OV7725.c 文件

在 OV7725.c 文件的"宏定义"区，定义了 11 个函数，如程序清单 15-3 所示，分别为 RCLK 控制、WEN 控制、WRST 控制、RRST 控制、OE 控制及数据输出端口。

程序清单 15-3

```
1.   //RCLK 控制，输出同步时钟信号
2.   #define CLR_FIFO_RCLK() gpio_bit_reset(GPIOF, GPIO_PIN_9)
3.   #define SET_FIFO_RCLK() gpio_bit_set(GPIOF, GPIO_PIN_9)
4.
5.   //WEN 控制，写使能信号，高电平有效
6.   #define CLR_FIFO_WEN() gpio_bit_reset(GPIOF, GPIO_PIN_10)
```

```
7.   #define SET_FIFO_WEN() gpio_bit_set(GPIOF, GPIO_PIN_10)
8.
9.   //WRST 控制，写指针复位信号，低电平有效
10.  #define CLR_FIFO_WRST() gpio_bit_reset(GPIOF, GPIO_PIN_7)
11.  #define SET_FIFO_WRST() gpio_bit_set(GPIOF, GPIO_PIN_7)
12.
13.  //RRST 控制，读指针复位信号，低电平有效
14.  #define CLR_FIFO_RRST() gpio_bit_reset(GPIOF, GPIO_PIN_8)
15.  #define SET_FIFO_RRST() gpio_bit_set(GPIOF, GPIO_PIN_8)
16.
17.  //OE 控制，数据输出使能，低电平有效
18.  #define CLR_FIFO_OE() gpio_bit_reset(GPIOF, GPIO_PIN_6)
19.  #define SET_FIFO_OE() gpio_bit_set(GPIOF, GPIO_PIN_6)
20.
21.  //数据输入端口
22.  #define OV7725_DATA    (u8)(gpio_input_port_get(GPIOC)&0x00FF)
```

在"枚举结构体"区声明了 FIFO 状态机结构体，并在"内部变量定义"区定义了一个
FIFO 结构体，如程序清单 15-4 所示。

程序清单 15-4

```
1.   //FIFO 状态机
2.   typedef enum
3.   {
4.     FIFO_EMPTY,                //FIFO 为空，表示尚未开始接收图像数据
5.     FIFO_LOAD,                 //FIFO 正在装载数据
6.     FIFO_READY,                //数据状态完成，此时可以读出图像数据
7.   }EnumFIFOState;
8.
9.   //FIFO 状态机
10.  static EnumFIFOState s_enumFIFOState = FIFO_EMPTY;
```

在"API 函数实现"区，首先实现了 InitOV7725 函数，如程序清单 15-5 所示，下面按
照顺序解释说明 InitOV7725 函数中的语句。

（1）第 6 至 18 行代码：本实验用到的 GPIO 有 PC0～PC7（D0～D7）、PF6（OE）、PF7
（WRST）、PF8（RRST）、PF9（RCLK）、PF10（WEN）和 PF11（VSYNC），需要通过
rcu_periph_clock_enable 函数使能 GPIOC 和 GPIOF 时钟并对所用 GPIO 进行配置。

（2）第 20 至 25 行代码：VSYNC 为帧同步信号，低电平有效。将 PF11 引脚配置为外部
中断输入，上升沿触发。

（3）第 37 至 53 行代码：读厂家 ID 及芯片 ID，判断是否符合设定的 ID。

（4）第 55 至 67 行代码：初始化 OV7725，采用 QVGA 分辨率（320×240）。最后使能 FIFO，
并标记 FIFO 为空。

程序清单 15-5

```
1.   u8 InitOV7725(void)
2.   {
```

```
3.    u16 i = 0;
4.    u16 reg = 0;
5.
6.    //配置 GPIO
7.    rcu_periph_clock_enable(RCU_GPIOF);          //使能 GPIOF 的时钟
8.    rcu_periph_clock_enable(RCU_GPIOC);          //使能 GPIOC 的时钟
9.    gpio_init(GPIOF, GPIO_MODE_OUT_PP, GPIO_OSPEED_50MHZ, GPIO_PIN_7 );       //WRST
10.   gpio_init(GPIOF, GPIO_MODE_OUT_PP, GPIO_OSPEED_50MHZ, GPIO_PIN_10);       //WEN
11.   gpio_init(GPIOF, GPIO_MODE_OUT_PP, GPIO_OSPEED_50MHZ, GPIO_PIN_6 );       //OE
12.   gpio_init(GPIOF, GPIO_MODE_OUT_PP, GPIO_OSPEED_50MHZ, GPIO_PIN_8 );       //RRST
13.   gpio_init(GPIOF, GPIO_MODE_OUT_PP, GPIO_OSPEED_50MHZ, GPIO_PIN_9 );       //RCLK
14.   gpio_init(GPIOF, GPIO_MODE_IPU, GPIO_OSPEED_50MHZ, GPIO_PIN_11);          //VSYNC
15.   gpio_init(GPIOC, GPIO_MODE_IPU, GPIO_OSPEED_50MHZ, GPIO_PIN_0 );          //D0
16.   gpio_init(GPIOC, GPIO_MODE_IPU, GPIO_OSPEED_50MHZ, GPIO_PIN_1 );          //D1
17.   ……
18.   gpio_init(GPIOC, GPIO_MODE_IPU, GPIO_OSPEED_50MHZ, GPIO_PIN_7 ); //D7
19.
20.   //VSYNC 外部中断初始化
21.   rcu_periph_clock_enable(RCU_AF);                              //使能复用的时钟
22.   gpio_exti_source_select(GPIO_PORT_SOURCE_GPIOF, GPIO_PIN_SOURCE_11);   //PF11 作为外部
                                                                              中断输入
23.   exti_init(EXTI_11, EXTI_INTERRUPT, EXTI_TRIG_RISING);          //以中断方式, 上升沿触发
24.   nvic_irq_enable(EXTI10_15_IRQn, 2U, 0U);                       //NVIC 使能
25.   exti_interrupt_flag_clear(EXTI_11);                            //清除中断标志位
26.
27.   //初始化 SCCB 接口
28.   InitSCCB();
29.
30.   //软复位 OV7725
31.   if(SCCBWriteReg(0x12,0x80))
32.   {
33.       return 1;
34.   }
35.   DelayNms(50);
36.
37.   //读厂家 ID
38.   reg = SCCBReadReg(0x1C);
39.   reg <<= 8;
40.   reg |= SCCBReadReg(0x1D);
41.   printf("MID:0x%X\r\n", reg);
42.   if(reg != OV7725_MID)
43.   {
44.       return 1;
45.   }
46.   reg = SCCBReadReg(0x0A);
47.   reg <<= 8;
48.   reg |= SCCBReadReg(0x0B);
49.   printf("HID:0x%X\r\n", reg);
```

```
50.    if(reg!=OV7725_PID)
51.    {
52.        return 2;
53.    }
54.
55.    for(i = 0; i < sizeof(ov7725_init_reg_tb1) / sizeof(ov7725_init_reg_tb1[0]); i++)
56.    {
57.        SCCBWriteReg(ov7725_init_reg_tb1[i][0], ov7725_init_reg_tb1[i][1]);
58.    }
59.
60.    //FIFO 输出使能
61.    CLR_FIFO_OE();
62.
63.    //标记 FIFO 为空
64.    s_enumFIFOState = FIFO_EMPTY;
65.
66.    return 0;
67. }
```

在 InitOV7725 函数实现区后为白平衡设置 OV7725LightMode、色度设置 OV7725ColorSaturation、亮度设置 OV7725Brightness、对比度设置 OV7725Contrast 函数的实现代码。OV7725LightMode 函数通过配置 COM8 寄存器对 OV7725 的白平衡进行控制，如程序清单 15-6 所示。下面按照顺序解释说明 OV7725LightMode 函数中的语句。

（1）第 1 行代码：该函数有一个输入参数 mode，根据 mode 的值设置白平衡。

（2）第 2 至 49 行代码：通过 switch 语句判断 mode 的值，从而决定配置拍摄模式为自动模式、晴天模式、多云模式、办公室模式、家里模式还是夜晚模式。

程序清单 15-6

```
1.  void OV7725LightMode(u8 mode)
2.  {
3.    switch(mode)
4.    {
5.      case 0:                                    //Auto，自动模式
6.        SCCBWriteReg(0x13, 0xff);                //AWB on
7.        SCCBWriteReg(0x0e, 0x65);
8.        SCCBWriteReg(0x2d, 0x00);
9.        SCCBWriteReg(0x2e, 0x00);
10.       break;
11.     case 1:                                    //sunny，晴天
12.       SCCBWriteReg(0x13, 0xfd);                //AWB off
13.       SCCBWriteReg(0x01, 0x5a);
14.       SCCBWriteReg(0x02, 0x5c);
15.       SCCBWriteReg(0x0e, 0x65);
16.       SCCBWriteReg(0x2d, 0x00);
17.       SCCBWriteReg(0x2e, 0x00);
18.       break;
```

```
19.    case 2:                                          //cloudy，多云
20.        SCCBWriteReg(0x13, 0xfd);                     //AWB off
21.        SCCBWriteReg(0x01, 0x58);
22.        SCCBWriteReg(0x02, 0x60);
23.        SCCBWriteReg(0x0e, 0x65);
24.        SCCBWriteReg(0x2d, 0x00);
25.        SCCBWriteReg(0x2e, 0x00);
26.        break;
27.    case 3:                                          //office，办公室
28.        SCCBWriteReg(0x13, 0xfd);                     //AWB off
29.        SCCBWriteReg(0x01, 0x84);
30.        SCCBWriteReg(0x02, 0x4c);
31.        SCCBWriteReg(0x0e, 0x65);
32.        SCCBWriteReg(0x2d, 0x00);
33.        SCCBWriteReg(0x2e, 0x00);
34.        break;
35.    case 4:                                          //home，家里
36.        SCCBWriteReg(0x13, 0xfd);                     //AWB off
37.        SCCBWriteReg(0x01, 0x96);
38.        SCCBWriteReg(0x02, 0x40);
39.        SCCBWriteReg(0x0e, 0x65);
40.        SCCBWriteReg(0x2d, 0x00);
41.        SCCBWriteReg(0x2e, 0x00);
42.        break;
43.
44.    case 5:                                          //night，夜晚
45.        SCCBWriteReg(0x13, 0xff);                     //AWB on
46.        SCCBWriteReg(0x0e, 0xe5);
47.        break;
48.    }
49. }
```

在 OV7725LightMode 实现区之后为 OV7725ColorSaturation 色度设置函数的实现代码，如程序清单 15-7 所示。色度的设置有 8 个级别，根据 SCCB 协议中对色度寄存器的分析可知，色度设置寄存器的值需要在大于 0 的基础上乘以 0x04，因此 sat 要加上 4 以保证大于 0，再左移 4 位（乘以 0x04）。

程序清单 15-7

```
1.    void OV7725ColorSaturation(i8 sat)
2.    {
3.        if((sat >= -4) && (sat <= 4))
4.        {
5.            SCCBWriteReg(USAT, (sat + 4) << 4);
6.            SCCBWriteReg(VSAT, (sat + 4) << 4);
7.        }
8.    }
```

在 OV7725ColorSaturation 实现区后为 OV7725SpecialEffects 函数的实现代码，该函数用于设置图像特效，可选特效有负片、黑白、偏红色、偏绿色、偏蓝色和复古，该函数暂为空，尝试在本章任务中完善该函数。在 OV7725SpecialEffects 函数实现区后为图像输出窗口设置函数 OV7725WindowSet 的实现代码，如程序清单 15-8 所示。下面按照顺序解释说明 OV7725WindowSet 函数中的语句。

（1）第 1 行代码：3 个输入参数 width、height、mode，分别代表输出图像宽度、输出图像高度和 QVGA/VGA 输出模式。

（2）第 6 至 31 行代码：通过 mode 的值，判断使用 VGA 还是 QVGA 模式，再根据模式设置输出窗口的尺寸和起始位置。

（3）第 33 至 52 行代码：根据输入参数指定的图像宽度、高度及计算所得的画面起始位置设置图像输出窗口。

程序清单 15-8

```
1.    void OV7725WindowSet(u16 width, u16 height, u8 mode)
2.    {
3.       u8 raw,temp;
4.       u16 sx,sy;
5.
6.       if(mode)
7.       {
8.          sx = (640 - width) / 2;
9.          sy = (480 - height) / 2;
10.         SCCBWriteReg(COM7, 0x06);              //设置为 VGA 模式
11.         SCCBWriteReg(HSTART, 0x23);            //水平起始位置
12.         SCCBWriteReg(HSIZE, 0xA0);             //水平尺寸
13.         SCCBWriteReg(VSTRT, 0x07);             //垂直起始位置
14.         SCCBWriteReg(VSIZE, 0xF0);             //垂直尺寸
15.         SCCBWriteReg(HREF, 0x00);
16.         SCCBWriteReg(HOutSize, 0xA0);          //输出尺寸
17.         SCCBWriteReg(VOutSize, 0xF0);          //输出尺寸
18.      }
19.      else
20.      {
21.         sx = (320 - width) / 2;
22.         sy = (240 - height) / 2;
23.         SCCBWriteReg(COM7, 0x46);              /设置为 QVGA 模式
24.         SCCBWriteReg(HSTART, 0x3f);            //水平起始位置
25.         SCCBWriteReg(HSIZE, 0x50);             //水平尺寸
26.         SCCBWriteReg(VSTRT, 0x03);             //垂直起始位置
27.         SCCBWriteReg(VSIZE, 0x78);             //垂直尺寸
28.         SCCBWriteReg(HREF,   0x00);
29.         SCCBWriteReg(HOutSize,0x50);           //输出尺寸
30.         SCCBWriteReg(VOutSize,0x78);           //输出尺寸
31.      }
32.
33.      raw = SCCBReadReg(HSTART);
```

```
34.     temp = raw + (sx >> 2);                                    //sx 高 8 位存放在 HSTART，低 2 位存放在 HREF[5:4]
35.     SCCBWriteReg(HSTART, temp);
36.     SCCBWriteReg(HSIZE, width >> 2);                            //width 高 8 位存放在 HSIZE，低 2 位存放在 HREF[1:0]
37.
38.     raw = SCCBReadReg(VSTRT);
39.     temp = raw + (sy >> 1);                                    //sy 高 8 位存放在 VSTRT，低 1 位存放在 HREF[6]
40.     SCCBWriteReg(VSTRT, temp);
41.     SCCBWriteReg(VSIZE, height >> 1);                          //height 高 8 位存放在 VSIZE，低 1 位存放在 HREF[2]
42.
43.     raw = SCCBReadReg(HREF);
44.     temp = ((sy & 0x01) << 6) | ((sx & 0x03) << 4) | ((height & 0x01) << 2) | (width & 0x03) | raw;
45.     SCCBWriteReg(HREF, temp);
46.
47.     SCCBWriteReg(HOutSize, width >> 2);
48.     SCCBWriteReg(VOutSize, height >> 1);
49.
50.     SCCBReadReg(EXHCH);
51.     temp = (raw | (width & 0x03) | ((height & 0x01) << 2));
52.     SCCBWriteReg(EXHCH, temp);
53.  }
```

在 OV7725WindowSet 函数实现区后为外部中断服务函数 EXTI10_15_IRQHandler 的实现代码，如程序清单 15-9 所示。已知 FIFO 写数据的步骤为：等待 OV7725 帧同步信号→FIFO 写指针复位→FIFO 写使能→等待第二个 OV7725 帧同步信号→FIFO 写禁止。下面按照顺序解释说明 EXTI10_15_IRQHandler 函数中的语句。

（1）第 4 行代码：判断是否为 EXTI11 线的中断。

（2）第 6 至 18 行代码：如果 FIFO 为空，则将 FIFO 写指针复位，然后使能写 FIFO 并标记 FIFO 装载完成。如果 FIFO 装载完成，禁止写 FIFO 并标记数据图像已准备好。

（3）第 21 行代码：清除中断标志。

程序清单 15-9

```
1.   void EXTI10_15_IRQHandler(void)
2.   {
3.     //是 11 线的中断
4.     if(exti_interrupt_flag_get(EXTI_11) == SET)
5.     {
6.       if(FIFO_EMPTY == s_enumFIFOState)
7.       {
8.         CLR_FIFO_WRST();
9.         SET_FIFO_WEN();
10.        SET_FIFO_WRST();
11.        s_enumFIFOState = FIFO_LOAD;
12.      }
13.
14.      else if(FIFO_LOAD == s_enumFIFOState)
15.      {
```

```
16.        CLR_FIFO_WEN();
17.        s_enumFIFOState = FIFO_READY;
18.    }
19.
20.    //清除 EXTI11 线路挂起位
21.    exti_interrupt_flag_clear(EXTI_11);
22.    }
23. }
```

在 EXTI10_15_IRQHandler 函数实现区后为 DisplayOVImage 函数的实现代码，如程序清单 15-10 所示。该函数用于将摄像头图像显示到 LCD 屏，下面按照顺序解释说明 DisplayOVImage 函数中的语句。该函数有 4 个参数，其中 x0、y0 为窗口起始坐标，width、height 为窗口宽度和高度，必须大于 0。

（1）第 7 行代码：通过 if 语句判断 FIFO 中的数据是否已准备好。如果准备好，则开始 LCD 自动扫描、设置显示区域并写入 GRAM；否则返回 0，并等待数据准备好。

（2）第 19 至 40 行代码：已知 FIFO 的读时序过程为：先将 FIFO 读指针复位，给 FIFO 读时钟信号（FIFO_RCLK），然后通过 for 语句循环读取并将读出的数据更新到屏幕上。过程为先读取第一个像素高字节，给 FIFO 读时钟信号，然后读取一个像素低字节，再给 FIFO 读时钟信号，最后将 FIFO 中读出的数据更新到屏幕上。

（3）第 45 行代码：数据已处理，标记 FIFO 中数据为空。

程序清单 15-10

```
1.  u8 DisplayOVImage(u32 x0, u32 y0, u32 width, u32 height)
2.  {
3.      u32 i, j;
4.      u16 color;
5.
6.      //FIFO 中的数据已准备好
7.      if(FIFO_READY == s_enumFIFOState)
8.      {
9.          //从上到下，从左到右
10.         LCDScanDir(U2D_L2R);
11.
12.         //设置显示区域
13.         LCDSetWindow(y0, x0, height, width);
14.
15.         //开始写入 GRAM
16.         LCDSendWriteGramCMD();
17.
18.         //复位读指针
19.         CLR_FIFO_RRST();
20.         CLR_FIFO_RCLK();
21.         SET_FIFO_RCLK();
22.         CLR_FIFO_RCLK();
23.         SET_FIFO_RRST();
24.         SET_FIFO_RCLK();
```

```
25.
26.      //从 FIFO 中读出数据更新到屏幕上
27.      for(i = 0; i < height; i++)
28.      {
29.        for(j = 0; j < width; j++)
30.        {
31.          CLR_FIFO_RCLK();
32.          color = OV7725_DATA;
33.          SET_FIFO_RCLK();
34.          color <<= 8;
35.          CLR_FIFO_RCLK();
36.          color |= OV7725_DATA;
37.          SET_FIFO_RCLK();
38.          LCD->data = color;
39.        }
40.      }
41.
42.      //恢复默认扫描方向
43.      LCDScanDir(DFT_SCAN_DIR);
44.
45.      s_enumFIFOState = FIFO_EMPTY;
46.
47.      return 0;
48.    }
49.    else
50.    {
51.      return 1;
52.    }
53.  }
```

15.3.2　Camera 文件对

1．Camera.h 文件

在 Camera.h 文件的"API 函数声明"区，声明了 2 个 API 函数，如程序清单 15-11 所示，InitCamera 函数用于初始化摄像头模块，CameraTask 函数用于执行摄像头模块任务。

程序清单 15-11

```
1.  #ifndef _CAMERA_H_
2.  #define _CAMERA_H_
3.
4.  #include "DataType.h"
5.
6.  void InitCamera(void);                //初始化摄像头模块
7.  void CameraTask(void);                //摄像头模块任务
8.
9.  #endif
```

2．Camera.c 文件

在 Camera.c 文件的"宏定义"区，定义了两个常量，如程序清单 15-12 所示。注意，由于 OV7725 传感器安装方式的缘故，OV7725_WINDOW_WIDTH 相当于图像在 LCD 上的高度，OV7725_WINDOW_HEIGHT 相当于图像在 LCD 上的宽度。

程序清单 15-12

```
#define  OV7725_WINDOW_HEIGHT 240 // <=240
#define  OV7725_WINDOW_WIDTH   320 // <=320
```

在"内部变量定义"区，定义了 7 个变量，如程序清单 15-13 所示，分别为 GUI 设备结构体变量 s_structGUIDev，字符串转换缓冲区变量 s_arrStringBuf[64]，光照模式变量 s_arrLmodeTable，其余 4 个变量为摄像头参数变量：白平衡变量 s_iLightMode，色度变量 s_iColorSaturation，亮度变量 s_iBrightness 和对比度变量 s_iContrast。

程序清单 15-13

```
1.   static StructGUIDev s_structGUIDev;              //GUI 设备结构体
2.   static char s_arrStringBuf[64];                  //字符串转换缓冲区
3.
4.   //6 种光照模式（白平衡）
5.   const char* s_arrLmodeTable[6] = {"自动", "晴天", "多云", "办公室", "家里", "夜晚"};
6.
7.   //摄像头参数
8.   static i32 s_iLightMode = 0;                     //白平衡（0~5）
9.   static i32 s_iColorSaturation = 0;              //色度（-4~+4）
10.  static i32 s_iBrightness = 0;                    //亮度（-4~+4）
11.  static i32 s_iContrast = 0;                      //对比度（-4~+4）
```

在"内部函数声明"区，声明了 3 个内部函数，如程序清单 15-14 所示，分别为前一项按钮回调函数 PreviouCallback，下一项按钮回调函数 NextCallback，单选切换按钮回调函数 RadioChangeCallback。

程序清单 15-14

```
static void PreviouCallback(EnumGUIRadio item);        //前一项按钮回调函数
static void NextCallback(EnumGUIRadio item);           //下一项按钮回调函数
static void RadioChangeCallback(EnumGUIRadio item);    //单选切换按钮回调函数
```

在"内部函数实现"区，为前一项按钮回调函数 PreviouCallback 的实现代码，如程序清单 15-15 所示，下面按照顺序解释说明 PreviouCallback 函数中的语句。NextCallback 函数及 RadioChangeCallback 函数类似，请对照分析。下面以色度调节为例进行说明。

（1）第 4 行代码：通过 if 语句判断是否进行色度调节。

（2）第 6 至 13 行代码：如果色度变量大于-4，则将色度变量值减 1；否则色度变量加 4。

（3）第 14 至 16 行代码：将参数信息写入缓冲区，显示信息，最后调用 OV7725 的色度设置函数更新设置。

程序清单 15-15

```
1.   static void PreviouCallback(EnumGUIRadio item)
2.   {
3.       //色度调节
4.       if(GUI_RADIO_COLOR == item)
5.       {
6.           if(s_iColorSaturation > -4)
7.           {
8.               s_iColorSaturation = s_iColorSaturation - 1;
9.           }
10.          else
11.          {
12.              s_iColorSaturation = +4;
13.          }
14.          sprintf(s_arrStringBuf, "色度：%+d", s_iColorSaturation);
15.          s_structGUIDev.showInfo(s_arrStringBuf);
16.          OV7725ColorSaturation(s_iColorSaturation);
17.      }
18.
19.      //亮度调节
20.      else if(GUI_RADIO_LIGHT == item)
21.      {
22.          if(s_iBrightness > -4)
23.          {
24.              s_iBrightness = s_iBrightness - 1;
25.          }
26.          else
27.          {
28.              s_iBrightness = +4;
29.          }
30.          sprintf(s_arrStringBuf, "亮度：%+d", s_iBrightness);
31.          s_structGUIDev.showInfo(s_arrStringBuf);
32.          OV7725Brightness(s_iBrightness);
33.      }
34.
35.      //对比度调节
36.      else if(GUI_RADIO_CONTRAST == item)
37.      {
38.          if(s_iContrast > -4)
39.          {
40.              s_iContrast = s_iContrast - 1;
41.          }
42.          else
43.          {
44.              s_iContrast = +4;
45.          }
```

```
46.      sprintf(s_arrStringBuf, "对比度：%+d", s_iContrast);
47.      s_structGUIDev.showInfo(s_arrStringBuf);
48.      OV7725Contrast(s_iContrast);
49.    }
50.
51.    //白平衡调节
52.    else if(GUI_RADIO_WB == item)
53.    {
54.      if(s_iLightMode > 0)
55.      {
56.        s_iLightMode = s_iLightMode - 1;
57.      }
58.      else
59.      {
60.        s_iLightMode = 5;
61.      }
62.      sprintf(s_arrStringBuf, "白平衡：%s", s_arrLmodeTable[s_iLightMode]);
63.      s_structGUIDev.showInfo(s_arrStringBuf);
64.      OV7725LightMode(s_iLightMode);
65.    }
66.  }
```

在"API 函数实现"区，首先实现了 InitCamera 函数，如程序清单 15-16 所示。该函数用于初始化摄像头模块，下面按照顺序解释说明 InitCamera 函数中的语句。

（1）第 4 至 23 行代码：初始化摄像头参数，然后开始初始化摄像头。如果摄像头未初始化成功，则在 LCD 上输出错误提示信息。

（2）第 26 至 32 行代码：设置回调函数，然后初始化 GUI。

程序清单 15-16

```
1.   void InitCamera(void)
2.   {
3.     //初始化摄像头参数
4.     s_iLightMode = 0;
5.     s_iColorSaturation = 0;
6.     s_iBrightness = 0;
7.     s_iContrast = 0;
8.
9.     //初始化摄像头
10.    if(InitOV7725() == 0)
11.    {
12.      DelayNms(50);
13.      OV7725LightMode(s_iLightMode);
14.      OV7725ColorSaturation(s_iColorSaturation);
15.      OV7725Brightness(s_iBrightness);
16.      OV7725Contrast(s_iContrast);
17.      OV7725WindowSet(OV7725_WINDOW_WIDTH, OV7725_WINDOW_HEIGHT, 0);
18.    }
```

```
19.        else
20.        {
21.            LCDShowString(30, 210, 200, 16, 16,"OV7725 Error!!");
22.            while(1);
23.        }
24.
25.        //设置回调函数
26.        s_structGUIDev.previousCallback    = PreviouCallback;
27.        s_structGUIDev.nextCallback         = NextCallback;
28.        s_structGUIDev.radioChangeCallback = RadioChangeCallback;
29.        s_structGUIDev.takePhotoCallback    = NULL;
30.
31.        //初始化 GUI
32.        InitGUI(&s_structGUIDev);
33.    }
```

在 InitCamera 函数实现区后为 CameraTask 函数的实现代码，如程序清单 15-17 所示，分别调用 GUI 任务函数及摄像头显示函数执行摄像头模块任务。

程序清单 15-17

```
1.    void CameraTask(void)
2.    {
3.        //GUI 任务
4.        GUITask();
5.
6.        //显示摄像头图像
7.        DisplayOVImage(116, 195, OV7725_WINDOW_HEIGHT, OV7725_WINDOW_WIDTH);
8.    }
```

15.3.3 SCCB 文件对

1. SCCB.h 文件

在 SCCB.h 文件的"宏定义"区定义一个常量，即 OV7725 的 ID 常量，如程序清单 15-18 所示。OV7725 作为从机，ID 为 0x42 时用于写，ID 为 0x43 时用于读。

程序清单 15-18

```
#define SCCB_ID    0x42
```

在"API 函数声明"区声明 3 个函数，分别为初始化 SCC 接口函数 InitSCCB，写寄存器函数 SCCBWriteReg，读寄存器函数 SCCBReadReg，如程序清单 15-19 所示。

程序清单 15-19

```
void InitSCCB(void);                          //初始化 SCCB 接口
u8    SCCBWriteReg(u8 reg,u8 data);           //写寄存器
u8    SCCBReadReg(u8 reg);                     //读寄存器
```

2．SCCB.c 文件

在 SCCB.c 文件的"宏定义"区定义 7 个函数，如程序清单 15-20 所示。

程序清单 15-20

```
1.   //SDA 端口方向配置
2.   #define  SCCB_SDA_IN()   gpio_init(GPIOB, GPIO_MODE_IN_FLOATING, GPIO_OSPEED_50MHZ,
GPIO_PIN_7)
3.   #define   SCCB_SDA_OUT()  gpio_init(GPIOB,   GPIO_MODE_OUT_OD,   GPIO_OSPEED_50MHZ,
GPIO_PIN_7)
4.
5.   //SDA 信号线控制
6.   #define CLR_SCCB_SDA() gpio_bit_reset(GPIOB, GPIO_PIN_7)
7.   #define SET_SCCB_SDA() gpio_bit_set(GPIOB, GPIO_PIN_7)
8.   #define GET_SCCB_SDA() gpio_input_bit_get(GPIOB, GPIO_PIN_7)
9.
10.  //SCL 信号线控制
11.  #define CLR_SCCB_SCL() gpio_bit_reset(GPIOB, GPIO_PIN_6)
12.  #define SET_SCCB_SCL() gpio_bit_set(GPIOB, GPIO_PIN_6)
```

在"内部函数声明"区声明 5 个内部函数，如程序清单 15-21 所示。

程序清单 15-21

```
1.   static void SCCBStart(void);            //SCCB 发起起始信号
2.   static void SCCBStop(void);             //SCCB 发起停止信号
3.   static void SCCBSendNoAck(void);        //产生 NA 信号
4.   static u8   SCCBWriteByte(u8 dat);      //SCCB 写入 1 字节
5.   static u8   SCCBReadByte(void);         //SCCB 读取 1 字节
```

在"内部函数实现"区，为上述 5 个内部函数的实现代码，首先实现 SCCBStart 函数，如程序清单 15-22 所示。下面按照顺序解释说明 SCCBStart 函数中的语句，由于 SCCBStop 及 SCCBSendNoAck 函数的实现代码与 SCCBStart 函数相似，这里不再赘述。

（1）第 3 至 7 行代码：当时钟线 SCL 为高电平时，数据线 SDA 由高到低为 SCCB 起始信号；当时钟线 SCL 为高电平时，数据线 SDA 由低到高为 SCCB 停止信号。

（2）第 9 行代码：在激活状态下，SDA 和 SCL 均为低电平。在空闲状态下，SDA 和 SCL 均为高电平。

程序清单 15-22

```
1.   static void SCCBStart(void)
2.   {
3.       SET_SCCB_SCL();              //时钟线高电平
4.       SCCB_SDA_OUT();             //设置数据线为输出
5.       SET_SCCB_SDA();             //数据线高电平
6.       DelayNus(50);               //延时 50μs
7.       CLR_SCCB_SDA();             //在时钟线高的时候数据线由高至低
```

```
8.    DelayNus(50);                    //延时 50μs
9.    CLR_SCCB_SCL();                  //时钟线恢复低电平
10. }
```

SCCBWriteByte 函数的实现代码如程序清单 15-23 所示，下面按照顺序解释说明 SCCBWriteByte 函数中的语句。SCCBReadByte 函数代码与 SCCBWriteByte 函数相似，这里不再赘述。

（1）第 6 行代码：通过一个 for 循环将 8 位数据通过数据线 SDA 传出，每次都传出最高位，再将数据左移一位，直到循环结束。

（2）第 18 至 20 行代码：每次传出一个数据之后都要将时钟线先拉高再拉低。

（3）第 24 至 37 行代码：将时钟线设置为输入，接收第 9 位数据，判断是否发送成功。若第 9 位为 1，则发送失败；为 0，则发送成功。

程序清单 15-23

```
1.  static u8 SCCBWriteByte(u8 dat)
2.  {
3.    u8 j, res;
4.
5.    //循环 8 次发送数据
6.    for(j = 0; j < 8; j++)
7.    {
8.      if(dat & 0x80)
9.      {
10.       SET_SCCB_SDA();
11.     }
12.     else
13.     {
14.       CLR_SCCB_SDA();
15.     }
16.     dat <<= 1;
17.     DelayNus(50);
18.     SET_SCCB_SCL();
19.     DelayNus(50);
20.     CLR_SCCB_SCL();
21.   }
22.
23.   //读 ACK
24.   SCCB_SDA_IN();                   //设置 SDA 为输入
25.   DelayNus(50);                    //延时 50μs
26.   SET_SCCB_SCL();                  //时钟线输出高电平
27.   DelayNus(50);                    //延时 50μs
28.   if(GET_SCCB_SDA())               //接收第 9 位，以判断是否发送成功
29.   {
30.     //SDA=1 发送失败，返回 1
31.     res = 1;
32.   }
```

```
33.    else
34.    {
35.        //SDA=0 发送成功，返回 0
36.        res = 0;
37.    }
38.
39.    //返回
40.    CLR_SCCB_SCL();                          //时钟线输出低电平
41.    SCCB_SDA_OUT();                          //设置 SDA 为输出
42.    return res;
43. }
```

在"API 函数实现"区，首先实现了 InitSCCB 函数，如程序清单 15-24 所示。该函数用于初始化 SCCB 接口，下面按照顺序解释说明 InitSCCB 函数中的语句。

（1）第 4 至 6 行代码：OV7725 的时钟线和数据线分别与微控制器的 PB6 和 PB7 引脚相连。因此，需要使能 GPIOB 时钟，并初始化 PB6 和 PB7 引脚。

（2）第 9 至 10 行代码：空闲时，将时钟线 SCL 和数据线 SDA 拉高。

程序清单 15-24

```
1.   void InitSCCB(void)
2.   {
3.       //使能 RCU 相关时钟
4.       rcu_periph_clock_enable(RCU_GPIOB);                       //使能 GPIOB 的时钟
5.       gpio_init(GPIOB, GPIO_MODE_OUT_PP, GPIO_OSPEED_50MHZ, GPIO_PIN_6); //OV_SCL
6.       gpio_init(GPIOB, GPIO_MODE_OUT_OD, GPIO_OSPEED_50MHZ, GPIO_PIN_7); //OV_SDA
7.
8.       //总线空闲时拉高
9.       SET_SCCB_SCL();
10.      SET_SCCB_SDA();
11.  }
```

在 InitSCCB 函数实现区后为 SCCBWriteReg 和 SCCBReadReg 函数的实现代码，如程序清单 15-25 所示。这两个函数分别用于写寄存器和读寄存器，下面按照顺序解释说明 SCCBWriteReg 函数中的语句，SCCBReadReg 函数代码与 SCCBWriteReg 函数相似，这里不再赘述。

（1）第 6 行代码：调用 SCCBStart 函数启动 SCCB 传输。

（2）第 8 至 27 行代码：先写器件 ID，然后发送寄存器地址，再发送数据。

（3）第 30 行代码：如果写寄存器成功则返回 1，否则返回 0。

程序清单 15-25

```
1.   u8 SCCBWriteReg(u8 reg,u8 data)
2.   {
3.       u8 res = 0;
4.
5.       //启动 SCCB 传输
```

```
6.      SCCBStart();
7.
8.      //写器件 ID
9.      if(SCCBWriteByte(SCCB_ID))
10.     {
11.        res = 1;
12.     }
13.     DelayNus(100);
14.
15.     //写寄存器地址
16.     if(SCCBWriteByte(reg))
17.     {
18.        res = 1;
19.     }
20.     DelayNus(100);
21.
22.     //写数据
23.     if(SCCBWriteByte(data))
24.     {
25.        res=1;
26.     }
27.     SCCBStop();
28.
29.     //返回
30.     return res;
31.  }
```

15.3.4 Main.c 文件

在 Proc2msTask 函数中调用 CameraTask 函数，实现每 40ms 处理一次摄像头任务，如程序清单 15-26 所示。

程序清单 15-26

```
1.   static   void   Proc2msTask(void)
2.   {
3.      static u8 s_iCnt = 0;
4.      if(Get2msFlag())              //判断 2ms 标志位状态
5.      {
6.         LEDFlicker(250);           //调用闪烁函数
7.
8.        s_iCnt++;
9.        if(s_iCnt >= 20)
10.       {
11.          s_iCnt = 0;
12.          CameraTask();
13.       }
14.
```

```
15.        Clr2msFlag();                    //清除 2ms 标志位
16.    }
17. }
```

15.3.5　实验结果

　　将摄像头模块安装在开发板上，然后下载程序并进行复位。注意，请在开发板断电的情况下安装摄像头模块。下载完成后，可以看到 GD32F3 苹果派开发板 LCD 屏上显示如图 15-9 所示的 GUI 界面，并且可以显示摄像头拍摄的画面。单击 GUI 界面上的按钮调节白平衡、色度、亮度和对比度，使得拍摄的影像呈现出不同的效果，表示实验成功。

图 15-9　摄像头实验 GUI 界面

本 章 任 务

　　学习完本章后，利用掌握的摄像头知识，参考本章实验原理中对于特效设置寄存器的介绍，完善摄像机的特效设置功能，利用 GUI 中的特效调节按钮进行特效转换，并通过 LCD 屏幕进行展示。其中，特效可以有普通、负片、黑白、偏红、偏绿、偏蓝和复古等模式。特效调节按钮的回调函数已连接，只需完善 OV7725SpecialEffects 函数即可。

本 章 习 题

　　1．摄像头按照内部传感器的不同可以分为哪些种类？其各自的特点是什么？

　　2．简述 SCCB 和 I²C 的异同。

　　3．FIFO 是什么？分别简述其与其他类型存储器相比的优劣之处。

　　4．简述摄像头模块将一帧图像数据存储在 FIFO 中的过程，以及从 FIFO 中读取图像数据的过程。

第16章 照相机实验

语音或图像信号中都包含很多的冗余信息，利用数字方法传输或存储时，均可以进行数据压缩。在满足一定质量（信噪比的要求或主观评价得分）的条件下，用较少比特数表示图像或图像中所包含信息的技术，称为图像压缩，也称图像编码。图像编码技术在通信和电子领域应用广泛。本章将在"摄像头实验"的基础上，基于 OV7725 摄像头模块，实现照相机功能。

16.1　实验内容

本章的主要内容是了解不同的图片格式，学习 BMP 图片编码的原理，掌握存储 BMP 格式图片的方法。最后基于 GD32F3 苹果派开发板，在摄像头实验的基础上，通过截取屏幕图像实现照相机功能，并且使用蜂鸣器提示拍照成功。

16.2　实验原理

16.2.1　图片格式简介

图片文件格式即图像文件存放的格式，常用格式有 JPG、BMP、GIF 和 PNG 等。这几种图片格式的区别如下。

（1）压缩方式不同

BMP 几乎不进行压缩，画质好，但是文件大，不利于传输。PNG 为无损压缩，能够保留相对较多的信息，也可以把图像文件压缩到极限，便于传输。而 JPG 为有损压缩，压缩文件小，但是会导致画质损失。

（2）显示速度不同

JPG 在网页下载时只能由上到下依次显示图片，直到图片资料全部下载后，才能看到全貌。PNG 显示速度快，只需下载 1/64 的图像信息即可显示出低分辨率的预览图像。

（3）支持图像不同

JPG 和 BMP 图片无法保存透明信息，系统默认自带白色背景。而 PNG 和 GIF 格式支持透明图像的制作，透明图像在制作网页图像时，可以把图像背景设置为透明，用网页本身的颜色信息来代替透明图像的色彩。

16.2.2　BMP 编码简介

BMP 是 Bitmap 的缩写，即位图，是 Windows 操作系统中的标准图像文件格式，能够被多种 Windows 应用程序所支持。BMP 格式的特点是包含的图像信息较丰富，几乎不进行压缩，因而其不可避免的缺点是占用磁盘空间大。

BMP 文件由文件头（bitmap-file header）、位图信息头（bitmap-information header）、颜色

信息（color table）和图像数据共 4 部分组成。

1. 文件头

文件头一共包含 14 字节，包括文件标识、文件大小和位图起始位置等信息。文件头位于位图文件的第 1～14 字节，其结构体定义如下：

```
typedef __packed struct
{
  u16 bfType;
  u32 bfSize;
  u16 bfReserved1;
  u16 bfReserved2;
  u32 bfOffBits;
}StructBMPFileHeader;
```

下面对文件头结构体中的变量进行简要介绍。

bfType：说明文件的类型，位于位图文件的第 1～2 字节。该值必须为 0x4D42，即字符"BM"的 ASCII 码值。

bfSize：说明位图文件大小，单位为字节，低位在前，位于位图文件的第 3～6 字节。

假设 bfSize 的第 3 字节为 0x82，第 4 字节为 0x21，则文件大小为 0x2182B=8527B=8527/1024KB=8.377KB。

bfReserved1、bfReserved2：位图文件保留字，必须都为 0。

bfOffBits：位图数据的起始位置，头文件的偏移量，单位为字节，位于位图文件的第 11～14 字节。

2. 位图信息头

位图信息头用于说明位图的尺寸等信息，位于位图文件的第 15～54 字节，其结构体定义如下：

```
typedef __packed struct
{
  u32 biSize;
  u32 biWidth;
  u32 biHeight;
  u16 biPlanes;
  u16 biBitCount;
  u32 biCompression;
  u32 biSizeImage;
  u32 biXPelsPerMeter;
  u32 biYPelsPerMeter;
  u32 biClrUsed;
  u32 biClrImportant;
}StructBMPInfoHeader;
```

下面对位图信息头结构体中的变量进行简要介绍。

biSize：信息头所占字节数，通常为 40 字节，即 0x00000028，位于文件的第 15～18 字节。

biWidth、biHeight：位图的宽度和高度，分别位于文件的第 19～22 字节和第 23～26 字节。

biPlanes：目标设备的级别，通常为 1，位于文件的第 27～28 字节。

biBitCount：说明比特数/像素数，即每个像素所需的位数，其一般取值为 1、4、8、16、24 或 32，位于文件的第 29～30 字节。

biCompression：说明图像数据压缩的类型，可以为以下几种类型：BI_RGB，没有压缩；BI_RLE8，每个像素 8 比特的 RLE 压缩编码，压缩格式由 2 字节组成（重复像素计数和颜色索引）；BI_RLE4，每个像素 4 比特的 RLE 压缩编码，压缩格式由 2 字节组成；BI_BITFIELDS，每个像素的比特数由指定的掩码决定。位于文件的第 31～34 字节。

biSizeImage：位图的大小，以字节为单位，没有压缩时可以为 0，位于文件的第 35～38 字节。

biXPelsPerMeter、biYPelsPerMeter：表示位图水平分辨率和垂直分辨率，单位为像素/米。分别位于文件的第 39～42 字节和第 43～46 字节。

biClrUsed：表示位图实际使用的调色板中的颜色数，为 0 说明使用所有调色板项，则颜色数为 2 的 biBitCount 次方。位于文件的第 47～50 字节。

biClrImportant：位图显示过程中对图像显示重要的颜色索引的数目，位于文件的第 51～54 字节。

3. 颜色信息

颜色信息又称调色板，用于说明位图中的颜色，有若干个表项，每一个表项为一个 s_structRGBQuad 结构体，用于定义一个颜色，每种颜色都由红、绿、蓝三种颜色组成。表项数目由信息头中的 biBitCount 决定，当 biBitCount 为 1 时，有两个表项，此时图最多有两种颜色，默认情况下是黑色和白色，可以自定义；当 biBitCount 为 4 或 8 时，分别有 16 或 32 个表项，表示位图最多有 16 或 256 种颜色；当 biBitCount 为 16、24 或 32 时，没有颜色信息项。

```
typedef __packed struct
{
  u8 rgbBlue;                    //指定蓝色强度
  u8 rgbGreen;                   //指定绿色强度
  u8 rgbRed;                     //指定红色强度
  u8 rgbReserved;                //保留，设置为 0
}s_structRGBQuad;
```

GD32F3 苹果派开发板的 LCD 显示屏为 16 位色，因此 biBitCount 的值设置为 16，表示位图最多有 65536（2^{16}）种颜色，每个色素用 16 位（2 字节）表示。这种格式称为高彩色，或增强型 16 位色、64K 色。

当成员变量 biCompression 取值不同时，代表不同的情况。当 biCompression 为 BI_RGB 时，没有调色板，其位 0～4 表示蓝色强度，位 5～9 表示绿色强度，位 10～14 表示红色强度，位 15 保留，设为 0。在本章实验中，biCompression 的取值为 BI_BITFIELDS，原调色板的位置被三个双字类型的变量占据，称为红、绿、蓝掩码，分别用于描述红、绿、蓝分量在 16 位中所占的位置。常用的颜色数据格式有 RGB555 和 RGB565。在 RGB555 格式下，红、绿、蓝的掩码分别为 0x7C00、0x03E0、0x001F；在 RGB565 格式下，则分别为 0xF800、0x07E0、

0x001F。在读取一个像素之后，可以分别用掩码与像素值进行与运算，某些情况下还要再进行左移或右移操作，从而提取出所需要的颜色分量。

这种格式的图像使用起来较为复杂，不过因为其显示效果接近于真彩，而图像数据又比真彩图像小得多，多被用于游戏软件。

4．图像数据

图像数据是定义位图的字节阵列。位图数据记录了位图的每一个像素值，顺序为：行内扫描从左到右，行间扫描从下到上。

当 biBitCount=1 时，8 个像素占 1 字节；当 biBitCount=4 时，2 个像素占 1 字节；当 biBitCount=8 时，1 个像素占 1 字节；当 biBitCount=8 时，1 个像素占 2 字节；当 biBitCount=24 时，1 个像素占 3 字节，按顺序分别为 B、G、R。Windows 规定一个扫描行所占的字节数必须是 4 的倍数（即以 long 为单位），不足的以 0 填充。

16.2.3　BMP 图片的存储

（1）创建位图文件

最开始应该先创建 BMP。先给位图文件申请内存，并创建位图文件，将位图文件信息存储在指定路径下。

（2）初始化位图文件

完善位图文件的文件头、信息头和掩码信息。本章选用 RGB565 格式，于是掩码信息分别为 0xF800、0x07E0 和 0x001F。

（3）保存 BMP 图像数据

从 LCD 的 GRAM 中读取数据并保存到位图文件中，读入一行文件存储一次。顺序为行内从左到右，行间从上到下。

（4）关闭文件

调用 f_close 将文件关闭，释放动态内存。只有在调用 f_close 之后，文件才会真正保存在文件系统中。

16.3　实验代码解析

16.3.1　BMPEncoder 文件对

1．BMPEncoder.h 文件

在 BMPEncoder.h 文件的"宏定义"区，定义了 6 个常量，如程序清单 16-1 所示，分别是图像数据缓冲区长度、BMP 文件名（含路径）最大长度及图像数据压缩的类型。

程序清单 16-1

1.	#define BMP_IMAGE_BUF_SIZE (1024)	//图像数据缓冲区长度（按 16 位），缓冲区长度要大于屏幕宽度
2.	#define BMP_NAME_LEN_MAX　　(128)	//BMP 文件名字（含路径）最大长度
3.		

4.	//图像数据压缩的类型		
5.	#define BI_RGB	(0)	//没有压缩 RGB555
6.	#define BI_RLE8	(1)	//每个像素 8 比特的 RLE 压缩编码，压缩格式由 2 字节组成（重复像素计数和颜色索引）；
7.	#define BI_RLE4	(2)	//每个像素 4 比特的 RLE 压缩编码，压缩格式由 2 字节组成
8.	#define BI_BITFIELDS	(3)	//每个像素的比特由指定的掩码决定。

在"枚举结构体"区，声明了 4 个结构体，如程序清单 16-2 所示，分别为 BMP 头文件 StructBMPFileHeader、BMP 信息头 StructBMPInfoHeader、彩色表 s_structRGBQuad 及位图头文件信息 StructBMPInfo，用于存储 BMP 文件信息。

程序清单 16-2

1.	//BMP 头文件（14 字节）	
2.	typedef __packed struct	
3.	{	
4.	u16 bfType;	//文件标识，规定为 0x4D42，字符显示就是'BM'
5.	u32 bfSize;	//文件大小，占 4 字节
6.	u16 bfReserved1;	//保留，必须设置为 0
7.	u16 bfReserved2;	//保留，必须设置为 0
8.	u32 bfOffBits;	//从文件开始到位图数据（bitmap data）开始之间的偏移量
9.	}StructBMPFileHeader;	
10.		
11.	//BMP 信息头（40 字节）	
12.	typedef __packed struct	
13.	{	
14.	u32 biSize;	//位图信息头的大小，一般为 40
15.	u32 biWidth;	//位图的宽度，单位：像素
16.	u32 biHeight;	//位图的高度，单位：像素
17.	u16 biPlanes;	//颜色平面数，一般为 1
18.	u16 biBitCount;	//比特数/像素数，其值为 1、4、8、16、24 或 32
19.	u32 biCompression;	//图像数据压缩的类型。其值可以是下述值之一：
20.		//BI_RGB：没有压缩；
21.	//BI_RLE8：每个像素 8 比特的 RLE 压缩编码，压缩格式由 2 字节组成（重复像素计数和颜色索引）	
22.		//BI_RLE4：每个像素 4 比特的 RLE 压缩编码，压缩格式由 2 字节组成
23.		//BI_BITFIELDS：每个像素的比特由指定的掩码决定
24.	u32 biSizeImage;	//位图数据的大小，以字节为单位，当用 BI_RGB 格式时，可以设置为 0
25.	u32 biXPelsPerMeter;	//水平分辨率，单位：像素/米
26.	u32 biYPelsPerMeter;	//垂直分辨率，单位：像素/米
27.	u32 biClrUsed;	//调色板的颜色数，为 0 则颜色数为 2 的 biBitCount 次方
28.	u32 biClrImportant;	//重要的颜色数，0 代表所有颜色都重要
29.	}StructBMPInfoHeader;	
30.		
31.	//彩色表	
32.	typedef __packed struct	
33.	{	
34.	u8 rgbBlue;	//指定蓝色强度
35.	u8 rgbGreen;	//指定绿色强度

```
36.    u8 rgbRed;                          //指定红色强度
37.    u8 rgbReserved;                     //保留，设置为 0
38. }s_structRGBQuad;
39.
40. //位图头文件信息
41. typedef __packed struct
42. {
43.    StructBMPFileHeader bmFileHeader;       //BMP 头文件
44.    StructBMPInfoHeader bmInfoHeader;       //BMP 信息头
45.    u32   rgbMask[3];                       //RGB 掩码
46.    u8    reserved1;                        //保留，使得头文件信息 4 字节对齐
47.    u8    reserved2;                        //保留，使得头文件信息 4 字节对齐
48. }StructBMPInfo;
```

在"API 函数声明"区，声明了 1 个 API 函数，如程序清单 16-3 所示。该函数功能为将屏幕截图并进行 BMP 编码。

程序清单 16-3

```
u32 BMPEncodeWithRGB565(u32 x0, u32 y0, u32 width, u32 height, const char* path, const char* prefix);
```

2．BMPEncoder.c 文件

在 BMPEncoder.c 文件中的"内部函数声明"区，声明了 2 个内部函数，如程序清单 16-4 所示，分别为校验目标是否存在的 CheckDir 函数和用于获取新文件名的 GetNewName 函数。

程序清单 16-4

```
static void CheckDir(char* dir);                            //校验目标是否存在，若不存在则新建该目录
static void GetNewName(char* dir, char* prefix, char* name);//获得新的文件名
```

在"内部函数实现"区，首先实现了 CheckDir 函数，如程序清单 16-5 所示。下面按顺序解释说明 CheckDir 函数中的语句。

（1）第 6 行代码：通过 f_opendir 函数打开指定路径下的文件，并将其存储在指定的目录下。

（2）第 7 至 14 行代码：通过 if 语句判断目录是否为空，若为空，则创建一个新目录；否则关闭指定文件。

程序清单 16-5

```
1.  static void CheckDir(char* dir)
2.  {
3.     DIR      recDir;                    //目标路径
4.     FRESULT result;                     //文件操作返回变量
5.
6.     result = f_opendir(&recDir, dir);   //用来打开指定路径下的文件，并将其存在指定的目录下
7.     if(FR_NO_PATH == result)
8.     {
9.       f_mkdir(dir);                     //创建一个新目录
10.    }
```

```
11.    else
12.    {
13.      f_closedir(&recDir);
14.    }
15. }
```

在 CheckDir 函数实现区后为 GetNewName 函数的实现代码，如程序清单 16-6 所示，下面按顺序解释说明 GetNewName 函数中的语句。

（1）第 8 至 12 行代码：为图片文件申请内存。

（2）第 15 至 29 行代码：在 while 循环中，生成新的图片名称，用 f_open 函数判断文件是否存在，若能成功打开，则说明文件已存在；若不能成功打开，说明文件不存在，跳出 while 循环，释放内存。

程序清单 16-6

```
1.  static void GetNewName(char* dir, char* prefix, char* name)
2.  {
3.    FIL*     recFile;        //图片文件
4.    FRESULT result;         //文件操作返回变量
5.    u32      index;          //图片文件计数
6.
7.    //为 FIL 申请内存
8.    recFile = MyMalloc(SRAMIN, sizeof(FIL));
9.    if(NULL == recFile)
10.   {
11.     printf("GetNewRecName：申请内存失败\r\n");
12.   }
13.
14.   index = 0;
15.   while(index < 0xFFFFFFFF)
16.   {
17.     //生成新的名字
18.     sprintf((char*)name, "%s/%s%d.bmp", dir, prefix, index);
19.
20.     //检查当前文件是否已经存在（若能成功打开则说明文件已存在）
21.     result = f_open(recFile, (const TCHAR*)name, FA_OPEN_EXISTING | FA_READ);
22.     if(FR_NO_FILE == result)
23.     {
24.       break;
25.     }
26.     else
27.     {
28.       f_close(recFile);
29.     }
30.
31.     index++;
32.   }
33.
```

34.	//释放内存
35.	MyFree(SRAMIN, recFile);
36.	}

在"API 函数实现区"区,首先实现了 BMPEncodeWithRGB565 函数,如程序清单 16-7 所示。该函数的功能是将屏幕截图并生成 BMP 文件到指定位置,下面按照顺序解释说明 BMPEncodeWithRGB565 函数中的语句。

(1)第 18 至 27 行代码:在内部内存池中,为位图文件、数据缓冲区、位图文件名(含路径)及 BMP 文件头信息申请内存。如果内存申请失败,则跳转到函数返回位置,并释放动态内存。

(2)第 30 至 42 行代码:校验路径并生成新的文件名,通过 f_open 函数创建位图文件,如果创建位图文件失败,同样跳转到函数返回位置,释放动态内存。

(3)第 45 至 79 行代码:计算数据区大小,完善 BMP 文件的基本信息,包括文件头、信息头、RGB 掩码及保留区。FatFs 每次写入的数据量必须为 4 字节对齐,否则下次写入相同文件将会卡死,所以 BMP 文件头信息必须为 4 字节对齐。

(4)第 82 至 134 行代码:将 bmpInfo 中的 BMP 头文件信息写入位图文件中。然后读取屏幕数据并保存到文件中,每读入一行像素数据就写入 FatFS 一次,不足 4 字节的用 0 补齐。最后需要关闭文件,文件才能真正保存。

程序清单 16-7

```
1.  u32 BMPEncodeWithRGB565(u32 x0, u32 y0, u32 width, u32 height, const char* path, const char* prefix)
2.  {
3.      FIL* bmpFile;                              //位图文件
4.      u16* imageBuf;                             //数据缓冲区
5.      char* bmpName;                             //位图文件名(含路径)
6.      StructBMPInfo* bmpInfo;                    //BMP 文件头信息
7.      FRESULT result;                            //文件操作返回变量
8.      u32 writeNum;                              //成功写入数据量
9.      u32 dataSize;                              //数据区大小(字节)
10.     u32 row;                                   //按 4 字节对齐的列数
11.     u32 i, x, y;                               //循环变量
12.     u32 ret;                                   //返回值
13.
14.     //预设返回值
15.     ret = 0;
16.
17.     //申请内存
18.     bmpFile  = MyMalloc(SRAMIN, sizeof(FIL));
19.     imageBuf = MyMalloc(SRAMIN, BMP_IMAGE_BUF_SIZE * 2);
20.     bmpName  = MyMalloc(SRAMIN, BMP_NAME_LEN_MAX);
21.     bmpInfo  = MyMalloc(SRAMIN, sizeof(StructBMPInfo));
22.     if((NULL == bmpFile) || (NULL == imageBuf) || (NULL == bmpName))
23.     {
24.         printf("BMPEncode:申请动态内存失败\r\n");
25.         ret = 0;
```

```
26.        goto BMP_ENCODE_EXIT_MARK;
27.    }
28.
29.    //校验路径，若路径不存在则新建路径
30.    CheckDir((char*)path);
31.
32.    //生成新的文件名
33.    GetNewName((char*)path, (char*)prefix, bmpName);
34.
35.    //创建位图文件
36.    result = f_open(bmpFile, (const TCHAR*)bmpName, FA_CREATE_ALWAYS | FA_WRITE);
37.    if(FR_OK != result)
38.    {
39.        printf("BMPEncode：创建文件失败\r\n");
40.        ret = 2;
41.        goto BMP_ENCODE_EXIT_MARK;
42.    }
43.
44.    //计算数据区大小
45.    row = width;
46.    while(0 != (row % 2))
47.    {
48.        row++;
49.    }
50.    dataSize = row * height * 2;
51.
52.    //完善文件头
53.    bmpInfo->bmFileHeader.bfType = 0x4D42;                          //BM 格式标志
54.    bmpInfo->bmFileHeader.bfSize = dataSize + sizeof(StructBMPInfo);   //整个 BMP 大小
55.    bmpInfo->bmFileHeader.bfReserved1 = 0;                          //保留区 1
56.    bmpInfo->bmFileHeader.bfReserved2 = 0;                          //保留区 2
57.    bmpInfo->bmFileHeader.bfOffBits = sizeof(StructBMPInfo);        //到数据区的偏移
58.
59.    //完善信息头
60.    bmpInfo->bmInfoHeader.biSize = sizeof(StructBMPInfoHeader);     //信息头大小
61.    bmpInfo->bmInfoHeader.biWidth = width;                          //BMP 的宽度
62.    bmpInfo->bmInfoHeader.biHeight = height;                        //BMP 的高度
63.    bmpInfo->bmInfoHeader.biPlanes = 1;                //标设备说明颜色平面数,总被设置为 1
64.    bmpInfo->bmInfoHeader.biBitCount = 16;                          //BMP 为 16 位色 BMP
65.    bmpInfo->bmInfoHeader.biCompression = BI_BITFIELDS;            //每个像素的比特由指定的
                                                                        掩码决定
66.    bmpInfo->bmInfoHeader.biSizeImage = dataSize;                  //BMP 数据区大小
67.    bmpInfo->bmInfoHeader.biXPelsPerMeter = 8600;                  //水平分辨率，像素/米
68.    bmpInfo->bmInfoHeader.biYPelsPerMeter = 8600;                  //垂直分辨率，像素/米
69.    bmpInfo->bmInfoHeader.biClrUsed = 0;                           //没有使用到调色板
70.    bmpInfo->bmInfoHeader.biClrImportant = 0;                     //没有使用到调色板
71.
72.    //RGB 掩码
```

```
73.      bmpInfo->rgbMask[0] = 0x00F800;                                      //红色掩码
74.      bmpInfo->rgbMask[1] = 0x0007E0;                                      //绿色掩码
75.      bmpInfo->rgbMask[2] = 0x00001F;                                      //蓝色掩码
76.
77.      //保留区
78.      bmpInfo->reserved1 = 0;
79.      bmpInfo->reserved2 = 0;
80.
81.      //将文件读写指针偏移到起始地址
82.      f_lseek(bmpFile, 0);
83.
84.      //写入 BMP 头文件信息
85.      result = f_write(bmpFile, (const void*)bmpInfo, sizeof(StructBMPInfo), &writeNum);
86.      if((FR_OK != result) || (writeNum != sizeof(StructBMPInfo)))
87.      {
88.          printf("BMPEncode：写入头文件信息失败\r\n");
89.          f_close(bmpFile);
90.          ret = 3;
91.          goto BMP_ENCODE_EXIT_MARK;
92.      }
93.
94.      //读取屏幕数据并保存到文件中
95.      y = y0 + height - 1;
96.      while(1)
97.      {
98.          //读入一行数据到缓冲区，每读入一行就存入文件一次
99.          i = 0;
100.         for(x = x0; x < (x0 + width); x++)
101.         {
102.             imageBuf[i++] = LCDReadPoint(x, y);
103.         }
104.
105.         //4 字节对齐，用 0 填充空位
106.         while(0 != (i % 2))
107.         {
108.             imageBuf[i++] = 0x0000;
109.         }
110.
111.         //保存一行数据到文件中
112.         result = f_write(bmpFile, (const void*)imageBuf, i * 2, &writeNum);
113.         if((FR_OK != result) && (writeNum != i * 2))
114.         {
115.             printf("BMPEncode：写入像素数据失败\r\n");
116.             f_close(bmpFile);
117.             ret = 4;
118.             goto BMP_ENCODE_EXIT_MARK;
119.         }
120.
```

```
121.    //判断是否读完
122.    if(y0 == y)
123.    {
124.      break;
125.    }
126.    else
127.    {
128.      y = y - 1;
129.    }
130.  }
131.
132.  //关闭文件
133.  f_close(bmpFile);
134.  printf("BMPEncode：成功保存图像：%s\r\n", bmpName);
135.
136. //函数返回位置，返回前要释放动态内存
137. BMP_ENCODE_EXIT_MARK:
138.  MyFree(SRAMIN, bmpFile);
139.  MyFree(SRAMIN, imageBuf);
140.  MyFree(SRAMIN, bmpName);
141.  MyFree(SRAMIN, bmpInfo);
142.  return ret;
143. }
```

16.3.2　Camera.c 文件

在 Camera.c 文件的"包含头文件"区，添加代码#include "BMPEncoder.h"和#include "Beep.h"。

在"内部函数声明"区，添加了拍照回调函数 TakePhotoCallback 的声明代码，如程序清单 16-8 所示。

程序清单 16-8

```
static void TakePhotoCallback(void);              //拍照回调函数
```

在 RadioChangeCallback 函数后为拍照回调函数 TakePhotoCallback 的实现代码，如程序清单 16-9 所示。

程序清单 16-9

```
1.    static void TakePhotoCallback(void)
2.    {
3.      //蜂鸣器响起 100ms
4.      BeepWithTime(100);
5.
6.      //截取屏幕图像并保存到 SD 卡中
7.      BMPEncodeWithRGB565(IMAGE_X0, IMAGE_Y0, OV7725_WINDOW_HEIGHT, OV7725_WINDOW_
        WIDTH, "0:/photo", "OV7725Image");
8.    }
```

在"API 函数实现"区的 InitCamera 函数中，将 TakePhotoCallback 设置为拍照按钮的回

调函数，如程序清单 16-10 所示。

程序清单 16-10

```
1.   void InitCamera(void)
2.   {
3.     …
4.
5.       //设置回调函数
6.     …
7.       s_structGUIDev.takePhotoCallback      = TakePhotoCallback;
8.
9.       //初始化 GUI
10.      InitGUI(&s_structGUIDev);
11.  }
```

16.3.3　实验结果

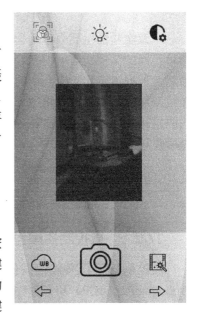

将摄像头模块安装在开发板上，并插入 SD 卡，然后下载程序并进行复位。注意，请在开发板断电的情况下安装摄像头模块。下载完成后，开发板上的 LCD 屏显示如图 16-1所示的 GUI 界面。单击屏幕的拍照按钮，即可将拍摄画面存入 SD 卡中，且蜂鸣器鸣叫一次表示拍摄成功，拍摄的照片存储在 SD 卡根目录下的"photo"文件夹中。

本 章 任 务

本章实验实现了照相机功能，通过 GUI 界面上的拍照按钮进行拍照。在本章实验的基础上，修改代码实现通过按键拍照。具体要求如下：按下 KEY_1 按键拍摄照片，拍照成功后摄像头画面静止且显示拍到的照片，然后按下 KEY_2 按键恢复摄像头实时采集的图像画面。

图 16-1　照相机实验 GUI 界面

本 章 习 题

1. 试分析 JPEG、BMP 和 PNG 这 3 种图像编码格式的优缺点。
2. 简述 BMP 文件的组成。
3. 在 BMP 编码中，biBitCount 选择不同的数值会有怎样的差异？
4. 简述存储 BMP 格式图片的流程。

第 17 章　IAP 在线升级应用实验

当产品在发布之后，需要更新或升级程序时，有一种方式是将产品收回、拆解及重新烧录代码，但这样会大大降低用户体验。因此，一个合格的产品不仅需要实现应有的功能，还需要最大限度地简化程序更新的步骤。本章将学习通过 SD 卡进行 IAP 应用升级。IAP，即在程序中编程。相对于通过 GD-Link 和 J-Link 等工具烧录程序，IAP 可通过存储设备或通信接口连接产品后直接更新程序，极大地简化了更新程序的步骤。

17.1　实　验　内　容

本章实验的主要内容是学习通过 IAP 实现微控制器程序的在线升级，首先了解 ICP 和 IAP 两种不同的微控制器编程方式的区别，以及二者对应的程序执行流程，进而掌握 IAP 的原理。最后，根据本章实验中介绍的用户程序生成方法，基于 GD32F3 苹果派开发板设计一个 IAP 在线升级应用实验。先将 Bootloader 程序烧录进微控制器中，然后将用户程序存放于 SD 卡的固定路径下，最后通过 Bootloader 将 SD 卡中的用户程序下载到微控制器的 Flash 中，以实现用户程序对应的功能。

17.2　实　验　原　理

17.2.1　微控制器编程方式

微控制器编程方式根据代码下载方法不同可分为两种，分别是在线编程（In Circuit Programming，ICP）和在程序中编程（In Application Programming，IAP）。

ICP 编程，即通过 JTAG 或 SWD 等接口下载程序到微控制器中，ICP 编程首先将 Boot0 拉高，Boot1 拉低，然后触发芯片复位。芯片复位后跳转到系统存储器的位置，即 0x1FFF B000（芯片硬件自带的 Bootloader）执行引导装载程序，将 JTAG 或 SWD 等接口传输的程序下载到 Flash 中。

IAP 编程需要两份程序代码，通常将第一份程序代码称为 Bootloader 程序，第二份程序代码称为用户程序，Bootloader 程序不执行正常的功能，而是通过某种接口（如 USB、UART或 SDIO 接口）获取用户程序，用户程序才是真正的功能代码，两份代码都存储于主闪存中。Bootloader程序一般存储于主闪存的最低地址区，即从 0x0800 0000 开始，而用户程序存储地址相对于闪存的最低地址区存在一个相对偏移量 X。注意，如果 Flash 容量足够，可以实现设计多个用户程序。IAP 编程中闪存的空间分配情况如图 17-1 所示。在中断向量表

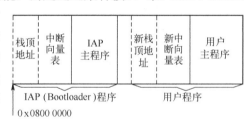

图 17-1　闪存分配

中最先存放的为栈顶地址，通常占 4 字节。

17.2.2   程序执行流程

1．ICP 编程

如图 17-2 所示，由于闪存物理地址的首地址为 0x0800 0000，因此通过 ICP 下载的程序从 0x0800 0000 开始。首先存储的区域为栈顶地址，其次从 0x0800 0004 开始存储中断向量表，在中断向量表之后，开始存储用户程序，用户程序中包含了中断服务程序。

ICP 程序的运行流程为：①根据复位中断向量跳转至复位中断服务程序并执行，复位微控制器；②复位结束后，先调用 SystemInit 函数进行系统初始化，包括 RCU 配置等，然后执行__main 函数，__main 函数是编译系统提供的一个函数，负责完成库函数的初始化和初始化应用程序执行环境，完成后自动跳转到 main 函数开始执行；③当出现中断请求时，程序将在中断向量表中查找对应的中断向量；④根据查找到的中断向量，跳转到对应的中断服务程序并执行；⑤当中断服务程序运行结束后，跳转到 main 函数继续运行。

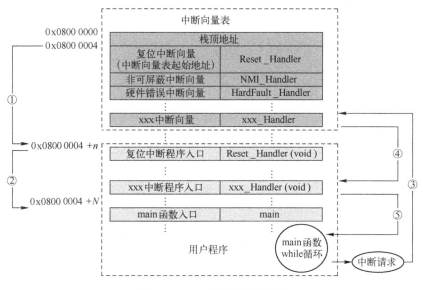

图 17-2   ICP 程序执行流程

2．IAP 编程

如图 17-3 所示，通过 IAP 编程方式下载程序时，闪存中存放着 Bootloader 程序及用户程序。相对于 ICP 编程方式下载的程序，IAP 编程方式在 Bootloader 程序执行后，开始执行具有新栈顶地址和中断向量表的用户程序。

Bootloader 程序的运行流程起初与 ICP 程序相同：①根据复位中断向量跳转至复位中断服务程序并执行，复位微控制器；②复位结束后调用 SystemInit 和__main 函数，然后跳转到 main 函数执行。不同之处在于，Bootloader 程序在 main 函数中会执行相应的语句，跳转到用户程序中继续执行：③检查是否需要更新用户程序，如果需要更新，则首先执行用户程序更新操作，不需要更新则进行下一步；④跳转至用户程序的复位中断服务程序并执行；⑤复位结束后调用

SystemInit 和 __main 函数，然后跳转到用户程序的 main 函数中执行；⑥～⑦当发生中断时，程序将在中断向量表中查找对应的中断向量，再根据相对偏移量 X，跳转至用户程序对应的中断服务程序并执行；⑧当中断程序运行结束后，跳转至用户程序的 main 函数继续运行。

　　Bootloader 程序的下载必须通过 ICP 编程进行，当需要更新用户程序时，可直接通过存储设备或通信接口传输数据完成。

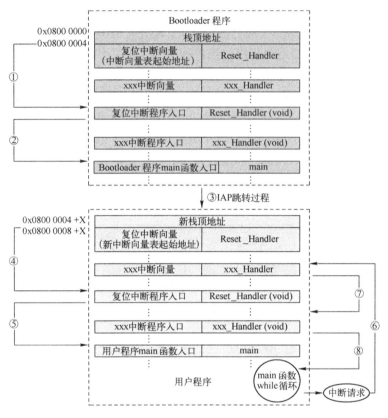

图 17-3　Bootloader 程序执行流程

17.2.3　用户程序生成

　　用户程序同样是一个完整的工程，与 ICP 编程方式所需要的工程相同，但用户程序需要经过特定的配置，配置步骤如下。

　　（1）设置用户程序的起始地址和存储空间

　　如图 17-4 所示，单击工具栏的 按钮，在弹出的 Options for Target 'Target1'对话框中，打开 Target 标签页，勾选 IROM1 选项，并将起始地址设置为 0x8010000，大小为 0x70000（即 448KB），此时，Bootloader 程序存放地址为 Flash 的起始地址，即 0x08000000；用户程序代码存放地址即为 Flash 起始地址加上相对偏移量 X（这里将 X 设置为 10000），即 0x08010000。

　　（2）设置中断向量表偏移量

　　在用户程序的 main 函数执行硬件初始化前，加入如程序清单 17-1 所示的代码，即可设置相对偏移量 X 为 0x10000，否则会导致 App 跳转失败。

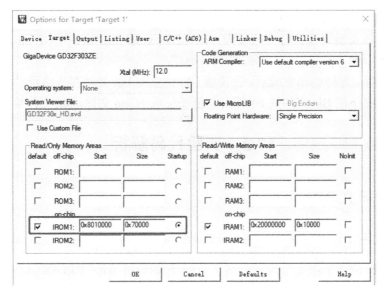

图 17-4　设置地址及存储空间

程序清单 17-1

```
nvic_vector_table_set(FLASH_BASE,0x10000);
```

（3）设置.bin 文件生成

通过步骤（1）和（2）即可生成用户程序，但 MDK 默认生成的文件为.hex 文件，.hex 文件通常通过 ICP 编程方式下载至微控制器，不适合作为 IAP 的编程文件，需要生成相应的.bin 文件。

在 Keil μVision5 软件安装目录的"ARM\ARMCC\bin"目录下，包含了格式转换工具 fromelf.exe，通过该工具可完成.axf 文件到.bin 文件的转换。如图 17-5 所示，在 Options for Target 'Target1'对话框中，打开 User 标签页，勾选 Run#1 选项，并在对应的 User command 栏

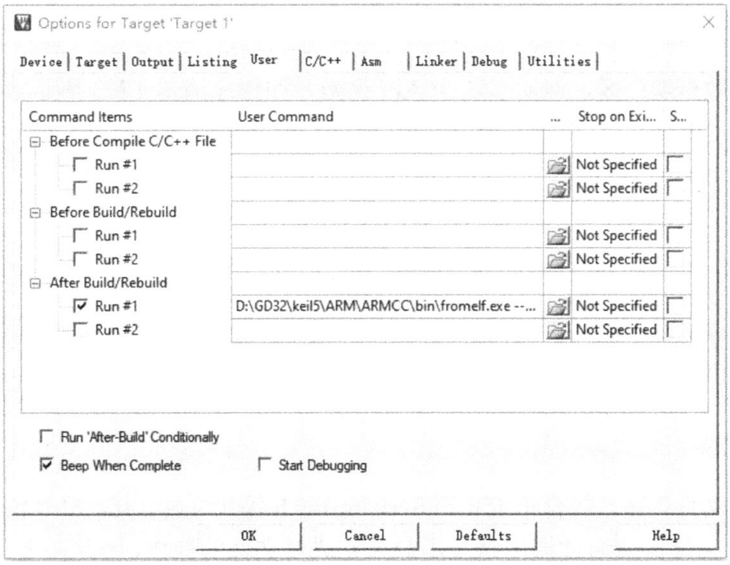

图 17-5　.bin 文件转换设置

中添加格式转换工具 fromelf.exe 路径、.bin 文件存放路径和用户程序路径，三个路径之间通过空格隔开，本章实验例程的对应地址为 "D:\GD32\keil5\ARM\ARMCC\bin\fromelf.exe --bin -o ../Bin/App.bin ../project/Objects/GD32KeilPrj.axf"。

最后编译程序，等待编译完成后，在步骤（3）设置的.bin 文件存放路径（"../Bin/App.bin"，即为工程所在路径下的 Bin 文件夹）中即可看到新生成的.bin 文件，.bin 文件被命名为 App.bin。

17.3　实验代码解析

17.3.1　IAP 文件对

1. IAP.h 文件

在 IAP.h 文件的"宏定义"区，定义了 APP 起始地址 APP_BEGIN_ADDR、Bin 文件信息存储地址 APP_VERSION_BEGIN_ADDR、.bin 文件最大长度 MAX_BIN_NAME_LEN 及数据缓冲区的长度 FILE_BUF_SIZE，如程序清单 17-2 所示。

程序清单 17-2

```
1.   //APP 起始地址
2.   #define APP_BEGIN_ADDR (0x08010000)
3.
4.   //Bin 文件版本信息存储地址，为 App 起始页的上一页
5.   #define APP_VERSION_BEGIN_ADDR (APP_BEGIN_ADDR - 64)
6.
7.   //.bin 文件最大长度（含路径）
8.   #define MAX_BIN_NAME_LEN 64
9.
10.  //数据缓冲区长度，定义为 Flasha 页大小，即每次写入一页数据
11.  #define FILE_BUF_SIZE FLASH_PAGE_SIZE
```

在"API 函数声明"区，声明了 3 个 API 函数，如程序清单 17-3 所示。GotoApp 函数用于从 Bootloader 程序跳转至 App 程序，即用户程序；CheckAppVersion 函数用于检验 App 程序的版本；SystemReset 函数用于完成系统复位。

程序清单 17-3

```
void GotoApp(u32 appAddr);              //跳转到 App
void CheckAppVersion(char* path);       //指定目录下 App 版本校验，若发现 App 版本有更新则自动更新
void SystemReset(void);                 //系统复位
```

2. IAP.c 文件

在"包含头文件"区，包含了 ff.h 和 SerialString.h 等头文件，ff.c 文件包含对文件系统的操作函数，IAP.c 文件需要通过调用这些函数来完成对文件的操作，因此需要包含 ff.h 头文件。为了避免 C 语言官方库编入导致的程序占用空间变大，Bootloarder 程序不使用 printf 或 sprintf

等 C 语言官方库函数，同时为了完成串口打印任务，加入 SerialString 文件对，SerialString.c 文件包含串口输出函数，可以在减少程序空间的前提下完成串口打印，而 IAP.c 文件需要输出相应信息，因此需要包含 SerialString.h 头文件。

在"内部函数声明"区，声明了 3 个内部函数，如程序清单 17-4 所示。SetMSP 函数用于设置主栈指针，其中前缀 __asm 表示该函数将调用汇编程序；IsBinType 函数用于判断文件是否为.bin 文件；CombiPathAndName 函数用于将参数中的路径和名称进行组合。

程序清单 17-4

```
__asm static void SetMSP(u32 addr);                          //设置主栈指针
static   u8    IsBinType(char* name);                        //判断是否为.bin 文件
static   void CombiPathAndName(char* buf, char* path, char* name);   //将路径和名字组合在一起
```

在"内部函数实现"区，首先实现了 SetMSP 函数，如程序清单 17-5 所示。SetMSP 函数具有前缀 __asm，表示该函数调用汇编程序，其中，MSR 指令为通用寄存器到状态寄存器的传送指令；BX 指令用于跳转到指定的目标地址。MSP 为主堆栈指针；r0 为通用寄存器，用于保存并传入函数参数；r14 为链接寄存器，保存着函数的返回地址。因此，SetMSP 函数将 addr 参数传入主堆栈指针中，然后通过 BX 返回。

程序清单 17-5

```
1.   __asm static void SetMSP(u32 addr)
2.   {
3.     MSR MSP, r0
4.     BX r14
5.   }
```

在 SetMSP 函数实现区后为 IsBinType 函数的实现代码，IsBinType 函数与 MP3Player.c 文件中的 IsMP3Type 函数类似，根据传入的文件名地址，检测标识后缀的"."的位置，然后检测后缀是否为 BIN、Bin 或 bin，若是，则返回 1 表示该文件为.bin 文件，否则返回 0。

在 IsBinType 函数实现区后为 CombiPathAndName 函数的实现代码，如程序清单 17-6 所示。由于 f_open 函数打开文件需要提供完整路径，因此需要先通过 CombiPathAndName 函数将文件的所在路径与文件名进行组合。该函数先通过 while 语句检测路径或文件名字符串是否为空，以及 buf 大小是否超过最大长度，然后将路径和文件名按顺序存储在 buf 数组中。

程序清单 17-6

```
1.   static void CombiPathAndName(char* buf, char* path, char* name)
2.   {
3.     u32 i, j;
4.
5.     //保存路径到 buf 中
6.     i = 0;
7.     j = 0;
8.     while((0 != path[i]) && (j < MAX_BIN_NAME_LEN))
9.     {
10.       buf[j++] = path[i++];
```

```
11.       }
12.       buf[j++] = '/';
13.
14.       //将名字保存到 buf 中
15.       i = 0;
16.       while((0 != name[i]) && (j < MAX_BIN_NAME_LEN))
17.       {
18.          buf[j++] = name[i++];
19.       }
20.       buf[j] = 0;
21.    }
```

在"API 函数实现"区，首先实现 GotoApp 函数，该函数用于跳转至 App 程序，如程序清单 17-7 所示。GotoApp 函数首先获取复位中断服务函数的地址，并检查栈顶地址是否合法，若合法则输出相应信息后获取 App 复位中断服务函数地址，并通过 SetMSP 函数设置 App 主栈指针，最后通过 appResetHandler 函数跳转至 App。

程序清单 17-7

```
1.     void GotoApp(u32 appAddr)
2.     {
3.        //App 复位中断服务函数
4.        void (*appResetHandler)(void);
5.
6.        //延时变量
7.        u32 delay;
8.
9.        //检查栈顶地址是否合法.
10.       if(0x20000000 == ((*(u32*)appAddr) & 0x2FFE0000))
11.       {
12.          //输出提示正在跳转中
13.          PutString(" 跳转到 App...\r\n");
14.          PutString("----Leyutek(COPYRIGHT 2018 - 2021 Leyutek. All rights reserved.)-----\r\n");
15.          PutString("\r\n");
16.          PutString("\r\n");
17.
18.          //延时等待字符串打印完成
19.          delay = 10000;
20.          while(delay--);
21.
22.          //获取 App 复位中断服务函数地址，用户代码区第二个字为程序开始地址(复位地址)
23.          appResetHandler = (void (*)(void))(*(u32*)(appAddr + 4));
24.
25.          //设置 App 主栈指针，用户代码区的第一个字用于存放栈顶地址
26.          SetMSP(*(u32*)(appAddr));
27.
28.          //跳转到 App
29.          appResetHandler();
```

```
30.    }
31.    else
32.    {
33.      PutString(" 非法栈顶地址\r\n");
34.      PutString(" 跳转到 App 失败!!!\r\n");
35.      PutString("----Leyutek(COPYRIGHT 2018 - 2021 Leyutek. All rights reserved.)-----\r\n");
36.      PutString("\r\n");
37.      PutString("\r\n");
38.    }
39.  }
```

在 GotoApp 函数实现区后为 CheckAppVersion 函数的实现代码，如程序清单 17-8 所示。CheckAppVersion 函数用于完成 App 版本的校验，由于 App 存储于 SD 卡中，因此校验前需要先挂载文件系统。App 的版本与其修改日期有关，下面按照顺序解释 CheckAppVersion 函数中的语句。

（1）第 9 至 51 行代码：通过 f_opendir 函数打开指定路径后，再通过 while 语句搜索该路径下的.bin 文件并获取文件相应信息，根据信息计算文件修改时间后计算版本号，并将计算出的版本号与微控制器内部用户程序版本号比较，若版本不一致则更新 App 程序。

（2）第 54 至 107 行代码：通过 CombiPathAndName 函数将.bin 文件路径与.bin 文件名合并后打开该.bin 文件，设置.bin 文件数据写入的 Flash 地址后，以该地址为首地址，通过 while 语句将.bin 文件中的数据逐一读出并写入 Flash 中。等待文件读取完毕后跳出循环。

（3）第 109 至 116 行代码：完成.bin 文件的读写后，通过 FlashWriteWord 函数将该文件的版本记录至 Flash 中，以便下一次 App 检查更新时进行版本校验，最后关闭打开的文件及目录。

程序清单 17-8

```
1.   void CheckAppVersion(char* path)
2.   {
3.     ...
4.
5.     PutString(" 开始搜索 Bin 文件并校验 App 版本\r\n");
6.     PutString(" --Bin 文件目录："); PutString(path); PutString("\r\n\r\n");
7.
8.     //打开指定路径
9.     result = f_opendir(&direct, path);
10.    if(result != FR_OK)
11.    {
12.      PutString(" 路径："); PutString(path); PutString(" 不存在\r\n");
13.      PutString(" 校验结束\r\n\r\n");
14.      return;
15.    }
16.
17.    //在指定目录下搜索 App Bin 文件
18.    while(1)
```

```
19.    {
20.        result = f_readdir(&direct, &fileInfo);
21.        if((result != FR_OK) || (0 == fileInfo.fname[0]))
22.        {
23.            PutString(" 没有查找到 Bin 文件\r\n");
24.            PutString(" 请检查 Bin 文件是否已经放入指定目录\r\n\r\n");
25.            return;
26.        }
27.        else if(1 == IsBinType(fileInfo.fname))
28.        {
29.            year    = ((fileInfo.fdate & 0xFE00) >> 9 ) + 1980;
30.            month   = ((fileInfo.fdate & 0x01E0) >> 5 );
31.    ...
32.            break;
33.        }
34.    }
35.
36.    //校验 App 版本
37.    appVersion = ((u32)fileInfo.fdate << 16) | fileInfo.ftime;
38.    localVersion = *(u32*)APP_VERSION_BEGIN_ADDR;
39.    if(appVersion == localVersion)
40.    {
41.        PutString(" 当前 App 版本与本地 App 版本一致，无须更新\r\n\r\n");
42.        return;
43.    }
44.    else if(appVersion < localVersion)
45.    {
46.        PutString(" 请注意，当前 App 并非最新版本\r\n\r\n");
47.    }
48.    else
49.    {
50.        PutString(" 当前 App 为最新版本，需要更新\r\n\r\n");
51.    }
52.
53.    //将路径和 Bin 文件名组合到一起
54.    CombiPathAndName(s_arrName, path, fileInfo.fname);
55.
56.    //开始更新
57.    PutString(" 开始更新\r\n");
58.
59.    //打开文件
60.    result = f_open(&s_fileBin, s_arrName, FA_OPEN_EXISTING | FA_READ);
61.    if(result != FR_OK)
62.    {
63.        PutString(" 打开 Bin 文件失败\r\n");
64.        PutString(" 更新失败\r\n\r\n");
```

```
65.        return;
66.      }
67.
68.      //读取 Bin 文件数据并写入 Flash 的指定位置
69.      flashWriteAddr = (u32)APP_BEGIN_ADDR;
70.      s_iLastProcess = 0;
71.      s_iCurrentProcess = 0;
72.      while(1)
73.      {
74.        //输出更新进度
75.        s_iCurrentProcess = 100 * s_fileBin.fptr / s_fileBin.fsize;
76.        if((s_iCurrentProcess - s_iLastProcess) >= 5)
77.        {
78.          s_iLastProcess = s_iCurrentProcess;
79.          PutString(" 更新进度: "); PutDecUint(s_iCurrentProcess, 1); PutString("\r\n");
80.        }
81.
82.        //读取 Bin 文件数据到数据缓冲区
83.        result = f_read(&s_fileBin, s_arrBuf, FILE_BUF_SIZE, &s_iReadNum);
84.        if(result !=  FR_OK)
85.        {
86.          PutString(" 读取 Bin 文件数据失败\r\n");
87.          PutString(" 更新失败\r\n\r\n");
88.          return;
89.        }
90.
91.        //将读取到的数据写入 Flash 中
92.        if(s_iReadNum > 0)
93.        {
94.          FlashWriteWord(flashWriteAddr, (u32*)s_arrBuf, s_iReadNum / 4);
95.        }
96.
97.        //更新 Flash 写入位置
98.        flashWriteAddr = flashWriteAddr + s_iReadNum;
99.
100.       //判断文件是否读完
101.       if((s_fileBin.fptr >= s_fileBin.fsize) || (0 == s_iReadNum))
102.       {
103.         PutString(" 更新进度: %%100\r\n");
104.         PutString(" 更新完成\r\n\r\n");
105.         break;
106.       }
107.     }
108.
109.     //保存 App 版本到 Flash 的指定位置
110.     FlashWriteWord(APP_VERSION_BEGIN_ADDR, &appVersion, 1);
```

```
111.
112.    //关闭文件
113.    f_close(&s_fileBin);
114.
115.    //关闭目录
116.    f_closedir(&direct);
117. }
```

在 CheckAppVersion 函数实现区后为 SystemReset 函数的实现代码，如程序清单 17-9 所示，SystemReset 函数在关闭所有中断后，调用 NVIC_SystemReset 函数完成系统复位，以完成微控制器各个寄存器的复位。由于本实验通过 SD 卡完成 IAP 升级并且自动校验.bin 文件的版本，因此本实验无须调用 SystemReset 函数。但该函数十分必要，当完成 IAP 升级后，由于 Bootloader 程序中使用到的串口和定时器等外设未恢复到默认值，此时若运行用户程序，可能导致运行结果出错等问题。

程序清单 17-9

```
1.    void SystemReset(void)
2.    {
3.        __set_FAULTMASK(1);          //关闭所有中断
4.        NVIC_SystemReset();          //系统复位
5.    }
```

17.3.2　Main.c 文件

在 main 函数中调用 CheckAppVersion 和 GotoApp 函数，如程序清单 17-10 所示，这样就实现了从 Bootloader 程序到 App 程序的升级。

程序清单 17-10

```
1.    int main(void)
2.    {
3.        FATFS fs_my[2];
4.        FRESULT result;
5.
6.        InitHardware();     //初始化硬件相关函数
7.        InitSoftware();     //初始化软件相关函数
8.
9.        PutString("\r\n");
10.       PutString("\r\n");
11.       PutString("------------------------Bootloader V1.0.0------------------------\r\n");
12.
13.       //挂载文件系统
14.       result = f_mount(&fs_my[0], FS_VOLUME_SD, 1);
15.
16.       //挂载文件系统失败
17.       if (result != FR_OK)
18.       {
```

```
19.        PutString("  挂载文件系统失败\r\n");
20.    }
21.
22.    //挂载系统成功，校验 App 版本，若发现新版本 App 则更新 App 程序
23.    else
24.    {
25.        PutString("  挂载文件系统成功\r\n");
26.        CheckAppVersion("0:/UPDATE");
27.    }
28.
29.    //卸载文件系统
30.    f_mount(&fs_my[0], FS_VOLUME_SD, 0);
31.
32.    //跳转至 App
33.    GotoApp(APP_BEGIN_ADDR);
34.
35.    //跳转失败，进入死循环
36.    while(1);
37. }
```

17.3.3　实验结果

首先将"17.IAP_App\Bin"文件夹中的 App.bin 文件复制到 SD 卡的 UPDATE 文件夹中。

然后下载 Bootloader 程序并进行复位，若开发板未插入 SD 卡，则串口助手显示信息如图 17-6 所示。

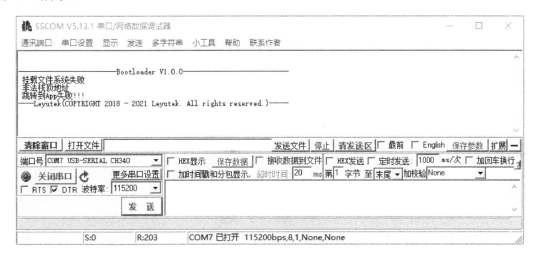

图 17-6　SD 卡未插入

若插入 SD 卡，此时将进行 IAP 在线升级，用户程序被自动加载到微控制器的 Flash 中，串口助手显示信息如图 17-7 所示。

此时 LCD 屏显示与 MP3 实验相同，实验现象和具体操作可参考 MP3 实验。

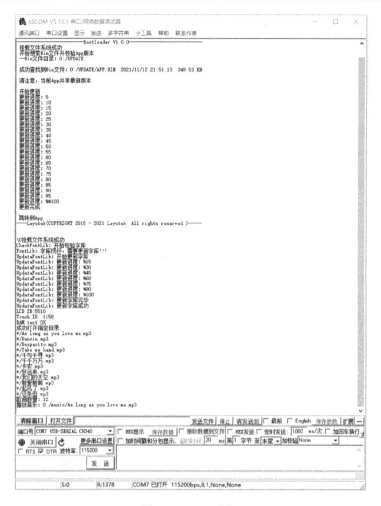

图 17-7　IAP 升级

本 章 任 务

本章实验实现了自动校验版本并更新程序，现尝试将自动更新改为手动更新。在 Bootloader 程序中，实现复位后通过 KEY₁ 按键启动程序更新，长按 KEY₁ 按键直到蜂鸣器鸣叫后，自动进行用户程序更新。

本 章 习 题

1. 简述 ICP 和 IAP 两种编程方式的区别。
2. 分别简述通过 ICP 和 IAP 烧录的程序运行流程。
3. 将第 17 章之前学习的各个实验通过 IAP 编程方式进行烧录。
4. 设置多个 App 程序，并可通过按键控制具体更新哪一个 App。

参 考 文 献

[1] 姚文祥. ARM Cortex-M3 与 Cortex-M4 权威指南[M]. 北京：清华大学出版社，2015.

[2] 刘火良，杨森. STM32 库开发实战指南[M]. 北京：机械工业出版社，2013.

[3] 陈朋，等. 基于 ARM Cortex-M4 的单片机原理与实践[M]. 北京：机械工业出版社，2018.

[4] 张洋，刘军，严汉宇. 原子教你玩 STM32（库函数版）[M]. 北京：北京航空航天大学出版社，2013.

[5] 刘军. 例说 STM32[M]. 北京：北京航空航天大学出版社，2011.

[6] 温子祺，等. ARM Cortex-M4 微控制器原理与实践[M]. 北京：北京航空航天大学出版社，2016.

[7] 蒙博宇. STM32 自学笔记[M]. 北京：北京航空航天大学出版社，2012.

[8] 肖广兵. ARM 嵌入式开发实例——基于 STM32 的系统设计[M]. 北京：电子工业出版社，2013.

[9] 陈启军，余有灵，张伟，等. 嵌入式系统及其应用[M]. 北京：同济大学出版社，2011.

[10] 杨百军，王学春，黄雅琴. 轻松玩转 STM32F1 微控制器[M]. 北京：电子工业出版社，2016.